U0332469

职业教育机电类系列教材

机 械 加 工 基 础

主　编　苏　伟
副主编　朱红梅
参　编　姜庆华　王茂辉
　　　　唐天广　户凤荣
　　　　李　聪　王　娟
　　　　于　聪

机械工业出版社

本书是职业教育机电类系列教材，主要内容包括机械加工检测技术、金属切削加工的基础知识、机械加工设备、机床夹具、机械加工工艺、典型表面的机械加工方法、钳工技术、机械加工质量及控制和先进加工技术等。

本书可作为职业院校机电技术应用专业教材使用，也可作为相关行业岗位培训教材或自学用书。

图书在版编目（CIP）数据

机械加工基础/苏伟主编 . —北京：机械工业出版社，2008.4
（2021.7 重印）
ISBN 978-7-111-23873-7

Ⅰ. 机… Ⅱ. 苏… Ⅲ. 机械加工—专业学校—教材 Ⅳ. TG506

中国版本图书馆 CIP 数据核字（2008）第 050258 号

机械工业出版社（北京市百万庄大街22号 邮政编码100037）
策划编辑：高 倩 责任编辑：赵红梅
版式设计：霍永明 责任校对：樊钟英
封面设计：姚 毅 责任印制：张 博
涿州市般润文化传播有限公司印刷
2021 年 7 月第 1 版·第 9 次印刷
184mm×260mm·17.25 印张·423 千字
标准书号：ISBN 978-7-111-23873-7
定价：39.80 元

电话服务　　　　　　　　　网络服务
客服电话：010-88361066　机 工 官 网：www.cmpbook.com
　　　　　010-88379833　机 工 官 博：weibo.com/cmp1952
　　　　　010-68326294　金 书 网：www.golden-book.com
封底无防伪标均为盗版　机工教育服务网：www.cmpedu.com

前　　言

　　本书参考了劳动和社会保障部制定的《国家职业标准》中相关工种中级工等级考核标准编写的。编写过程中,在借鉴国外先进的职业教育理念、模式和方法的基础上,结合我国的实际情况,进行适当探索,注重理论联系实践,充分体现了新时期职业教育的特色。

　　本书内容以学生必须掌握的零件制造的各个环节所需要的知识和技能为主线,阐述了机械加工检测技术、金属切削加工的基础知识、机械加工设备、机床夹具、机械加工工艺、典型表面的机械加工方法、钳工技术、机械加工质量及控制和先进加工技术,具有一定的广度,同时也涉及了新材料、新设备、新工艺。另外,各章后均配有思考与练习题。

　　本书在编写中力求先进性、适用性、趣味性等特点,并注意结合我国机械加工行业的特点,使读者由浅入深地学习机械加工相关知识,达到举一反三,触类旁通。

　　本课程教学共需90学时,学时分配参考表0-1:

表 0-1　课时分配

章　　次	学　时　数		
	现场教学	讲　授	合　　计
绪　　论		1	1
第1章　机械加工检测技术	2	7	9
第2章　金属切削加工的基础知识	2	6	8
第3章　机械加工设备		6	6
第4章　机床夹具	2	10	12
第5章　机械加工工艺		14	14
第6章　典型表面的机械加工方法		18	18
第7章　钳工技术		10	10
第8章　机械加工质量及控制		4	4
第9章　先进加工技术		6	6
机　　动			2
合　　计	6	82	90

　　本书由吉林航空工程学校苏伟(绪论、第3章、7.1~7.4)担任主编、朱红梅(第1章、6.1、6.2)担任副主编,唐山职业技术学院姜庆华(第4章、7.5~7.8)、吉林工业职业技术学院王茂辉(9.5~9.7)、马鞍山职教中心唐天广(第8章)、吉林航空工程学校户凤荣(2.7、9.1~9.4)、李聪(第5章)、王娟(6.3、6.4)和于聪(2.1~2.6)老师等参编。

　　由于编者水平有限,书中难免存在缺点、错误,恳请读者批评指正。

目　　录

绪　　论

0.1　机械制造业的地位、组成、现状和发展趋势

0.1.1　机械制造业在国民经济中的地位与任务

机械制造业是工业的主体。今天它已经发展成为一个规模庞大包罗万象的行业。机械制造是各种机械、机床、工具、仪器、仪表制造过程的总称。与机械制造业相关的产品，涵盖了家用电器、汽车零部件、建筑机械和工厂设备诸多领域。机械制造技术是研究这些机械产品的加工原理、工艺过程和方法以及相关设备的一门工程技术。机械制造业是国民经济的基础和支柱，是向其他各部门提供工具、仪器和各种机械设备的技术装备部门。

制造业在国民经济中占有十分重要的位置，也是国民经济的支柱产业。美国 68% 的财富来源于制造业，日本国民经济的 49% 是由制造业提供的。中国的制造业在工业总产值占有 40% 以上的比例。可见机械制造业发展水平是衡量一个国家经济实力和科学技术水平重要标志之一。

我国机械工业的主要任务是为国民经济各个部门的发展提供所需的各类先进、高效、节能的新型机电装备，并努力提高质量，保证交货期，积极降低成本，将我国机械加工工业提高到新的水平。机械制造业是一个国家的工业基础，制造业的兴旺才是国家强盛的象征。各行各业都离不开机械设备，人类文明的发展是和制造业分不开的。这是因为工业、农业、国防和科学技术的现代化程度，都会通过机械工业的发展程度反映出来。

0.1.2　机械制造企业的组成系统

1. 机械加工工艺系统

机械加工工艺系统是制造企业中处于最底层的一个个加工单元，一般由机床、刀具、夹具和工件四要素组成。

机械加工工艺系统是各个生产车间生产过程中的一个主要组成部分。其整体目标是要求在不同的生产条件下，通过自身的定位装夹机构、运动机构、控制装置以及能量供给等机构，按不同的工艺要求直接将毛坯或原材料加工成形，并保证质量、满足产量和低成本地完

成机械加工任务。

现代加工工艺系统一般是由计算机控制的先进自动化加工系统，计算机已成为现代加工工艺系统中不可缺少的组成部分。

2. 机械制造系统

机械制造系统是将毛坯、刀具、夹具、量具和其他辅助物料作为原材料输入，经过存储、运输、加工、检验等环节，最后输出机械加工的成品或半成品的系统。

机械制造系统既可以是一台单独的加工设备，如各种机床、焊接机、数控线切割机，也可以是包括多台加工设备、工具和辅助系统（如搬运设备、工业机器人、自动检测机等）组成的工段或制造单元。一个传统的制造系统通常可以概括地分成三个组成部分：机床、工具和制造过程。

机械加工工艺系统是机械制造系统的一部分。

3. 生产系统

如果以整个机械制造企业为分析研究对象，实现企业最有效地生产和经营，不仅要考虑原材料、毛坯制造、机械加工、试车、油漆、装配、包装、运输和保管等各种要素，而且还必须考虑技术情报、经营管理、劳动力调配、资源和能源的利用、环境保护、市场动态、经济政策和社会问题等要素，这就构成了一个企业的生产系统。生产系统是物质流、能量流和信息流的集合，可分为三个阶段，即决策控制阶段、研究开发阶段以及产品制造阶段。

0.1.3 机械制造业的现状

近几年来，数控机床和各种加工中心自动换刀机床的普及，使机床向着高速、高精度方向发展。

在机床数控化过程中，机械部件的成本在机床系统中所占的比重不断下降，模块化、通用化和标准化的数控软件，使用户可以很方便地达到加工要求。同时，机床结构也发生了根本变化。

随着加工设备的不断完善，机械加工工艺也在不断地变革，从而使机械制造精度不断提高。

近年来新材料不断出现，使其强度、硬度、热硬性等不断提高。新材料的迅猛发展对机械加工提出新的挑战。一方面迫使普通机械加工方法要改变刀具材料、改进所用设备；另一方面对于高强度材料，特硬、特脆和其他特殊性能材料的加工，要求应用更多的物理、化学、材料科学的现代知识来开发新的制造技术。由此出现了很多特种加工方法，如电火花加工、电解加工、超声波加工、电子束加工、离子束加工以及激光加工等。这些加工方法突破了传统的金属切削方法，使机械制造工业出现了新的面貌。

0.1.4 机械制造业的发展趋势

在未来的几年，以下四个方向将成为机械制造业的发展趋势。

（1）技术融合 在机械制造业的许多领域，电子控制、软件技术和机械工程同样重要。例如，德国格伦第巴赫机械制造公司，是世界最大的为大型集成玻璃制造厂生产玻璃处理系统的公司。该公司的软件控制、电子机械装置占据了其产值的1/3。

（2）服务性思维 在从电梯到发电设备、工厂设备等的各个领域，生产厂家的利润增多，主要不是因为它按固定的规格生产目录中的产品，而是因为制造厂家能按用户的要求制造产品，以满足特殊的需求。此外，也通过出售诸如维修或其他"售后"服务之类的额外服务而增加产值。

（3）全球产品开发　例如，美国最大的家用电器制造商惠而浦公司对由 2000 名工程师组成的全球产品开发小组进行了改组，以集思广义开发新产品，缩短了某些新产品的开发时间。

（4）更新生产策略　例如，印刷机制造产业中，部分制造商借用汽车产业中的构想，把投入不同市场的不同印刷机产品建立在同一个基本工程结构之上，然后在制造过程的后期修改设计，使产品适应特定顾客群体的需要，从而使生产与开发同步，实现更新生产策略。

0.2　机械加工零件的种类和特点

0.2.1　机械加工零件的种类

无论是机器或是机械装置，都是由许多零件组成和装配的。根据零件的结构形状，大致可分为四类。

（1）轴类零件　在机器中主要用来支承传动件（如齿轮、带轮等），实现旋转运动并传递动力。轴套类零件包括各种轴（机床主轴、传动轴、齿轮轴）、螺栓和套筒等，如图 0-1a所示。

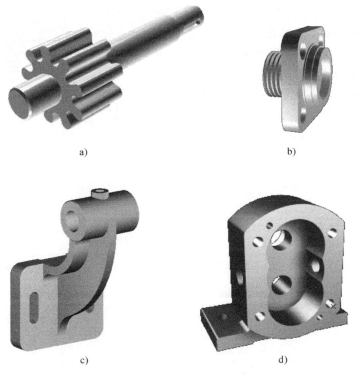

a)　　　　　　　　　　　　　　　b)

c)　　　　　　　　　　　　　　　d)

图 0-1　常见典型零件图

a）轴类零件　b）盘类零件　c）叉架类零件　d）箱体类零件

（2）盘类零件　主要起传动、连接、支承、密封等作用，如手轮、齿轮、各种端盖、挡环、联轴器和套筒等，如图 0-1b 所示。

（3）叉架类零件　主要起连接、拨动、支承等作用，它包括拨叉、连杆、支架、摇臂、杠杆等零件，如图 0-1c 所示。

（4）箱体类零件　一般起支承、容纳、定位和密封等作用，内外形状较为复杂。如机床主轴箱、阀体以及减速器箱体、泵体和阀座等属于这类零件，其中大多为铸件，如图 0-1d 所示。

0.2.2　机械加工的特点

1）机械加工是一个系统工程。

2）设计与工艺一体化。

3）精密加工是机械制造的前沿和关键。

精密加工和超精密加工技术是衡量现代制造技术水平的重要指标之一，代表了机械制造技术在精度方面的极限。

思考与练习

1）_____是工业的主体。

2）机械加工工艺系统是制造企业中处于最底层的一个个加工单元，往往由_____、_____、_____和_____四要素组成。

3）根据结构形状零件可分为_____、_____、_____和_____零件。

4）轴类零件在机器中主要用来_____，实现旋转运动并传递_____。

5）机械制造系统指的是什么？

6）世界制造业的未来发展趋势是什么？

第1章 机械加工检测技术

无论在零件制造前,还是制造中和制成后都必须进行检测,确保材料成分、力学性能、尺寸、角度、形状、相对位置、表面粗糙度和颜色等是否达到了相应的技术要求。

1.1 测量的基本概念

机械加工中,常见的测量包括长度尺寸和角度尺寸的检测;形状、几何要素间相互位置和表面粗糙度检测。

1.1.1 长度和角度单位

国际单位制的基本长度单位是米(m)。而在机械制造业中通常规定以毫米(mm)作为计量长度的单位。在技术测量中也用到微米(μm)为计量单位。m、mm、μm 之间的换算关系如下:

$$1m = 1000mm$$

$$1mm = 1000\mu m$$

1983 年第 17 届国际计量大会审议并批准通过了米的定义:1m 是光在真空中在 (1/299 792458)秒时间间隔内所行程的长度。与此同时废除以前各种对米的定义。

有关米制长度单位见表 1-1。

表 1-1 长度单位

单位名称	代 号	与基本单位的换算关系
千米	km	1000m(10^3m)
百米	hm	100m(10^2m)
十米	dam	10m
米	m	1m

（续）

单位名称	代　　号	与基本单位的换算关系
分米	dm	0.1m（10^{-1}m）
厘米	cm	0.01m（10^{-2}m）
毫米	mm	0.001m（10^{-3}m）
微米	μm	0.000001m（10^{-6}m）

角度基本单位是度，用"°"表示，分用"'"。秒用"″"表示。一个圆为 360°，$1° = 60'$、$1' = 60''$、$1° = 3600''$。

1.1.2　测量器具的分类

量具、量仪的总称为测量器具。量具和量仪的主要区别：量具没有传动放大系统，而量仪一般具有传动放大系统（即用机械、光学、电动、气动等结构原理把尺寸参数放大或细分）。量仪属于精密测量器具。

1. 按结构形式分

（1）固定刻线量具　如钢直尺、钢卷尺等。

（2）游标量具　如游标卡尺、游标深度尺、游标高度尺等。

（3）微动螺旋量具　如千分尺、内径千分尺、公法线千分尺等。

（4）指示量具　如百分表、千分表、内径百分表等。

（5）光学量具　如光学测齿卡尺。

2. 按测量对象分

（1）测量长度尺寸的量具　如千分尺、游标卡尺和百分表等。

（2）测量角度的量具　如水平仪、游标万能角度尺等。

（3）测量表面粗糙度的量具　如表面粗糙度比较样板。

（4）测量螺纹用的量具　如螺纹量规、螺纹千分尺等。

（5）测量齿轮用的量具　如公法线千分尺、齿厚游标卡尺等。

3. 按用途分

（1）专用量具　如螺纹量规、光滑极限量规等。

（2）通用量具　专用量具以外的量具。

4. 量仪按原始信号转换原理不同可分

仪器是有传动放大系统（即用机械、光学、气动和电动等的结构原理把尺寸参数放大或细分）的精密测量器具；

（1）机械式仪器　如机械式万能测齿仪等。

（2）光学仪器　如工具显微镜、测长仪等。

（3）气动仪器　如水柱式气动量仪等。

（4）电动仪器　如电感式量仪等。

5. 量仪按测量对象不同分

（1）测量长度尺寸的量仪　如测长仪等。

（2）测量角度的量仪　如光学分度头等。

（3）测量表面粗糙度的量仪　如光切显微镜、电动轮廓仪等。

（4）测量齿轮用的量仪　如单面啮合检查仪等。

1.1.3　量具、量仪的度量指标

度量指标表明了量具、量仪的性能，也是选择与使用量具、量仪的依据。

（1）刻度间距　标尺或分度盘上相邻两条刻线的中线之间的距离。

（2）分度值　标尺或分度盘上相邻两条刻线的间隔所代表的量值。

（3）示值范围　标尺或分度盘上全部分度范围所代表的量值。

（4）测量范围　测量器具所能测出的最小量值到最大量值的范围。

（5）测量力　测量中，量具、量仪的测头与被测表面间的接触力。测量时，测量力的变化将使测量结果发生变化。

（6）灵敏度　能使测量器具的示值发生最小的变动值，即反映了被测量的最小变化量。

（7）示值误差　量具、量仪的示值与被测量的真值之间的差值。

（8）示值稳定性　在测量条件不变的情况下，对同一个被测量位置进行多次重复测量时，测量器具显示的最大值与最小值之差值。

1.1.4　测量误差的种类及产生原因

任何一项测量，即使采用精密测量器具和完善的测量方法，测量结果也不可避免地存在着测量误差。

测量误差

$$\Delta = X - Q$$

式中　Δ——测量误差；

X——测量结果；

Q——被测量的真值。

测量误差 Δ 可能是正值、零或负值。

测量误差可分为三类：

1. 系统误差　在相同的测量条件下，对同一个被测量进行多次重复测量时，误差的大小与方向（即正负）保持不变；或当条件变化时，误差按某一确定的规律变化。这种测量误差称为系统误差。

产生系统误差的原因：

1）量具、量仪的设计原理误差。设计不符合阿贝原则——在设计测量器具或测量工件时，应将被测长度与基准长度安置在同一直线上的原则。

2）量具、量仪的制造、装配误差。测量器具标尺的示值不准确、量仪上导轨和直尺的直线度误差、分度盘和指针的安装偏心（误差是按正弦规律变化）、光学系统放大倍数的误差等。

3）标准误差。用来校正、调整测量器具的标准器具（如量块、量棒）的误差。

4）温度误差。由于温度变化使测量产生的误差。

2. 随机误差　在相同的测量条件下，对同一个被测量位置进行多次重复测量时，误差的大小和方向无规律地变化且无法预知的，这种测量误差称为随机误差。

产生随机误差的原因：

1）量具、量仪的零、部件的配合不稳定（如间隙在不断地变化）。相对运动面上的摩擦及润滑油膜的变化。

2）测量力的变化。测量表面产生的变形不同。测量时测头有冲击性，则测量力的变化产生误差。

3）读数误差。会存在对准误差和估读误差。

3. 粗大误差　在一定条件下，测量结果明显偏离真值时所对应的误差，称为粗大误差。

产生粗大误差的原因是测量人员的粗心大意，造成操作错误，看错、读错和记错测量结果等，或者测量时有冲击、振动的环境的影响。

1.2　常用量具

量具是用来测量工件尺寸、角度、形状误差和相互位置误差的工具。常用量具有钢直尺、游标卡尺、千分尺、百分表、直角尺、塞尺等。

1.2.1　常用量具及使用方法

1. 钢直尺（钢尺）

钢直尺是用不锈钢制成的一种直尺，如图 1-1 所示。钢直尺是常用长度量具中最基本的一种。尺边平直，尺面有米制或英制的示值，可以用来测量工件的长度、宽度、高度和深度。有时还可用来对一些要求较低的工件表面进行平面度误差检查。

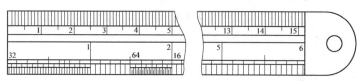

图 1-1　钢直尺

钢直尺的规格（测量范围）有 150mm、300mm、500mm 和 1000mm 四种规格。尺面上米制尺寸标尺间距一般为 1mm，但在 1～50mm 一段内标尺间距为 0.5mm，为钢直尺的最小分度值。由于分度线本身宽度就有 0.1～0.2mm，再加上尺本身的分度误差，所以用钢直尺测量出的数值误差比较大，而且 1mm 以下的小数值只能靠估计得出，因此不能用作精确的测定。

钢直尺的背面还刻有米、英制换算表。有的钢直尺，将米制与英制尺寸线条分别刻在尺面相对的两条边上，做到一尺两用。

2. 游标卡尺

游标卡尺是一种常用量具。它能直接测量工件的外径、内径、长度、宽度、深度和孔距等。常用的游标卡尺测量范围有 0～125mm、0～200mm 和 0～300mm 等几种。按读数值有 0.1mm、0.05mm 和 0.02mm 三种。常用的是读数值为 0.2mm 的游标卡尺。

（1）游标卡尺的结构　游标卡尺由尺身、游标、内量爪、外量爪、深度尺和紧固螺钉等组成，普通游标卡尺和数显游标卡尺的结构及外形如图 1-2 所示。

（2）0.05mm 游标卡尺刻线原理　尺身每 1 格长度为 1mm，游标总长为 39mm，等分 20 格，每格长度为 39/20 = 1.95mm，则尺身 2 格和游标 1 格长度之差：2mm - 1.95mm = 0.05mm，所以它的读数值为 0.05mm，如图 1-3 所示。

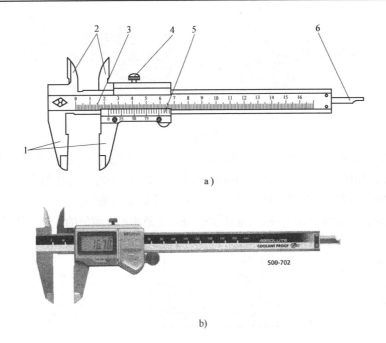

图 1-2　游标卡尺

a) 游标卡尺结构图　b) 数显游标卡尺

1—外量爪　2—内量爪　3—尺身　4—紧固螺钉　5—游标　6—深度尺

（3）0.02mm 游标卡尺的刻线原理　尺身每 1 格长度为 1mm，游标总长度为 49mm，等分 50 格，游标每格长度为 49/50 = 0.98mm，尺身 1 格和游标 1 格长度之差为：1mm − 0.98mm = 0.02mm，所以它的读数值为 0.02mm，如图 1-4 所示。

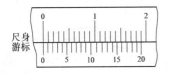

图 1-3　读数值为 0.05mm 游标卡尺刻线原理

图 1-4　读数值为 0.02mm 游标卡尺刻线原理

（4）游标卡尺的读数方法　游标卡尺测量工件时，读数分三个步骤：

第一步：读出尺身上的整数尺寸，即游标零线左侧，尺身上的 mm 整数值。

第二步：读出游标上的小数尺寸，即找出游标上那一条刻线与尺身上刻线对齐，该游标刻线的次序数乘以该游标卡尺的读数值，即得到 mm 内的小数值。

第三步：把整数部分与小数部分相加，就是测得的实际尺寸。

如图 1-5 所示，读数值为 0.02mm 游标卡尺读数举例。

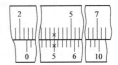

27mm+0.94mm=27.94mm　21mm+0.5mm=21.5mm

图 1-5　读数值为 0.02mm 游标卡尺读数举例

（5）游标卡尺的使用方法　游标卡尺测量外径和宽度的方法，如图 1-6 所示。测量前，应使卡口宽度尺寸大于被测量尺寸，然后推动游标，使测量脚平面与被测量的直径垂直或与被测平面平行接触。

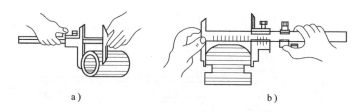

图 1-6　测量外径和宽度

（6）游标卡尺测量内径时应注意的问题　测量前，应使游标卡尺的卡脚开口尺寸小于被测孔径尺寸，如图 1-7a 所示，然后推动游标使卡脚与被测内径表面吻合。

测量内径时，应把游标卡尺的卡脚放在直径位置处防止偏斜。

在测量孔距时，除保证用正确方法测量外，还应注意中心距数值的计算，如图 1-7b、c 所示。

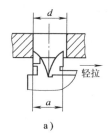
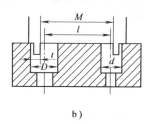
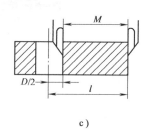

图 1-7　测量孔径和孔距的方法

a) $a < d$　b) $l = M + 2t - \frac{1}{2}(D + d)$　c) $l = M + \frac{1}{2}D$

3. 游标万能角度尺

游标万能角度尺是用来测量工件和样板的内、外角度及角度划线的量具。其读数值有 2′ 和 5′ 两种，测量范围为 0° ~ 320°。

（1）游标万能角度尺的结构　游标万能角度尺的结构，如图 1-8 所示，主要由尺身、扇形板、基尺、游标、直角尺、直尺和卡块等部分组成。

（2）2′ 游标万能角度尺的刻线原理尺身刻线每格为 1°，游标共 30 格等分 29°，游标每格为 29°/30 = 58′，尺身 1 格和游标 1 格之差为 1° − 58′ = 2′，所以它的读数值为 2′。

（3）游标万能角度尺的读数方法先读出游标尺零刻度前面的整度数，再看游标尺第几条刻线和尺身刻线对齐，读出角度′的数值，最后两者相加就是测量角度的数值。

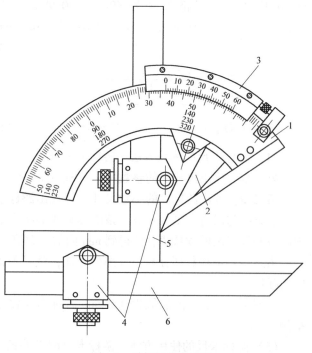

图 1-8　游标万能角度尺

1—尺身　2—基尺　3—游标　4—卡块　5—直角尺　6—直尺

　　万能角度尺测量不同范围角度的方法，分四种组合方式，测量角度分别是 0°～50°、50°～140°、140°～230° 和 230°～320°，如图 1-9 所示。

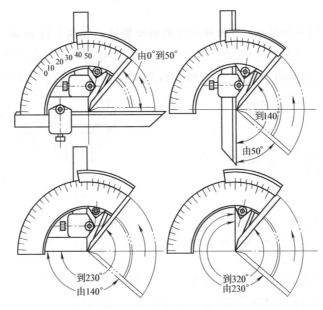

图 1-9　游标万能角度尺不同角度组合示意图

　　利用扇形角度尺的主尺、游标尺配合角尺和直尺检查外角 α，如图 1-10a 所示；利用主尺、游标尺配合角尺检查外角 α，如图 1-10b 所示，利用主尺和游标尺检查燕尾槽内角，如图 1-10c 所示；测量外角，如图 1-10d 所示。

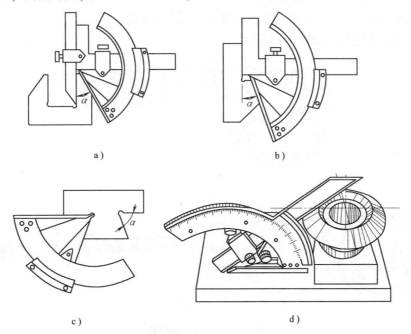

图 1-10　游标万能角度尺测量工件示意图

a) 测量外角（一）　b) 测量外角（二）　c) 测量燕尾槽　d) 测量外角（三）

圆形游标万能角度尺的使用方法比较简单，使固定尺和直尺的测量面都与被测量面表面接触好，即能得到角度数值。

4. 90°角尺

90°角尺是专门用来测量90°角和垂直度的角度量具，如图1-11所示。

测量时，先使一个尺边紧贴被测工件的基准面，根据另一尺边的透光情况来判断垂直度或90°角的误差。要注意90°角尺不能歪斜，如图1-12所示，否则会影响测量效果。

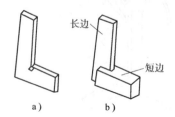

图1-11 90°角尺

a) 刀口90°角尺 b) 宽座90°角尺

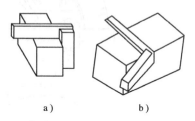

图1-12 90°角尺测量工件示意图

a) 正确 b) 不正确

5. 千分尺

千分尺是测量中最常用的精密量具之一，按其用途不同可分为外径千分尺（图1-13）、内径千分尺（图1-14a）、深度千分尺（图1-14b）、螺纹千分尺（测量螺纹中径，如图1-14c所示）、尖头千分尺（测量小沟槽，如图1-14d所示）和公法线千分尺（测量齿轮公法线长度，如图1-14e所示）等，其刻线原理和读法与千分尺相同。千分尺的读数值为0.01mm。千分尺的规格按测量范围分0~25mm、25~50mm、50~75mm、75~100mm和100~125mm等，使用时根据被测工件的尺寸选用。

千分尺的制造等级分为0级和1级两种，0级精度最高，1级稍差。

（1）千分尺的结构 如图1-13所示。

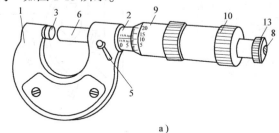

a)

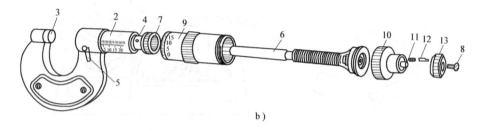

b)

图1-13 千分尺的结构

a) 外形 b) 结构

1—尺架 2—砧座 3—固定套管 4—轴套 5—手柄 6—测微螺杆 7—称套
8—螺钉 9—微分筒 10—罩壳 11—弹簧 12—棘爪销 13—棘爪盘

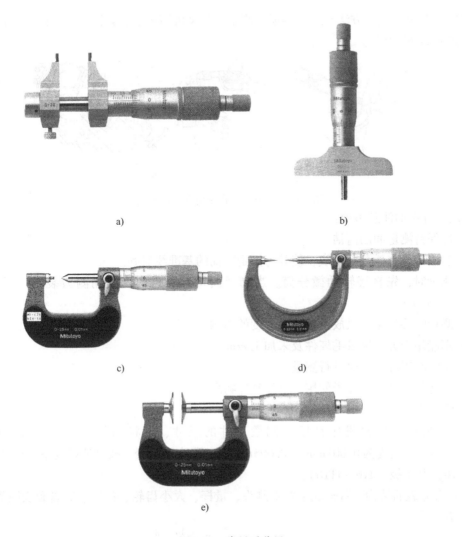

图 1-14 常见千分尺

a) 内径千分尺 b) 深度千分尺 c) 螺纹千分尺 d) 尖头千分尺 e) 公法线千分尺

（2）千分尺的刻线原理及读数方法 测微螺杆 6 右端螺纹的螺距为 0.5mm，当微分筒转一周时，螺杆 6 就移动 0.5mm。微分筒圆锥面上共刻有 50 格，因此微分筒每转一格，螺杆 6 就移动 0.5mm/50 = 0.01mm，即千分尺的测量精度为 0.01mm。

固定套管上刻有主尺刻线，每格 0.5mm。

在千分尺上读数的方法可分三步：

1）读出微分筒边缘在固定套管主尺的毫米数和半毫米数。

2）看微分筒上哪一格与固定套管上基准线对齐，并读出不足半毫米的数。

3）把两个读数加起来就是测得的实际尺寸。

如图 1-15 所示，千分尺读数方法实例。

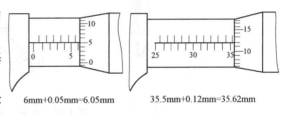

6mm+0.05mm=6.05mm   35.5mm+0.12mm=35.62mm

图 1-15 千分尺读数实例

（3）千分尺的使用方法和注意事项　使用千分尺可用单手，如图 1-16a 所示；也可以用双手，如图 1-16b 所示。

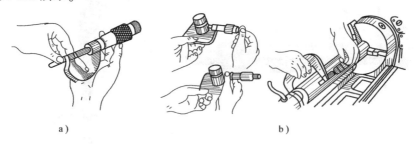

a)　　　　　　　　　　　　　　b)

图 1-16　千分尺正确使用方法示意图

使用千分尺的注意事项：

1）应保持测量面的清洁。

2）使用前检查微分筒零线，使其与固定套筒的基准线对齐。

3）测量时，先直接转动微分筒。当测量面接近工件时，改用测力装置，直到发出"卡、卡"声为止。

4）测量时要将千分尺放正并注意温度的影响。

5）不能用千分尺测量毛坯件及未加工表面。

6）不能在工件转动时进行测量。

7）不能用千分尺当锤子使用，击打其他物品。

6. 百分表

百分表是用来检验机床精度和测量工件的尺寸、形状和位置误差。测量精度为 0.01mm，当测量精度为 0.001mm 和 0.005mm 时，称为千分表。按制造精度不同可分为 0 级（IT4 ~ IT6）和 1 级（IT6 ~ IT16）。

（1）百分表的结构　百分表主要由测头、量杆、大小齿轮、指针、表盘和表圈等组成，如图 1-17 所示。

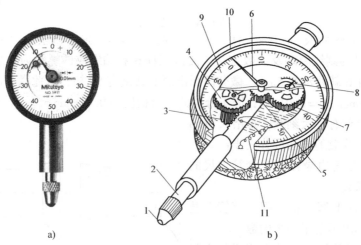

a)　　　　　　　　　　　　b)

图 1-17　百分表的结构示意图

a）实物图　b）结构

1—测头　2—量杆　3—小齿轮（$Z_1 = 16$）　4、7—大齿轮（$Z_2 = 100$）

5—小齿轮（$Z_3 = 10$）　6—长指针　8—短指针　9—表盘　10—表圈　11—拉簧

（2）百分表的刻线原理及读数方法　百分表齿杆的齿距是 0.625mm。当齿杆上升 16 齿时，上升的距离为 0.625mm×16＝10mm，此时和齿杆啮合的 16 齿的小齿轮正好转动 1 周，而和该小齿轮同轴的大齿轮（100 个齿）也转 1 周。中间小齿轮（10 个齿）在大齿轮带动下将转 10 周，与中间小齿轮同轴的长针也转 10 周。由此可知，当齿杆上升 1mm 时，长针转 1 周。表盘上共等分 100 格，所以长针每转 1 格，齿杆移动 0.01mm。故百分表的测量精度为 0.01mm。

使用百分表进行测量时，首先让长指针对准零位，测量时长针转过的格数即为测量尺寸。

（3）内径百分表　内径百分表是用来测量孔径及孔的形状误差的测量工具。

内径百分表（百分表装在表架上），如图 1-18 所示，测量时，可换触头 2 向左推动摆动块 3 使杆 4 向上移动，并推动百分表测头 6 使指针转动而指出读数。通过更换可换触头 2，可改变内径百分表的测量范围。内径百分表的测量范围有 6～10mm、10～18mm、18～35mm、35～50mm、50～100mm、100～160mm 和 160～250mm 等。内径百分表示值误差较大，一般为 ±0.015mm。

（4）百分表的使用方法　百分表在使用时，可装在表架上。表架放在平板上或某一平整位置上。测量头与被测表面接触时，测量杆应有一定的预压量，一般为 0.3～1mm，使其保持一定初始测量力，以提高示值的稳定性。同时，应把指针调整到表盘的零位。测量平面时，测量杆要与被测表面垂直。测量圆柱工件时。测量杆的轴线应与工件直径方向一致并垂直于工件的轴线。百分表不能用来测毛坯。

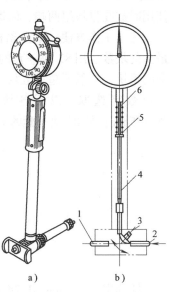

图 1-18　内径百分表
a)内径百分表　b)内径百分表的结构图
1—固定测头　2—可换触头　3—摆动块
4—杆　5—弹簧　6—测头

如图 1-19a 所示，百分表杆的位置符合上述要求是正确的测量方法；如图 1-19b 所示，测量杆严重的倾斜，不与工件直径方向一致，属于错误的测量方法；如图 1-19c 所示，用百分表测量毛坯件，也属于错误。

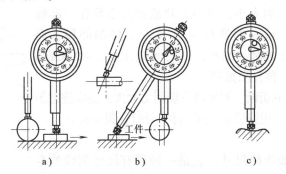

图 1-19　测量平面及圆柱形工件时的测量杆位置示意图
a) 正确　b)、c) 错误

7. 量块

量块是要求长度尺寸的标准，可以对量具和量仪进行检验校正，量块与附件并用时，还可以测量某些精度较高的工件尺寸。

量块具有较高的研合性。由于测量面的平面度误差极小，用比较小的压力，把两个量块的测量面相互推合后，就可牢固地贴合在一起。因此可以把不同基本尺寸的量块组合成量块组，得到需要的尺寸。

量块一般做成一套，装在特制的木盒里，如图 1-20 所示，有 42 块一套和 87 块一套等几种。每套量块中备有若干块保护量块，使用时放在量块组两端，以保护其他量块。

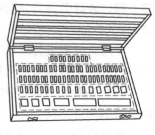

图 1-20　量块

为了工作方便，减少累积误差，选用量块时，应尽可能采用最少的块数。用 87 块一套的量块，一般不超过四块；用 42 块一套的量块，一般不超过五块。选取第一块应根据组合尺寸的最后一位数字选取，以后各块依此类推。例如，所要的尺寸为 58.245mm，从 87 块一套的盒中选取：

58.245	组合尺寸
−1.005	第一块尺寸
57.24	
−1.24	第二块尺寸
56	
−6	第三块尺寸
50	第四块尺寸

即选用 1.005mm、1.24mm、6mm 和 50mm 共四块。

为了保证量块的精度，延长其使用寿命，一般不允许用量块直接测量工件。

8. 塞尺

塞尺是用来检验两个结合面之间的间隙大小，常将工件放在标准平板上，通过用塞尺检测工件与平板之间的间隙来确定工件表面平面度误差。

塞尺有两个平行的测量平面，如图 1-21 所示，其长度有 50mm、100mm 和 200mm 三种。厚度为 0.03 ~ 0.1mm，中间每片相隔 0.01mm；厚度为 0.1 ~ 1mm，中间每片相隔 0.05mm。

使用时，根据间隙的大小，可用一片或数片重叠在一起插入间隙内。例如用 0.3mm 的塞尺可以插入工件的间隙，而 0.35mm 的塞尺插不进去时，说明工件的间隙在 0.3 ~ 0.35mm 之间，所以塞尺也是一种界限量规。

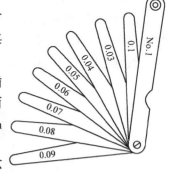

图 1-21　塞尺

塞尺的片容易弯曲和折断，测量时不能用力太大，还应注意不能测量温度较高的工件。用完后要擦拭干净，及时合到夹板中。

9. 极限量规

极限量规用来检验直线尺寸，它是一种没有尺寸刻线的专用量具。使用它不能具体地量出尺寸数值，只是鉴别被加工工件是合格还是不合格。极限量规结构简单，使用快捷，适于大批量加工中使用。下面只介绍卡规、塞规、圆锥量规和螺纹量规等几种常用极限量规。

极限量规分为两种，一种是卡规，如图 1-22 所示，一种是塞规，如图 1-23 所示。

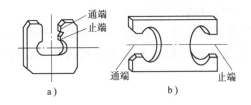

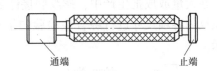

图 1-22　卡规　　　　　　　　　　　　图 1-23　塞规
a) 单面卡规　b) 双面卡规

卡规用于测量外径（图 1-24 所示）、长度、宽度和高度尺寸；塞规用于测量内径和沟槽的宽度等尺寸，如图 1-25 所示。卡规和塞规均具有两个测量端，即通端（T）和止端（Z），用卡规和塞规检验工件时，如果通端通过，止端不能通过，则这个工件是合格的。否则，就是废品。使用单面卡规测量工件的宽度尺寸，如图 1-26 所示。从图中可看出，通端已通过被测量处，而止端则不能通过，该件合格。使用卡规测量台阶的高度尺寸，将卡规的内面 I 放在工件端面上，如图 1-27 所示。这时，通端从工件加工面处通过，而止端不能通过，所以，加工尺寸合格。

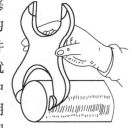

图 1-24　卡规使用示意图

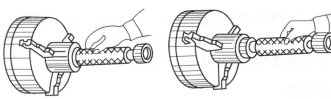

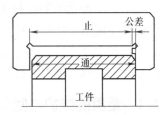

图 1-25　塞规使用示意图　　　　　　图 1-26　卡规检验工件宽度

在检验标准圆锥孔和圆锥体的锥度时，可用标准圆锥塞规或环规来检验，如图 1-28 所示。圆锥量规除了有一个精确的锥形表面外，在塞规和环规的端面上分别具有一个台阶 a。这些台阶长度就是圆锥大、小直径的公差范围。

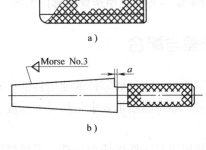

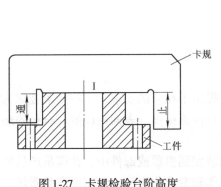

图 1-27　卡规检验台阶高度

图 1-28　圆锥量规
a) 圆锥环规　b) 圆锥塞规

检验工件时，当工件的端面在圆锥量规台阶中才算合格，如图 1-29 所示。圆锥塞规和环规分别用于锥孔和锥体的锥度、直径、圆度及母线直线度的综合检验。

在大量或成批生产中，螺纹联接件多采用螺纹量规检验，以保证其互换性。螺纹量规是对螺纹的各项尺寸进行综合性检验的量具。螺纹量规包括螺纹环规和塞规两种，如图 1-30 所示。

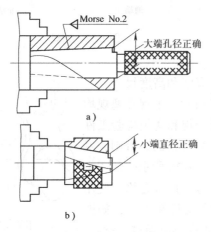

图 1-29　用圆锥量规测量示意图
a) 测量锥孔　b) 测量锥体

图 1-30　螺纹量规

螺纹环规用来测量外螺纹，螺纹塞规用来测量内螺纹。一端为通端（T），检验工件螺纹的中径和大径，另一端为止端（Z），检验工件螺纹的单一中径。在测量时，如果通端刚好能拧进去，而止端不能拧进去，则所测螺纹的尺寸精度符合要求。

1.2.2　量具的维护与使用注意事项

量具是用来检测工件尺寸的工具，使用过程中应加以精心维护和保养，才能保证零件的测量精度，延长量具的使用寿命。因此，必须注意以下几点：

1）使用前应该擦拭干净，用完后也必须擦拭干净、涂油并放入专用量具盒内。

2）不能随意乱放、乱扔，应放在规定的地方。

3）不能用精密量具测量毛坯尺寸、运动的工件或温度过高的工件，测量时用力适当，不能过猛、过大。

4）精密量具必须定期送计量部门鉴定。

1.3　公差与配合

设计零件时，为保证零件的使用性能，对零件提出了相应的要求，这些要求被称为零件的技术要求。零件的技术要求包括尺寸精度、形状和位置精度、表面粗糙度、材料的热处理要求等。

从一批相同的零件中任取一件，不经修配就能装配到机器或部件中，并满足产品的性能要求，称为互换性。零件具有互换性有利于组织协作和专业化生产，对保证产品质量，降低成本及方便装配、维修有重要意义。

由于零件在实际生产过程中受到加工、测量等诸多因素的影响，加工完一批零件的实际尺寸总存在一定的误差，为保证零件的互换性，必须将零件尺寸控制在允许的变动范围内，这个允许的尺寸变动量称为尺寸公差，简称公差。

1. 公差常用术语

（1）基本尺寸　设计给定的尺寸称为基本尺寸，如图 1-31 所示。

（2）实际尺寸　用量具测量的尺寸称为实际尺寸。如 $\phi 60^{-0.03}_{-0.06}$ mm 的轴，加工后的尺寸是 $\phi 59.96$ mm，该轴直径的实际尺寸为 59.96 mm。

（3）极限尺寸　允许尺寸变化的两个极限值，称为极限尺寸。其中，两个界限值中较大的一个称为最大极限尺寸；较小的一个称为最小极限尺寸，如图 1-31 所示。如 $\phi 60^{-0.03}_{-0.06}$ mm 的两个界限值是 $\phi 59.97$ mm 和 $\phi 59.94$ mm，其中 $\phi 59.97$ mm 为最大极限尺寸，$\phi 59.94$ mm 为最小极限尺寸。

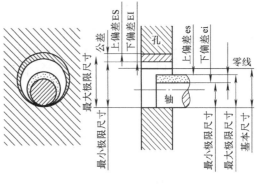

图 1-31　公差示意图

（4）尺寸偏差　某一尺寸减其基本尺寸所得的代数差，如图 1-31 所示。

1）上偏差（ES、es）。最大极限尺寸减去其基本尺寸所得的代数差称上偏差。或上偏差＝最大极限尺寸 – 基本尺寸。

2）下偏差（EI、ei）。最小极限尺寸减去其基本尺寸所得的代数差称下偏差。或下偏差＝最小极限尺寸 – 基本尺寸。

（5）尺寸公差带　公差带是限制尺寸变动的区域。在公差图中，它是由代表上、下偏差的两直线所限定的一个区域，如图 1-32 所示。公差带是由它的大小和相对零线的位置两个要素来确定的，公差带的大小由公差值确定，公差带的位置由基本偏差（上偏差或下偏差）决定。

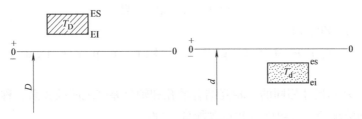

图 1-32　尺寸公差图

（6）标准公差　标准公差的数值由基本尺寸和公差等级来决定。其中公差等级是确定尺寸精确程度的等级。标准公差分为 20 级，即 IT01、IT0、IT1、…、IT18。其中 IT01 级精度最高，IT18 级精度最低。

（7）基本偏差　指在国家标准公差与配合制中用以确定公差带相对于零线位置的上偏差或下偏差，一般为靠近零线的那个偏差，如图 1-33 所示。

基本偏差根据国家标准规定各有 28 个，用拉丁字母表示，大写字母表示孔、小写字母表示轴。

孔：A、B、C、CD、D、E、EF、F、FG、G、H、J、JS、K、M、N、P、R、S、T、U、

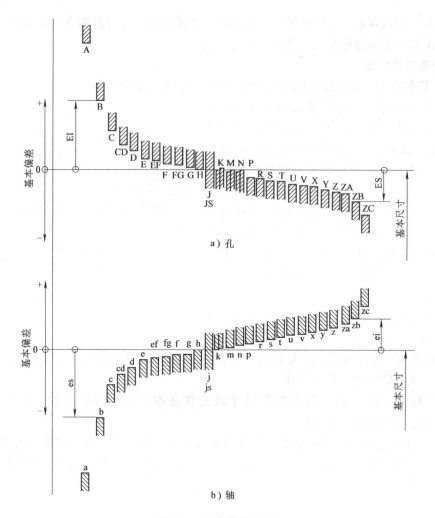

图 1-33　基本偏差系列

V、X、Y、Z、ZA、ZB、ZC。

轴：a 、b、c、cd、d、e、ef、f、fg、g、h、j、js、k、m、n、p、r、s、t 、u、v、x、y、z、za、zb、zc。

（8）配合　基本尺寸相同的、相互结合的孔和轴公差带之间的关系，称为配合。

配合分为间隙配合、过盈配合和过渡配合三种：

1）间隙配合。具有间隙（包括最小间隙等于零）的配合称为间隙配合，如图 1-34a 所示。

间隙配合的特点是孔的尺寸大于轴的尺寸。如曲轴轴颈与曲轴轴承的配合，即属间隙配合。间隙配合的最小间隙与最大间隙的计算方法如下：

最小间隙：孔的最小极限尺寸减去轴的最大极限尺寸之差。

最大间隙：孔的最大极限尺寸减去轴的最小极限尺寸之差。

2）过盈配合。具有过盈（包括最小过盈等于零）的配合称为过盈配合，如图 1-34b 所示。

过盈配合的特点是轴的尺寸大于孔的尺寸。如发动机气门套管孔的配合即属过盈配合。

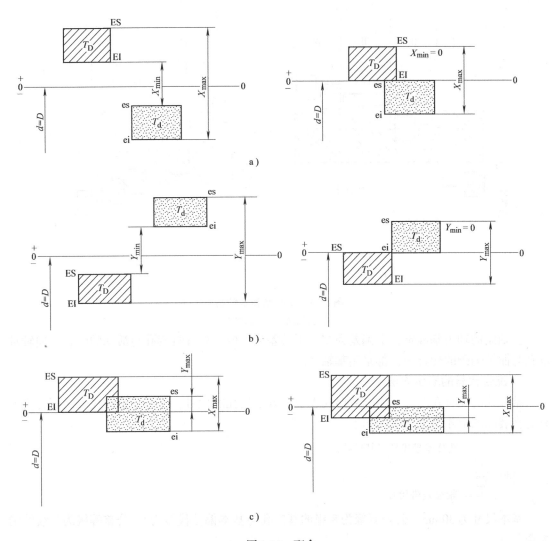

图 1-34　配合

a）间隙配合　b）过盈配合　c）过渡配合

最小过盈与最大过盈的计算方法如下：

最小过盈：孔的最大极限尺寸减去轴的最小极限尺寸之差。

最大过盈：孔的最小极限尺寸减去轴的最大极限尺寸之差。

3）过渡配合。可能具有间隙或过盈两种之一的配合称为过渡配合，如图 1-34c 所示。

（9）基准制　孔和轴配合时，要得到不同松紧的配合，基准制分为基孔制配合和基轴制配合，如图 1-35 所示。

1）基孔制。基本偏差为一定的孔的公差带，与不同基本偏差的轴的公差带形成各种配合的一种制度。基孔制的代号用"H"表示。

基孔制的孔为基准孔，下偏差为零，上偏差为正值。如气门杆与导管内孔的配合，滚动轴承内孔与轴颈的配合等，都采用基孔制配合。

2）基轴制。基本偏差为一定的轴的公差带，与不同基本偏差的孔的公差带形成各种配合的一种制度。基轴制的代号用"h"表示。

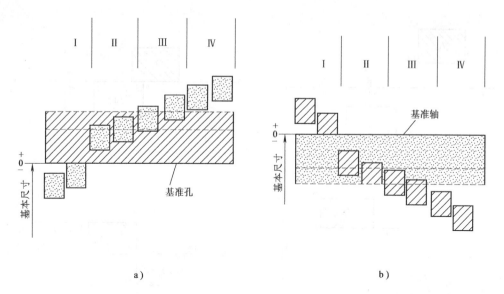

图 1-35　基孔制和基轴制

a）基孔制　b）基轴制

基轴制的轴为基准轴，上偏差为零，下偏差为负值。如气缸套孔与活塞的配合，曲轴轴承孔与曲轴轴颈的配合等，都采用基轴制配合。

2. 配合代号的表示方法

轴和孔的配合在图样上用分数形式表示，分子是孔的代号，分母是轴的代号。配合代号只有在装配图上才出现。举例如下：

$$\phi 30 \quad \frac{\text{H8}}{\text{f7}}$$

孔公差带代号（基准孔）

轴公差带代号

基本尺寸为30mm、公差等级为8级的基准孔与基本偏差代号为f、公差等级为7级的轴配合。

$$\phi 50 \quad \frac{\text{F8}}{\text{h7}}$$

孔公差带代号

轴公差带代号（基准轴）

基本尺寸为50mm、公差等级为7级的基准轴与基本偏差代号为F、公差等级为8级的孔配合。

$$10 \frac{\text{H7}}{\text{n6}}$$

非圆柱面的基孔制配合。

3. 未注公差尺寸的极限偏差值

在零件图上，对于重要的尺寸，在基本尺寸右面都标注极限偏差。对于不作配合或不重要的尺寸，则只标注基本尺寸，不标注极限偏差，这种尺寸称为未注公差尺寸，尺寸的极限偏差值称为未注公差尺寸的极限偏差值。

线性尺寸的未注公差规定了四个公差等级，通常采用 m（中等级）。未注公差的极限偏差见表 1-2。

表 1-2　线性尺寸的极限偏差数值　　　　　　　　　（单位：mm）

公差等级	基本尺寸分段							
	0.5 ~ 3	>3 ~ 6	>6 ~ 30	>30 ~ 120	>120 ~ 400	>400 ~ 1000	>1000 ~ 2000	>2000 ~ 4000
精密 f	±0.05	±0.05	±0.1	±0.15	±0.2	±0.3	±0.5	—
中等 m	±0.1	±0.1	±0.2	±0.3	±0.5	±0.8	±1.2	±2
粗糙 c	±0.2	±0.3	±0.5	±0.8	±1.2	±2	±3	±4
最粗 v	—	±0.5	±1	±1.5	±2.5	±4	±6	±8

1.4　形状和位置公差

机械零件在加工中的尺寸误差，根据使用要求用尺寸公差加以限制。而加工中对零件的几何形状和相对几何要素的位置误差则由形状和位置公差加以限制。

形状和位置公差简称形位公差，是零件要素（点、线、面）的实际形状和实际位置对理想形状和理想位置的允许变动量。

1. 形状和位置公差的符号

国家标准 GB/T 1182—1996 规定形位公差共有 14 项，具体见表 1-3。

表 1-3　形状和位置公差的项目、符号和标注

分类	符号	项　目	公　差	标注示例	读　法
形状	—	直线度			被测圆柱面的轴线必须位于直径为公差值 $\phi0.08$mm 的圆柱面内
	▱	平面度			被测表面必须位于距离为公差值 0.08mm 的两平行平面内
	○	圆度			被测圆锥面任一正截面上的圆周必须位于半径差为公差值 0.1mm 的两同心圆之间

（续）

分类	符号	项 目	公 差	标注示例	读 法
形状	⌭	圆柱度			被测圆柱面必须位于半径差为公差值0.1mm的两同轴圆柱面之间
	⌒	线轮廓度			被测轮廓线必须位于包络一系列直径为公差值0.04mm的两包络线之间
	⌓	面轮廓度			被测轮廓面必须位于诸球的直径为公差值0.02mm的两包络面之间
定向	∥	行度			被测表面必须位于距离为公差值0.01mm且平行于基准表面 D 的两平行平面之间
	⊥	垂直度			在给定方向上被测轴线必须位于距离为公差值0.1mm且垂直于基准表面 A 的两平行平面之间
	∠	倾斜度			被测轴线必须位于距离为公差值0.08mm且与基准面 A 成60°的两平行平面之间
定位	⊕	位置度			两个中心线的交点必须位于直径为公差值0.3mm的圆内。圆心位于相对基准 A、B 位置上
	≡	对称度			被测中心平面必须位于距离为公差值0.08mm且相对于基准面 A 对称的两平行平面之间

（续）

分类	符号	项　目	公　差	标 注 示 例	读　法
定位	◎	同轴度			大圆柱面轴线必须位于直径为公差值 $\phi0.08$mm 且与公共基准线 $A—B$ 同轴的圆柱面内
跳动	↗	圆跳动			被测面围绕基准 D 旋转一周时，在任一测量圆柱面内轴向的跳动量均不大于 0.1mm
	↗↗	全跳动			被测要素围绕公共基准 $A—B$ 旋转，各点间的示值差均不得大于 0.1mm

2. 形位公差应用实例

解释图 1-36 所示顶杆零件图上的三个标注形状和位置公差代号含义。

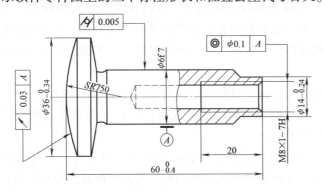

图 1-36　零件图

代号含义如下：

1) SR750mm 球面对 $\phi16f7$ 轴线的圆跳动公差为 0.03mm。

2) $\phi16f7$ 圆柱体的圆柱度公差为 0.005mm。

3) M8×1-7H 螺孔的轴线对 $\phi16f7$ 轴线的同轴度公差为 $\phi0.1$mm。

1.5 表面粗糙度

　　无论是采用何种方式加工后的零件表面，在其加工后都会呈现凹凸不平的痕迹。粗加工时这种现象非常明显，精加工时通过放大镜或显微镜也可观察到。这种加工表面上所具有的较小间距和峰谷所组成的微观几何形状特性，称为表面粗糙度。产生这种现象的原因一般是零件加工过程中由于机床——刀具——工件系统的振动等原因引起的。零件的表面粗糙度如图 1-37 所示。

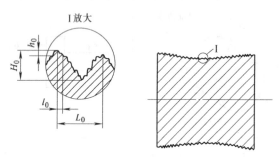

图 1-37　零件的表面轮廓

H_0、h_0—波高　L_0、l_0—波长

　　表面粗糙度对机械零件的配合性质、耐磨性、工作精度、抗腐蚀性有着密切关系，影响机械零件的使用性能、工作可靠性和使用寿命。为了提高产品质量，促进互换性生产，与国际接轨，我国制定了有关的国家标准。

1.5.1 表面粗糙度的评定参数

　　（1）表面轮廓　平面与实际表面相交所得的轮廓称为表面轮廓。该平面为截平面，按照相截方向的不同，它又分为横向表面轮廓和纵向表面轮廓。横向轮廓是指垂直于表面加工纹理的平面与表面相交所得的轮廓。纵向轮廓是指平行于表面加工纹理的平面与表面相交所得的轮廓。

　　在评定表面粗糙度时，除非特别指明，通常均指横向表面轮廓。

　　（2）取样长度　用于判别被评定的不规则特征的一段基准线的长度。一般取样长度包含 5 个以上的轮廓峰和轮廓谷。

　　（3）评定长度　用于判别被评定轮廓所必须的一段长度，它可以包括 1 个或几个取样长度，由于被测表面上表面粗糙度的不均匀性，需连续取几个取样长度，测量后取其平均值作为测量结果。

　　（4）中线　中线是具有几何轮廓形状并划分轮廓的基准线。

　　（5）轮廓算术平均偏差（R_a）　指在一个取样长度内，纵坐标值（轮廓上各点到基准线的距离）绝对值的算术平均值。R_a 参数较直观，并能充分反映表面微观形状高度方面的特性，测量方法比较简便，是使用较为广泛的评定指标。

　　（6）微观不平度＋点高度（R_z）　指在一个取样长度内 5 个最大的轮廓峰的平均值与 5 个最大的轮廓谷深的平均值之和。

（7）轮廓最大高度（R_y）　指在一个取样长度内，最大轮廓峰高（Z_{pmax}）和最大轮廓谷深（Z_{vmax}）之和的高度。

R_z 值不如 R_a 值反映的几何特征准确。R_z 与 R_a 联用，可对某些不允许出现较大的加工痕迹的零件表面和小零件表面质量加以控制。

国标规定了 R_a、R_z、R_y 三个参数的数值系列，如表 1-4 和表 1-5 所示。

表 1-4　轮廓算术平均偏差 R_a 系列值（摘自 GB/T 1031—1995）

0.012	0.2	3.2	50
0.025	0.4	6.3	100
0.05	0.8	12.5	—
0.1	1.6	25	—

表 1-5　微观不平度十点高度 R_z 和轮廓最大高度 R_y 系列值（摘自 GB/T 1031—1995）

0.025	0.4	6.3	100	1600
0.05	0.8	12.5	200	—
0.1	1.6	25	400	—
0.2	3.2	50	800	—

取样长度与高度特性参数之间有一定联系，一般情况下，在测量 R_a、R_z 时推荐按表 1-6 选取对应的取样长度值。

表 1-6　取样长度 l 和评定长度 l_n 与 R_a、R_z 相应的推荐值（摘自 GB/T 1031—1995）

l/mm	L_n（$l_n=5l$）/mm	$R_a/\mu m$	$R_z/\mu m$
0.08	0.4	≥0.008~0.02	≥0.025~0.1
0.25	1.25	>0.02~0.1	>0.1~0.5
0.8	4.0	>0.1~2.0	>0.5~10
2.5	12.5	>2.0~10	>10~50
8.0	40	>10~80	>50~320

由于加工表面的不均匀性，在评定表面粗糙度时其评定长度应根据不同的加工方法和相应的取样长度来确定。一般情况下，当测量 R_a、R_z 时推荐按表 1-6 选取相应的评定长度值。如被测表面均匀性较好。测量时可选用小于 $5l$ 的评定长度值；均匀性较差的表面可选用大于 $5l$ 的评定长度值。

1.5.2　表面粗糙度的标注

根据零件不同部位的使用性能，表面粗糙度要求也不同。

1. 表面粗糙度符号

表面粗糙度符号及意义见表 1-7，表面粗糙度的基本符号，由两条不等长的细实线组成，如图 1-38 所示。

表1-7 表面粗糙度符号表（摘自 GB/T 131—1993）

符　　号	意义及说明
√	基本符号，表示表面可用任何方法获得。当不加注粗糙度参数值或有关说明（如表面处理、局部热处理状况）时，仅适用于简化代号标注
∇	基本符号加一短线，表示表面是用去除材料的方法获得。例如车、铣、钻、磨、剪切、抛光、腐蚀、电火花加工、气割等
∇	基本符号加一小圆，表示表面是用不去除材料的方法获得。例如铸、锻、冲压变形、热轧粉末冶金等或者是用于保持原供应状况的表面（包括上道工序的状况）
√ ∇ ∇	在上述三个符号的长边上均可加一横线，用于标注有关参数和说明
√ ∇ ∇	在上述三个符号上均可加一个小圆，表示所有表面具有相同的表面粗糙度要求

2. 表面粗糙度代号

在表面粗糙度符号上，标出表面粗糙度参数值及有关的规定项目后，组成表面粗糙度代号，如图1-39所示（a_1、a_2 为粗糙度高度参数代号及其数值，当选用参数时，代号"R_a"可省略，只标参数值；b 为加工要求、镀涂、表面处理或其他说明；c 为取样长度，取样长度若选用标准长度，在图样上可省略标注取样长度；d 为加工纹理方向；e 为加工余量；f 为粗糙度间距参数或轮廓的支承长度率）。

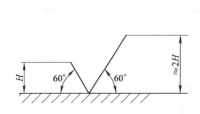

图1-38 基本符号

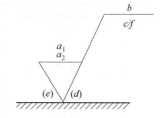

图1-39 表面特征各项规定在符号中注写的位置

表面粗糙度高度参数值标注示例见表1-8、表1-9。

表1-8 R_a 的标注方法

代　号	意　义	代　号	意　义
3.2 ∇	用任何方法获得的表面粗糙度，R_a 的上限值为3.2μm	3.2max √	用任何方法获得的表面粗糙度，R_a 的最大值为3.2μm
3.2 ∇	用去除材料方法获得的表面粗糙度，R_a 的上限值为3.2μm	3.2max ∇	用去除材料方法获得的表面粗糙度，R_a 的最大值为3.2μm
3.2 ∇	用不去除材料方法获得的表面粗糙度，R_a 的上限值为3.2μm	3.2max ∇	用不去除材料方法获得的表面粗糙度，R_a 的最大值为3.2μm
3.2 1.6 ∇	用去除材料方法获得的表面粗糙度，R_a 的上限值为3.2μm，R_a 的下限值为1.6μm	3.2max 1.6min ∇	用去除材料方法获得的表面粗糙度，R_a 的最大值为3.2μm，R_a 的最小值为1.6μm

表 1-9　R_z 的标注方法

代　号	意　义	代　号	意　义
$R_z\ 3.2$／	用任何方法获得的表面粗糙度，R_z 的上限值为 3.2μm	$R_z\ 3.2\mathrm{max}$／	用任何方法获得的表面粗糙度，R_z 的最大值为 3.2μm
$R_z\ \dfrac{3.2}{12.5}$／	用去除材料方法获得的表面粗糙度，R_a 的上限值为 3.2μm，R_z 的上限值为 12.5μm	$R_z\ \dfrac{3.2\mathrm{max}}{12.5\mathrm{max}}$／	用去除材料方法获得的表面粗糙度，R_a 的最大值为 3.2μm，R_z 的最大值为 12.5μm

表面粗糙度符号、代号在图样上的标注方法，如图 1-39 所示。表面粗糙度符号、代号在图样上一般注在可见轮廓线、尺寸界线、引出线或它们的延长线上，如图 1-40 所示；符号的尖端必须从材料外指向表面，如图 1-40a、b 所示；表面粗糙度代号中数字及符号的标注方向必须与尺寸数字方向一致，如图 1-40a、b 所示；带有横线的表面粗糙度符号应按图 1-40c 的规定标注。

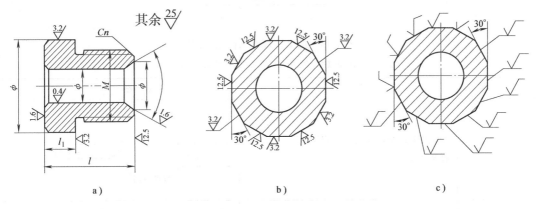

图 1-40　表面粗糙度在图样上的标注

a) 轴套零件标注示意图　b) 环绕标注示意图　c) 带表面特征各项规定粗糙度符号标注示意图

3. 表面粗糙度的其他标注方法

（1）加工方法　镀（涂）覆或其他表面处理某零件的加工表面的粗糙度要求由指定的加工方法获得时，用文字标注在符号上边的横线上，如图 1-41 所示。

在符号的横线上面也可注写镀（涂）覆或其他表面处理要求。需要表示镀（涂）覆后的表面粗糙度值时，其标注方法，如图 1-42a 所示；需要表示镀（涂）覆前的表面粗糙度值时，其标注方法，如图 1-42b 所示；若同时要求表示镀（涂）覆前及镀（涂）覆后的表面粗糙度值时，其标注方法，如图 1-42c 所示。国家标准还规定，镀（涂）覆或其他表面处理的要求也可在图样的技术要求中说明。

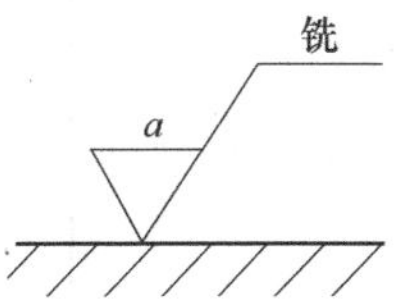

图 1-41　加工方法的标注示意图

（2）加工纹理方向　需要控制表面加工纹理方向时，可在符号的右边加注加工纹理方向符号，如图 1-43 所示。

常见的加工纹理方向符号，见表 1-10。

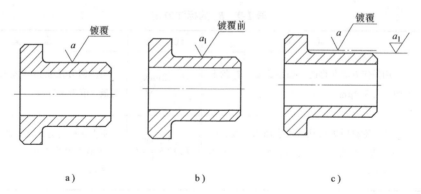

a)　　　　　　　　　b)　　　　　　　　　c)

图 1-42　镀（涂）覆的代号标注示意图

a）镀（涂）覆后标注　b）镀（涂）覆前标注　c）镀（涂）覆前、后标注

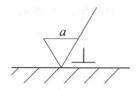

图 1-43　加工纹理方向标注示意图

表 1-10　常见的加工纹理方向符号

符　号	说　明	示　意　图
＝	纹理平行于标注符号的视图的投影面	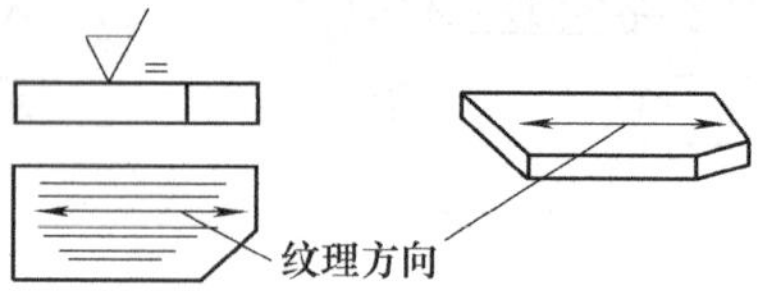
⊥	纹理垂直于标注符号的视图的投影面	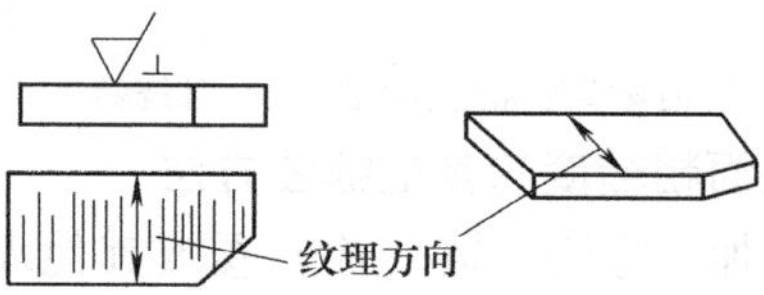
×	纹理呈两相交的方向	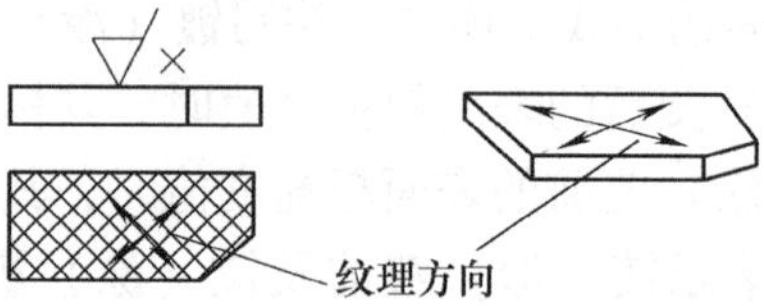
M	纹理呈多方向	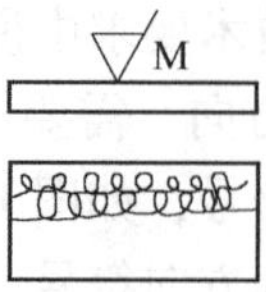

（续）

符　号	说　明	示　意　图
C	纹理呈近似同心圆	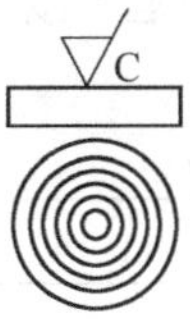
R	纹理呈近似的放射状	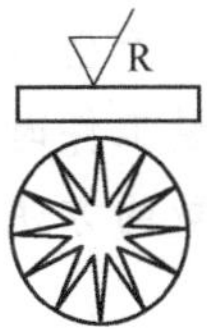
P	纹理无方向或呈凸起的细粒状	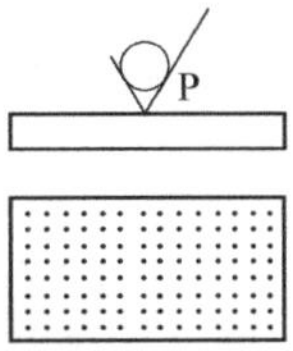

注：若表中所列符号不能清楚地表明所要求的纹理方向，应在图样上用文字说明。

（3）加工余量　需要标注加工余量时，注在符号的左侧，其标注方法，如图1-44所示。标注时数值要加上括号，加工余量的单位为 mm。

（4）取样长度　取样长度也标注在符号长边的横线下面，数字前不标注符号，如图1-45所示，单位为 mm。国家标准规定，若取样长度值按表中的对应关系选取，则在图样上可省略标注。

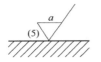

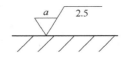

图 1-44　加工余量的标注示意图　　　　图 1-45　取样长度的标注示意图

思考与练习

1）国际单位制的基本长度单位是_____。而在机械制造业中通常规定以_____作为计量长度的单位。

2）_____、_____的总称为测量器具。

3）量具是用来测量工件_____、_____、_____和_____的工具。

4）游标卡尺是一种常用量具，它能直接测量工件的_____、_____、_____、_____、_____和_____等。

5）游标卡尺常用的是读数值为_____。

6）万能角度尺是用来测量工件和样板的_____及_____的量具。其读数值有____和____两种，测量范围为_____。

7）万能角度尺测量不同范围角度的方法，分四种组合方式，测量角度分别是_____、_____、_____和_____。

8）百分表是来检验机床精度和测量工件的_____、_____和_____误差，读数值为_____。

9）极限量规分为_____和_____两种。

10）配合分为_____、_____和_____三种。

11）基准制分为_____和_____配合。

12）测量过程中，产生系统误差的原因有哪些？

13）游标卡尺测量工件时，读数分为几个步骤，各是什么？

14）千分尺上读数的方法可分为几个步骤，各是什么？

第2章　金属切削加工的基础知识

金属切削加工是刀具和工件相互作用的过程，刀具从工件表面上切除工件上多余的金属层，从而使工件的形状、位置、尺寸精度及表面质量都符合技术要求，最终达到零件图样的加工要求。

2.1　金属切削加工运动

金属切削运动由金属切削机床来完成，机床、夹具、刀具和工件构成一个机械加工工艺系统。

1. 切削运动

在切削加工时，按工件与刀具相对运动所起的作用来分，切削运动可分为主运动和进给运动。

（1）主运动　刀具与工件之间最主要的相对运动，它消耗功率最多，速度最高。主运动只有且必须有一个。

主运动可以是旋转运动，也可以是直线运动，如图2-1所示，如车削主运动是工件的旋转运动，钻削主运动是钻头的旋转运动，铣削主运动是铣刀的旋转运动。

（2）进给运动　刀具与工件之间产生的附加相对运动，配合主运动，不断将多余的金属投入切削以保持切削连续进行或反复进行的运动。一般而言，进给运动速度较低，消耗功率较少。

进给运动可由刀具完成，也可由工件完成，如车削进给运动有两个，纵向和横向进给运动；钻削进给运动只有横向进给一个；铣削进给运动有三个，即纵向进给、横向进给和垂直进给；进给运动不限于一个（如滚齿），个别情况也可以没有进给运动（如拉削），如图2-1所示。

（3）工件表面　在切削加工中，随着工件多余材料不断被切除变成切屑，工件上形成三个不断变化着的表面，如图2-2所示。

1）已加工表面。已经切除切削层而形成的新表面。

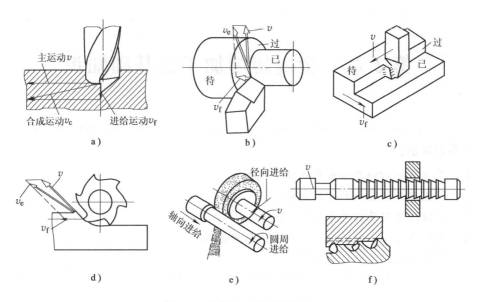

图 2-1 各种加工的切削运动

a）钻削 b）车削 c）刨削 d）铣削 e）磨削 f）拉削

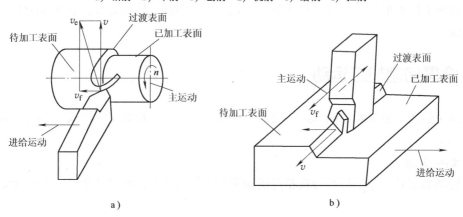

图 2-2 切削运动和工件的加工表面示意图

a）车外圆 b）刨削平面

2）待加工表面。加工时即将切除切削层的表面。

3）过渡表面。切削刃正在切削着的表面，它是待加工表面和已加工表面的过渡表面。它总是介于待加工表面和已加工表面之间，也称为加工表面或切削表面。

2. 切削要素

切削要素是指切削用量和切削层参数。

（1）切削用量 切削用量是切削加工过程中切削速度 v_c、进给量 f 或进给速度 v_f 和背吃刀量 a_p 的总称，如图 2-3 所示。它是用于调整机床、计算切削力、切削功率、切削温度、选择刀具合理几何角度和核算工序成本等所必需的参数。

1）切削速度 v_c。刀具切削刃上选定点（或参考点，当无特别指定时，一律以刀具或工件进入切削状态的最大直径为计算依据）相对于工件的主运动的瞬时线速度称为切削速度。当工件旋转为主运动时，切削速度 v_c 的计算公式为：

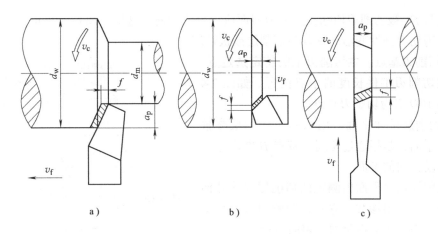

图 2-3　切削用量

a) 车外圆　b) 车端面　c) 切槽

$$v_c = \frac{\pi d_w n}{1000} \tag{2-1}$$

式中　v_c——切削速度（m/min）；

　　　d_w——切削刃上选定点的刀具或工件的旋转直径（mm）；

　　　n——主运动的旋转速度（r/min）。

考虑刀具磨损和已加工表面质量的因素，在计算时应取最大的切削速度。

2) 进给量 f　指刀具在进给运动方向上相对于工件的位移量，可用刀具或工件每转或每行程的位移量来表示。主运动为旋转运动时（如车削、钻削），可以用刀具或工件每转一周，两者沿进给方向的相对位移量表示，单位为 mm/r；主运动为往复直线运动时（如刨削），可用刀具或工件每往复一次，两者沿进给方向的相对位移量表示，单位为 mm/行程。

对于多齿刀具（如钻头、铣刀等）每转或每行程中每一单齿相对于工件在进给运动方向上的位移量，称为每齿进给量 f_z，单位为 mm/齿。

$$f_z = f/z \tag{2-2}$$

式中　z——多齿刀具的齿数（齿）。

对于铣刀、铰刀、拉刀等多齿刀具，进给速度 v_f（切削刃上选定点相对工件的进给运动的瞬时速度称为进给速度，单位为 mm/s 或 mm/min）表示进给量时，进给速度 v_f、进给量 f 和每齿进给量 f_z 之间的公式为：

$$v_f = nf = nf_z z \tag{2-3}$$

3) 背吃刀量 a_p　指工件上已加工表面与待加工表面间的垂直距离，单位为 mm，如图 2-3a 所示。

加工外圆、内孔等回转表面时：

$$a_p = \frac{d_w - d_m}{2} \tag{2-4}$$

式中　d_w——工件上待加工表面直径（mm）；

　　　d_m——工件上已加工表面直径（mm）。

(2) 切削层参数　在主运动和进给运动作用下，工件上将有一层金属（一般为刀具移动

一个进给量 f) 被切削刃切除，并沿前刀面流出变成切屑。这层金属在流出前，它还没有经过挤压、剪切等弹性变形，称其为切削层或被切层。

1）切削刃基点。主切削刃上的特定选定点，一般选主切削刃工件长度的中点位置。如图 2-4 所示。图中 D 点为切削刃基点。

2）切削层尺寸平面。用来确定切削层参数所特定的平面，是指通过切削刃基点 D 并垂直于该点主运动方向的平面。

在切削层尺寸平面内测定的切削层尺寸几何参数，称为切削层参数。它直接影响刀具切削负荷的大小、刀具的磨损及加工表面质量。

切削层的尺寸可用公称宽度、公称厚度、公称横截面积三个参数表示。

3）切削层公称宽度 b_D 简称切削宽度，是沿过渡表面测量的切削层尺寸，如图 2-4 所示。外圆车削时：

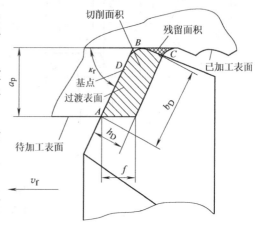

图 2-4 车外圆时的切削层参数

$$b_D = \frac{a_p}{\sin\kappa_r} \tag{2-5}$$

式中 κ_r——刀具的主偏角（°）。

4）切削层公称厚度 h_D 简称切削层厚度，指一个单元切削，主切削平行移动的距离，或切削层两相邻过渡表面之间的垂直距离，用 h_D 表示，单位为 mm，如图 2-4 所示。外圆车削时：

$$h_D = f\sin\kappa_r \tag{2-6}$$

5）切削层公称横截面积 A_D 简称切削层面积，指同一切削瞬间实际切削层在切削层尺寸平面内的投影，或指切削层横截面的面积，用 A_D 表示，单位为 mm^2。外圆车削时：

$$A_D = h_D b_D = f a_p \tag{2-7}$$

2.2 刀具切削部分的几何角度

2.2.1 刀具的种类和组成

1. 刀具的种类

机械加工中使用的刀具种类繁多，按加工方式和具体用途分为车刀、孔加工刀具、铣刀、拉刀、螺纹刀具、齿轮刀具、自动线及数控机床用刀具和磨具等几大类型；按所用材料分为高速钢、硬质合金、陶瓷、立方氮化硼（CBN）和金刚石刀具等；按结构分为整体刀具、镶片刀具、机夹刀具和复合刀具等；按是否标准化分为标准刀具和非标准刀具等。

2. 刀具的组成

刀具各组成部分统称为刀具的要素。刀具的种类尽管很多，但构造和作用，有很多相同之处。而车刀的组成要素则具有代表性，其他刀具均可看成是车刀的演变。国际标准化组织（ISO）在确定金属切削刀具的工作部分几何形状的一般术语时，就是以车刀切削部分为基础的。

如图 2-5 所示，普通车刀由刀头和刀杆两部分组成。刀头用来切削，即为切削部分；刀杆用来装夹在刀架上，也称为刀体。切削部分是一个几何体，由一些表面、切削刃、刀尖（刃与刃相交所形成的点）组成。

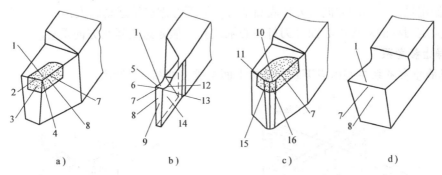

图 2-5　车刀切削部分的组成

a) 外圆车刀　b) 切断刀　c) 大走刀强力车刀　d) 宽刃刀

1—前刀面　2—副切削刃　3—副后刀面　4—刀尖　5—右副切削刃　6—主刀尖　7—主切削刃

8—后刀面　9—右副后刀面　10—过渡切削刃　11—修光刃　12—左副切削刃

13—左刀尖　14—左副后刀面　15—修光后刀面　16—过渡后刀面

1）前刀面 A_γ：切屑流出时经过的刀具表面。

2）主后刀面 A_α：与加工表面相对的刀具表面。

3）副后刀面 A'_α：与已加工表面相对的刀具表面。

4）主切削刃 S：前刀面与主后刀面的交线，它承担着主要的切削工作，也称为主刀刃。

5）副切削刃 S'：前刀面与副后刀面的交线。

6）刀尖：主、副切削刃连接部位。刀尖可以是主切削刃和副切削刃的实际交线；也可以是连接主、副切削刃的圆弧；还可以是连接主、副切削刃的一条折线，如图 2-6 所示。

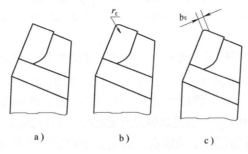

图 2-6　刀尖形状过渡刃

a) 尖角　b) 圆弧过渡刃　c) 直线过渡刃

综上所述，外圆车刀的切削部分是由三面、两刃和一尖组成。切断刀的切削部分除前刀面、主后刀面、主切削刃外，还有两个副后刀面、两条副切削刃和两个刀尖，它是由四面、三刃和两尖组成，如图 2-5b 所示。

2.2.2　刀具静止角度参考系

确定刀具的角度，仅靠车刀刀头上的几个面、几条线是不够的，还必须人为地在刀具上建立静止坐标系。刀具静止坐标系是指用刀具设计、制造、刃磨和测量几何参数的参考系。

为研究方便，在介绍参考系之间作三点假定：

1）假定刀具切削刃上各点切削速度的方向与刀杆底面垂直；

2）假定进给运动的方向与刀杆底面平行，但不考虑进给运动的大小；

3）假定刀杆的对称中心面（刀杆中心轴线）与假定进给运动方向垂直。

1. 静止参考系

刀具静止参考系主要由以下基准坐标平面组成，如图 2-7 所示。

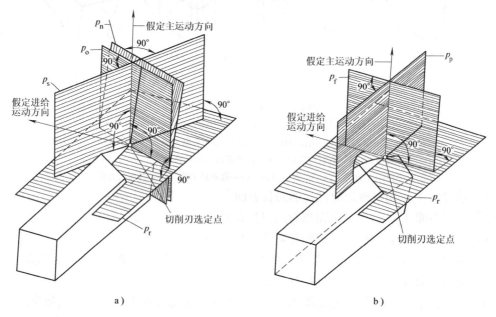

图 2-7　刀具静止参考系的基准平面

a）正交平面和法平面参考系　b）进给、背平面参考系

2. 参考平面

（1）基面 p_r　通过主切削刃上选定点，并垂直于该点切削速度方向的平面。

（2）主（副）切削平面 p_s （p_s'）　通过主（副）切削刃上选定点，与主（副）切削刃相切并垂直于基面的平面。在无特殊情况下，切削平面就是指主切削平面。

（3）主平面（正交平面）p_o　通过切削刃上选定点，并同时垂直于基面和切削平面的平面。

（4）法平面 p_n　通过切削刃上选定点，并垂直于切削刃的平面。

（5）假定进给平面 p_f　通过切削刃上选定点，平行于假定进给运动方向，并垂直于基面的平面。

（6）背平面 p_p　通过切削刃上选定点，并同时垂直于基面和假定平面的平面。

2.2.3　刀具标注角度

刀具标注角度是指刀具设计图样上标注出的角度。常用的刀具切削部分的几何要素与刀具静止参考系坐标平面的夹角大小及投影来表达，如图 2-8 所示。

1. 在基面内的角度

（1）主偏角 κ_r 是在基面 p_r 内度量的切削平面 p_s 和假定工作平面 p_f 之间的夹角。也是主切削刃在基面上的投影与进给运动方向之间的夹角，应标注在基面内。

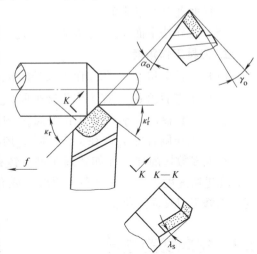

（2）副偏角 κ_r' 是在基面 p_r 内度量的副切削平面 p_s' 和假定工作平面 p_f 之间的夹角。

（3）刀尖角 ε_r 是切削平面 p_s 与副切削平面 p_s' 之间的夹角，ε_r 只有正值。另外，刀尖角 ε_r、主偏角 κ_r 和副偏角 κ_r' 满足如下关系：

$$\varepsilon_r = 180° - (\kappa_r + \kappa_r') \qquad (2\text{-}8)$$

刀尖角 ε_r 不是一个独立角度，而是一个派生角度，其大小是由 κ_r 和 κ_r' 决定的。

图 2-8 车刀的主要角度

2. 在主平面内的角度

（1）前角 γ_o 在正交平面内度量的前刀面 A_γ 与基面 p_r 之间的夹角。当切削刃上选定点的基面 p_r 在剖视图中处于刀具实体之外时，前角 γ_o 为正值；当基面 p_r 处于刀具实体之内时，前角 γ_o 为负值；当前刀面与基面重合时，前角 γ_o 为零。

（2）后角 α_o 在正交平面内度量的后刀面与切削平面 p_s 之间的夹角。当切削刃上选定点的切削平面 p_s 在剖视图中处于刀具实体之外时，后角 α_o 为正值；当切削平面 p_s 在刀具实体之内时，后角 α_o 为负值；当后刀面与切削平面 p_s 重合时，后角 α_o 为零。

（3）楔角 β_o 刀具前刀面与主后刀面之间的夹角，在正交平面内测量。它与前角和后角的关系为：

$$\beta_o + \alpha_o + \gamma_o = 90° \qquad (2\text{-}9)$$

3. 在切削平面内的角度

刃倾角 λ_s 是切削平面内度量的主切削刃 S 与基面 p_r 之间的夹角。它是确定主切削刃在切削平面 p_s 内的位置的角度。应标注在切削平面的方向视图内。

另外，当刀具 $\lambda_s = 0°$ 时，主切削刃与切削速度垂直，这种切削称为直角切削或正切削；而 $\lambda_s \neq 0°$ 时的切削称为斜角切削或斜切削。

2.2.4 刀具的工作参考系及工作角度

1. 刀具工作参考系

（1）工作基面 p_{re} 指过切削刃上选定点并与合成切削速度 v_e 垂直的平面。

（2）工作切削平面 p_{se} 指过切削刃上选定点并与切削刃相切、并垂直于工作基面的平面。

（3）工作正交平面 p_{oe} 指过切削刃上选定点并同时与工作基面和工作切削平面垂直的平面。

（4）工作平面 p_{fe}　指过切削刃上选定点且同时包含主运动速度和进给运动速度方向的平面。它垂直于工作基面。

（5）工作法平面 p_{ne}　与法平面 p_n 定义相同。

2. 刀具工作角度

（1）工作前角 γ_{oe}　在工作正交平面 p_{oe} 内测量的工作基面与前刀面间的夹角。

（2）工作后角 α_{oe}　在工作正交平面 p_{oe} 内测量的工作切削平面与后刀面间的夹角。

（3）工作侧前角 γ_{fe}　在工作平面 p_{fe} 内测量的工作基面与前刀面间的夹角。

（4）工作侧后角 α_{fe}　在工作平面 p_{fe} 内测量的工作切削平面与后刀面间的夹角。

在大多数切削加工（如普通车削、镗孔、端面铣削等）时不需要计算刀具工作角度。只有在进给速度很大（如车多头螺纹）或有意将刀具装高或装低时，才需计算刀具工作角度，来修正刀具标注角度。

2.3　金属切削过程

金属切削过程是指通过切削运动，使刀具从工件表面上切除多余的金属层形成已加工表面的过程。在这一过程中，出现一系列的物理现象，如切削变形、切削力、切削热、刀具磨损及加工表面质量等。其中切削变形是根本，它直接影响其他因素，是研究金属切削过程的基础。

2.3.1　切屑的种类

随着工件材料、刀具几何角度和切削用量的不同，切除的切屑形状也各不相同，常见的切屑有四种，如图 2-9 所示。

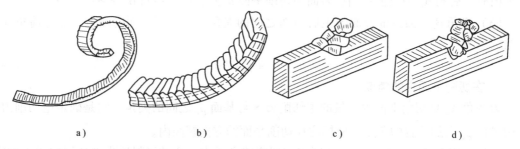

　　a）　　　　　　　　　b）　　　　　　　　　c）　　　　　　　　　d）

图 2-9　切屑的形状

a）带状切屑　b）节状切屑　c）单元切屑　d）崩碎切屑

（1）带状切屑　是最常见的一种切屑。它的外形呈带状，内表面是光滑的，外表面是毛茸状的。带状切屑一般是加工塑性金属材料，切削厚度较小，切削速度较高，刀具前角较大，得到的往往是这类切屑，如图 2-9a 所示。它的切削过程比较平稳，切削力波动较小，已加工表面粗糙度较小。

（2）节状切屑　又称挤裂切屑，和带状切屑不周之处在于外弧表面呈锯齿形，内弧表面有时有裂纹，如图 2-9b 所示。这种切屑大都在切削速度较低、切屑厚度较大的情况下产生。

（3）单元切屑　当切屑形成时，如果整个剪切面上剪应力超过了材料的破裂强度，则整个单元被剪离，成为梯形的粒状切屑，如图 2-9c 所示。由于各粒形状相似，所以又叫粒状切屑。

（4）崩碎切屑　切削脆性金属时，由于材料的塑性很小、抗拉强度较低，刀具切入后，切削层内靠近切削刃和前刀面的局部金属未经明显的塑性变形就在张应力状态下脆断，形成不规则的碎块状切屑，同时使工件加工表面凹凸不平。工件材料越是硬脆，切削厚度越大时，越容易产生这类切屑，如图 2-9d 所示。

前三种切屑是切削塑性金属时得到的。形成带状切屑时切削过程最平稳，切削力的波动最小，形成粒状切屑时切削力波动最大。在生产中一般最常见到的是带状切屑。当切削厚度大时，则得到节状切屑。单元切屑比较少见。

在形成节状切屑的情况下，改变切削条件，进一步减小前角，或加大切削厚度，就可以得到单元切屑；反之，如加大前角，提高切削速度，减小切削厚度，则可得到带状切屑。这说明切屑的形态是可以随切削条件的变化而转化的。

2.3.2　切屑的形成过程

1. 金属切削过程的实质

金属切削过程的实质是工件受到刀具的切割和挤压以后产生弹性和塑性变形，而使切削层与工件分离的过程。

金属的挤压与切削对比示意，如图 2-10 所示。当金属试件受压时，内部产生切应力、切应变，剪切面为 OM、AB 两个面。如发生滑移变形，金属便一定沿此两面中的任何一面发生滑移，如图 2-10a 所示。当金属受挤压时，如图 2-10b 所示，试件上只有一部分金属（OB 线以上）受到挤压，OB 线以下因受到金属母体的阻碍，使金属不能沿 AB 线滑移，只能沿 OM 线滑移。

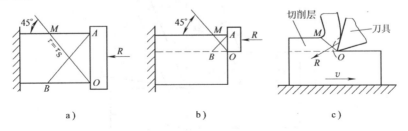

图 2-10　金属的挤压与切削示意图

金属切削情况虽然比挤压试验复杂，但以上结论可用来简单分析切削过程中的变形现象。切削层在刀具的挤压作用下沿 OM 线滑移，如图 2-10c 所示。图中虚线部分类似于偏挤压时的剪切 AB 线，它和切削塑性金属材料时产生的积屑瘤的形状有关。

2. 金属切削过程中变形区

切削层金属的变形大致可分为三个变形区，如图 2-11 所示。

（1）第 I 变形区　切削刃前方切削层内产生的塑性变形区，对塑性材料而言，主要是沿剪切面的滑移变形。切削层金属从 OA 线开始产生剪切滑移塑性变形，到 OM 线晶粒剪切滑移终止，经过第 I 变形区的金属大部分变成切屑，小部分未变成切屑而形成已加工表面。切削刃处切削层内产生的塑性变形区，称为主变形区，如图 2-11 所示。在实际切削中，切屑形成时速度很快，时间短，OA、OM 相距只有 0.02～0.2mm。常用滑移线表示第 I 变形区，在工件上它是一个面，称为剪切面。剪切面与切削运动方向之间的夹角 φ，称为剪切角，如图2-11所示。该变形区的本质是剪切滑移产生的塑性变形。

（2）第Ⅱ变形区　前刀面接触的切屑层内产生的变形区。经过第Ⅰ变形区后形成的大部分切屑在沿前刀面排出时，进一步受到前刀面的挤压和摩擦，使靠近前刀面处的金属纤维化，形成与前刀面平行的纤维化金属层。切屑与前刀面接触的靠近刀面的极薄一层区域。特点是摩擦、挤压。

（3）第Ⅲ变形区　切削刃处已加工表层内产生的变形区，该金属层受切削刃钝圆部分和后刀面的挤压、摩擦和回弹的影响而产生塑性变形，造成纤维化与加工硬化。特点是摩擦、挤压和回弹。

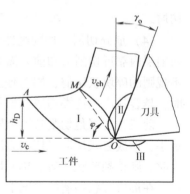

图2-11　金属切削过程的变形示意图

2.3.3　切屑变形的表示方法

对变形程度的表示常用的方法有两种，分别是剪切角 φ 和变形系数 ξ。

1. 变形系数 ξ

如图2-12所示，切削层的金属经过剪切滑移转化为切屑后，由于变形其长度变短，厚度变大。假设切削层长度为 l，厚度为 h_D；切屑的长度为 l_c，厚度为 h_{ch}，则有 $l > l_c$，$h_D < h_{ch}$。

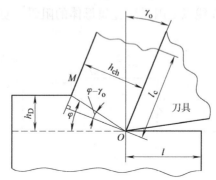

图2-12　变形系数

设切削层金属切削前、后体积不变，则有

$$h_D l b_D = h_{ch} l_c b_D \tag{2-10}$$

在直角自由切削中，认为切削层宽度 b_D 方向没有变形，故有

$$h_D l = h_{ch} l_c \tag{2-11}$$

于是变形系数为

$$\xi = \frac{l}{l_c} = \frac{h_{ch}}{h_D} = \frac{\overline{OM}\cos(\varphi - \gamma_o)}{\overline{OM}\sin\varphi} = \frac{\cos(\varphi - \gamma_o)}{\sin\varphi} > 1 \tag{2-12}$$

变形系数能直观地反映切屑的变形程度，由于切屑的 l_c、h_{ch} 容易测量，所以用变形系数来衡量切削变形十分方便。

2. 剪切角

由公式 2-12 可知，当刀具的前角 γ_o 一定，在切削一定厚度的切削层时，剪切角 φ 越大，切削变形越小；反之，则越大，如图 2-13 所示。因此，用剪切角 φ 也能表示切削变形的大小。但 φ 的大小，必须用快速落刀装置获得切屑根部金相图才能量出，故比较麻烦。

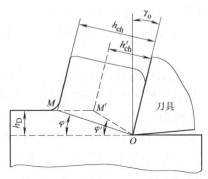

图 2-13　剪切角与变形的关系

2.3.4　积屑瘤

在一定的切削速度范围内切削塑性金属材料时，通常会在刀具切削刃及刀具前刀面上黏结堆积一些楔块或鼻状的高硬度金属块，称为积屑瘤，如图 2-14 所示。积屑瘤的硬度为金属母体的 2 ~ 3 倍。

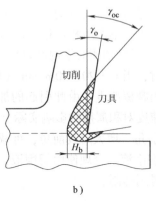

图 2-14　积屑瘤
a）积屑瘤金相照片　b）积屑瘤示意图

1. 积屑瘤的形成

在一定的加工条件下，随着切屑与前刀面间温度和压力的增加，摩擦力也增大，使近前刀面处切屑中塑性变形层流速减慢，产生"滞留"现象，越是贴近前刀面处的金属层流速越低。当温度和压力增加到一定程度时，滞留层中底层与前刀面产生了粘结。当切屑底层中切应力超过金属的剪切屈服强度极限时，底层金属流速为零而被剪断，并粘结在前刀面上。在后继切屑流动推挤下，前面切屑的底层便与上层发生相对的滑移而分离开来，成为积屑瘤的基础。接着新的底层又在此基础上冷焊并脱离切屑。如此逐层脱离切屑，逐层在前一层上积聚，最后形成积屑瘤。

2. 积屑瘤对切削过程的影响

（1）增大刀具前角　积屑瘤使刀具实际工作前角增大（γ_o可增至40°），减小切削变形和切削力。

（2）提高刀具硬度　积屑瘤是由受了剧烈塑性变形而被强化的材料堆积而成，其硬度是工件材料硬度的2～3倍，可代替刀具切削刃进行切削。

（3）增大切削厚度　积屑瘤前端伸出于切削刃外，导致切削厚度增大，不利于加工尺寸的精度。

（4）对刀具寿命的影响　积屑瘤包围着刀具切削刃及刀具部分前面，减少了刀具磨损，提高了刀具寿命。但是积屑瘤的生长是一个不稳定的过程，积屑瘤随时会产生破裂、脱落的现象。脱落的碎片会粘走刀面上的金属材料，或者严重擦伤刀面，使刀具寿命下降。

（5）降低工件表面质量　由于积屑瘤的外形不规则，使被切削的工件表面不平整。同时由于积屑瘤不断地破碎和脱落，脱落的碎片使工件表面粗糙，产生缺陷。

根据上述积屑瘤对加工的影响说明，对于积屑瘤它既有有利的一面，也有有弊的一面。一般对切削过程而言，弊要大于利。

3. 控制积屑瘤的措施

控制积屑瘤的措施如下：

（1）工件材料　在切削塑性材料时，通过降低塑性、提高硬度、减小切削变形，来减小刀与切屑间的摩擦因数，减少粘结，实现对积屑瘤的抑制。切削脆性材料（如黄铜、灰口铸铁等）时，切屑呈崩碎状，不存在内摩擦，因此不能产生积屑瘤。

（2）切削速度　低速时，当$v_c < 10\text{m/min}$（切中碳钢）时，切削温度低于300℃，粘结现象不易发生，不产生积屑瘤。高速时，当$v_c > 100\text{m/min}$（切中碳钢）时，切削温度低于500℃以上，尽管切屑底层内摩擦存在，但由于材料软化占主导地位，因此也不会产生积屑瘤。中速时，当$v_c = 20 \sim 30\text{m/min}$（切中碳钢）时，由于切削区域温度在300～400℃之间，切屑底层内摩擦严重，由此引起的加工硬化也十分严重，积屑瘤的高度达到最大。综上所述，切削速度对积屑瘤的影响实际上是切削温度对积屑瘤的影响。

（3）前角　增大刀具前角，可减小切削变形和切削温度，从而可抑制积屑瘤的生长。

（4）切削液　合理使用切削液，既可减少切削摩擦，又可降低切削温度，从而使积屑瘤的生长得到抑制。

2.4　切削力和切削功率

在切削加工过程中，切削力的大小相等，方向相反地作用在刀具、工件、夹具和机床上。切削力直接影响着切削热的产生，并进一步影响刀具磨损、刀具寿命、加工精度和已加工表面质量。

2.4.1　切削力和切削功率

1. 切削力的来源

切削过程中工件材料抵抗刀具切削所产生的阻力称为切削力，如图2-15所示。法向力F_n和F_{na}，分别作用在前刀面和后刀面上。另外，切屑沿前刀面流出，所以产生F_f。后刀面与已加工表面摩擦，产生摩擦力 F_{fa}。

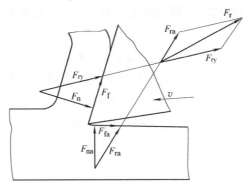

图 2-15 切削力的构成

综上所述，切削力的来源为弹性和塑性变形抗力，切屑、工件表面与刀具之间的摩擦阻力两个方面。

2. 切削力的合成与分解

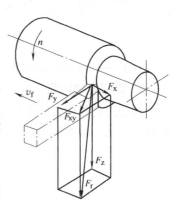

以外圆车削为例，在不考虑其他因素下，切削力的合力 F_r 就在正交平面内。具体的矢量合成是：F_n 与 F_f 的合力为 $F_{r\gamma}$；$F_{n\alpha}$ 与 $F_{f\alpha}$ 的合力为 $F_{r\alpha}$ 而 $F_{r\gamma}$ 与 $F_{r\alpha}$ 的合力为 F_r。合力 F_r 就是作用在车刀上的总切削力。

合力 F_r 的大小和方向都不易测量。为了便于测量和应用，通常把合力 F_r 先分解为 F_{xy} 和 F_z，F_{xy} 再分解为 F_x 和 F_y，得出三个互相垂直的分力，如图 2-16 所示。

图 2-16 切削力的分解示意图

3. 切削力的种类

主切削力 F_z 垂直于基面，与切削速度方向一致，所以又称切向力。在切削加工中，主切削力所消耗的功最多，所以它是计算机床功率、刀杆强度以及夹具设计、选择切削用量等的主要依据。

径向力 F_y 在基面内，并与进给方向相垂直，也叫背向力。在车削外圆时，径向力使工件在水平面内弯曲。它会影响工件的形状精度，而且容易引起振动。在校验工艺系统的刚性时，要以径向力为依据。

轴向力 F_x 也在基面内，它与进给方向相平行，也叫进给力。轴向力是校核机床进给机构强度的主要依据。

在一般情况下，主切削力 F_z 最大，F_y 和 F_x 小一些。随着刀具角度、刃磨质量、磨损情况和切削用量的不同，F_y、F_x 对 F_z 的比值在很大范围内变化。

当已知三个分力的数据后，合力的数值可按下式计算：

$$F_r = \sqrt{F_{xy}^2 + F_z^2} \qquad (2\text{-}13)$$

$$F_{xy} = \sqrt{F_x^2 + F_y^2} \qquad (2\text{-}14)$$

$$F_y = F_{xy}\cos\kappa_\tau \qquad (2\text{-}15)$$

$$F_x = F_{xy}\sin\kappa_\tau \qquad (2\text{-}16)$$

$$F_\tau = \sqrt{F_x^2 + F_y^2 + F_z^2} \qquad (2\text{-}17)$$

4. 切削功率

切削功率 P_m 是切削时在切削区域内消耗的功率，切削功率是三个切削分力所消耗的功率之总和，即

$$P_m = F_z v + F_y v_y + F_x v_f \qquad (2\text{-}18)$$

车削外圆时，F_y 所消耗的功率为零。F_x 比 F_z 要小得多，同样进给速度 v_f 比主运动速度 v 也小的多，进给功率仅占总功率 1% 左右，可忽略不计。所以功率的 P_m 计算公式为：

$$P_m = F_z v \times 10^{-4}/6 \qquad (2\text{-}19)$$

式中　P_m——切削功率（kw）；

　　　F_z——主切削力（N）；

　　　v——切削速度（m/min）。

根据切削功率 P_m 可计算出电动机功率 P_E：

$$P_E \geqslant \frac{P_m}{\eta_m} \qquad (2\text{-}20)$$

式中　η_m——机床传动效率，一般取 0.75 ~ 0.85。

5. 切削力的计算

切削力的经验公式是通过大量的切削实验，测得的大量数据后，再进行数据处理而建立的数学公式，基本形式如下：

$$F_z = C_{Fz} a_p^{x_{Fz}} f^{y_{Fz}} \, K_{Fz} \qquad (2\text{-}21)$$

$$F_y = C_{Fy} a_p^{x_{Fy}} \, f^{y_{Fy}} \, K_{Fy} \qquad (2\text{-}22)$$

$$F_x = C_{Fx} a_p^{x_{Fx}} f^{y_{Fx}} \, K_{Fx} \qquad (2\text{-}23)$$

式中　　　　C_{Fz}、C_{Fy}、C_{Fx}——系数；

x_{Fz}、x_{Fy}、x_{Fx}、y_{Fz}、y_{Fy}、y_{Fx}——指数；

　　　　　K_{Fz}、K_{Fy}、K_{Fx}——修正系数。

在特定的切削条件下，车削常用的金属材料，上述经验公式中的系数、指数、修正系数均可查阅相关技术手册。

2.4.2　影响切削力的因素

影响切削力的因素很多，主要是工件材料、切削用量、刀具几何参数及刀具磨损等。其中以工件材料为主，其次是刀具几何参数、切削用量。

1. 工件材料的影响

工件材料对切削力的影响较大。被加工工件材料的强度、硬度越高，则变形抗力越大，切削力就越大；但强度增加，变形系数（相对变形）有所减小，又降低了切削力。但综合来分析，切削力还是增大的。对于强度相近的材料，如其塑性（伸长率）较大，韧性好，刀具和切屑间的摩擦加大，切削变形增加，切削过程中将加剧加工硬化，耗能多，故切削力增大。切削脆性材料时，产生崩碎切屑。塑性变形及与前刀具面的摩擦都很小，故其切削力一般低于塑性材料。例如：45 钢（中碳钢）的切削力高于 Q235A 钢（低碳钢）；调质钢和淬火钢高于正火钢；1Cr18Ni9Ti 不锈钢高于 45 钢；铸铁和铜、铝合金低于钢材料；紫铜高于黄铜。在计算某一种工件材料的切削力和切削功率时，必须在资料中查找该材料的切削力有

关数据，或借用类别相同、性能相近材料的数据。但是，在各种资料中，工件材料的种类不可能十分齐全，有时可借用现有材料的数据加以适当修正。在《切削用量手册》中有较完整的工件材料机械（力学）性能对切削力的修正系数，可以参考使用。即使是同一种材料，由于制造方法不同，切削力也不相同。

2. 刀具几何参数的影响

（1）前角 γ_o　前角 γ_o 增大时，切屑容易从前刀面流出，切削层的变形减小，因此切削力显著下降。一般，加工塑性较大的金属时，前角对切削力的影响比加工塑性较小的金属更显著。例如，车刀前角每加大 $1°$，加工 45 钢的主切削力约降低 1%，加工紫铜的主切削力约降低 $2\% \sim 3\%$，而加工铅、黄铜的主切削力仅降低 0.4%。

（2）负倒棱　在锋利的切削刃上磨出适当宽度的负倒棱，可以提高刃区的强度，从而提高刀具使用寿命，但将使被切金属的变形加大，使切削力有所增加。

（3）主偏角　主偏角对 F_x 和 F_y 的影响较大，如图 2-17 所示。当 κ_r 加大时，F_y 减小，F_x 加大。在加工细长轴零件时，一般取 $\kappa_r = 90°$，以减小 F_y，防止零件变形。

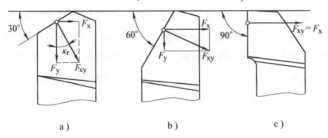

图 2-17　主偏角对切削力的影响

a) $\kappa_r = 30°$　b) $\kappa_r = 60°$　c) $\kappa_r = 90°$

（4）刃倾角　刃倾角 λ_s 在 $-5° \sim 5°$ 的范围内变化时，对切削力的影响力不大，当沿正值继续增大时，F_z 基本不变，但会使 F_y 减小，F_x 增大，其中对 F_y 的影响较显著。这主要是因为变形抗力是垂直作用于刀具前面的，当 λ_s 由负到正、由小到大变化时，合力 F_r 的方向也随之改变，分力 F_y 和 F_x 的大小也在变化。因此在一般情况下，刃倾角的负值不宜过大，只有当加工余量均匀，刀具受到冲击载荷，而工艺系统刚性较好，才能采用较大的负刃倾角。

（5）刀尖圆弧半径　刀尖圆弧半径 r_ε 大时，圆弧刃参加切削的长度增加，使切屑变形和摩擦力增加，所以切削力也变大。此外，由于圆弧刃上主偏角的变化（平均主偏角减小），使切削力 F_y 增大。因此，当工艺系统刚性较差时，应选小的圆弧半径，以避免振动。

3. 切削用量的影响

（1）切削深度和进给量的影响　切削深度 a_p 或进给量 f 加大，切削面积增大，弹性、塑性变形总量及摩擦力增加，从而使切削力增大，但两者的影响程度不同。当 f 不变，a_p 增加一倍时，主切削刃工作长度和切削面积增大一倍，变形抗力和摩擦阻力均增加一倍，所以切削力也增加一倍，如图 2-18a 所示。当 a_p 不变，f 增大一倍时，虽然实际切削面积增加近一倍，但切削厚度增大及主切削刃工作长度不变等原因使切削变形程度增加不到一倍，故切削力仅增加 $68\% \sim 86\%$，如图 2-18b 所示。

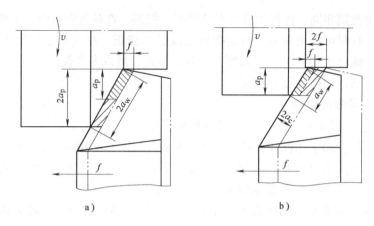

图 2-18 背吃刀量、进给量对切削力的影响

a) f 不变，a_p 增加一倍对切削力的影响　b) a_p 不变，f 增大一倍对切削力的影响

（2）切削速度的影响　切削速度对切削力的影响与材料性质、积屑瘤有关。加工塑性金属时，切削速度对切削力的影响可分为两个阶段。在有积屑瘤阶段，切削速度从低速逐渐增大，刀具实际切削前角增大，切削力逐渐减小。积屑瘤达到最大值时，切削力最小。此后，随着切削速度继续增加，积屑瘤逐渐减少，切削力逐渐增大。积屑瘤消失时，切削力达到最大值。随着切削速度的继续增大，切削温度升高，摩擦因数减小，切削力逐渐降低。切削脆性金属（如灰铸铁、铅黄铜），因其塑性交形很小，没有积屑瘤产生，切屑和前刀面的摩擦也很小，所以切削速度对切削力没有显著的影响。

4. 切削液的影响

以冷却作用为主的水溶液对切削力影响很小。而润滑作用强的切削油能够显著的降低切削力，这是由于它的润滑作用，减小了刀具前刀面与切屑、后刀面与工件表面之间的摩擦，甚至还能减小被加工金属的塑性变形。例如，在车削中使用极压乳化液，比干切时的切削力降低 10% ~ 20%；攻螺纹时使用极压切削油，比使用 5 号高速机油时的扭矩降低 20% ~ 30%。

5. 刀具材料对切削力的影响

刀具材料不是影响切削力的主要因素。但由于不同的刀具材料与工件材料之间的摩擦系数不同，因此对切削力也有一些影响。如用 YT 类硬质合金刀具切削钢料时的切削力比用高速钢刀具约降低 5% ~ 10%；用 YG 类硬质合金刀具和高速钢刀具切削铸铁，切削力基本相同。

6. 刀具磨损对切削力的影响

后刀面磨损后，将使后角为零，又有一定高度小棱面，则刀具与工件的加工表面产生强烈的摩擦，F_x、F_y、F_z 力都将逐渐增大。当磨损量很大时，会使切削力成倍增加，产生振动，以致无法工作。

综上所述，切削力的大小是许多因素共同作用的结果，要减小切削力，应在分析各种因素的基础上，找出主要因素，并兼顾其他因素间的关系。

2.5　切削热和切削温度

切削热与切削温度是金属切削过程中产生的另一个重要物理现象。切削过程中，所消耗的能量有 98% ~99% 转为热能，除极少量散发在周围介质中外，其余均传递到刀具、切屑和工件中，并使其温度升高，引起工件热变形，加速刀具的磨损，影响工件的加工精度及表面质量。

2.5.1　切削热的产生和传递

1. 切削热的产生

主要是由于切削功耗产生，而切削中的功耗主要是切削功（包括变形功和摩擦功）及工件加工表面晶格畸变时的晶格能，如图 2-19 所示。可近似认为，切削过程中的功耗都转化为切削热。

2. 切削热的传递

主要以热传导的方式向周围传散，而以辐射和对流的方式传散的切削热很少。影响热传导的因素是工件和刀具的材料的导热能力以及周围介质的状况。一般情况下，切削热大部分由切屑带走和传入工件，所以保证刀具能正常工作。因不同的加工方式和条件，各部分占切削热的比例不相同，其传递的方式也不同。

通常车、铣、刨削加工时，传给工件的热量约占 10% ~40%，传到刀具中去的热量不足 3% ~ 5%，而 50% ~ 80% 的切削热是通过切屑带走。切削速度越高，或切削厚度越大，由切屑带走的热量就越多。

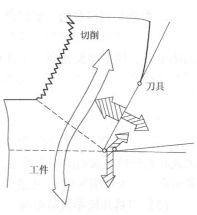

图 2-19　切削热的产生与传递

传给工件的热量会造成工件温升而产生变形，影响工件形状与尺寸精度，降低加工表面质量。对精密加工、细长轴及薄壁件影响更加严重。传给刀具的热量虽然比例较小，但是刀具体积小，热容量小，散热面积小，仍会使它的温度升高。引起刀具的热磨损，同时又会影响工件的加工尺寸。

钻孔时传给工件的热量较多，往往占 50%，传到工件的为 15%。

磨削时大部分热量传给工件，约占 84%，传给砂轮约占 12%，只有极小比例的热量传到磨屑。因此，磨削加工会使工件温升很高，甚至灼伤工件表面。

2.5.2　切削温度

1. 切削温度

切削温度是指切削区域表面的平均温度。切削温度直接影响刀具寿命和工件表面的加工质量，也严重影响切削加工生产率。切削温度的高低，决定于切削热产生的多少和传散的快慢。

刀具上温度最高点是前刀面近切削刃处，这是剪切变形热及切屑连续摩擦热作用，以及刀楔处热量集中不易散发所致，如图 2-20 所示。

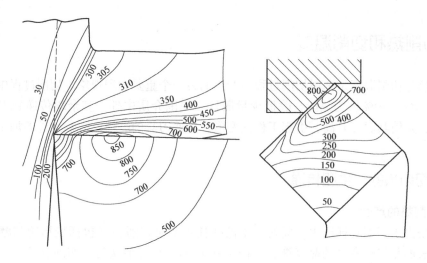

图 2-20　刀具、切屑和工件上的温度分布示意图

2. 影响切削温度的主要因素

（1）工件材料的影响　工件材料的强度与硬度高，切削时所需的切削力大，产生的切削热也多，切削温度就高。工件材料的塑性大，切削时切削变形大，产生的切削热多，切削温度就高。工件材料的热导率大，其本身吸热、散热快，温度不易积聚，切削温度就低。

（2）切削用量的影响　切削用量是影响切削温度的主要因素，其规律是：切削用量 v_c、f、a_p 增大，切削温度增加，其中 v_c 对切削温度的影响最大，f 的影响次之，a_p 的影响最小。因此在相同的金属切除率条件下，为了减少切削温度的影响，防止刀具的迅速磨损，保持刀具寿命，增大切削深度 a_p 或进给量 f 比增大切削速度 v_c 更有利。

（3）刀具几何参数的影响

1）前角 γ_o 增大，切削变形减小，产生的切削热少，使切削温度下降。但是，如果 γ_o 过分增大，楔角 β_o 减小，刀具散热体积减小，反而会提高切削温度。一般情况下前角 γ_o 不大于 $15°$。

2）在背吃刀量 a_p 相同的条件下，增大主偏角 κ_r，主切削刃与切削层的接触长度变短，刀尖角 ε_r 减小，使散热条件变差，因此会提高切削温度。

（4）切削液的影响　冷却是切削液的一个重要功能。合理选用切削液，可以减少切削热的产生，降低切削温度，能提高工件的加工质量、延长刀具寿命和提高生产率。水溶液、乳化液、煤油等都有很好的冷却效果，在目前生产中已被广泛地应用。

2.6　刀具材料、磨损和寿命

刀具材料的切削性能直接影响着生产效率、工件的加工精度、已加工表面质量和加工成本等。另外，当刀具磨损到一定程度时，若不及时重磨，不但影响工件的加工精度和表面质量，而且还会使刀具磨损的更快，甚至崩刃，造成重磨困难和刀具材料浪费。

2.6.1　刀具材料

1. 刀具材料必须具备的性能

切削过程中，刀具直接完成切除余量和形成已加工表面的任务。刀具切削性能的优劣，取决于构成切削部分的材料、几何形状和刀具结构。由此可见刀具材料的重要性，它对刀具使用寿命、加工效率、加工质量和加工成本影响极大。因此，应当重视刀具材料的正确选择和合理使用，重视新型刀具材料的研制。

在切削加工时，刀具切削部分与切屑、工件相互接触的表面上承受很大的压力和强烈的摩擦，刀具在高温下进行切削的同时，还承受着切削力、冲击和振动，因此刀具材料应具备以下基本要求：

（1）高硬度　刀具材料必须具有高于工件材料的硬度，常温硬度须在 HRC62 以上，并要求保持较高的高温硬度。

（2）耐磨性　耐磨性表示刀具抵抗磨损的能力，它是刀具材料机械性能（力学性能）、组织结构和化学性能的综合反映。例如，组织中硬质点的硬度、数量、大小和分布对抗磨料磨损的能力有很大影响，而抗冷焊磨损（粘结磨损）、抗扩散磨损和抗氧化磨损的能力还与刀具材料的化学稳定性有关。

（3）足够的强度和韧性　为了承受切削力、冲击和振动，刀材料应具有足够的强度和韧性。一般，强度用抗弯强度表示，韧性用冲击值表示。刀具材料中强度高者，韧性也较好，但硬度和耐磨性常因此而下降，这两个方面的性能是互相矛盾的。一种好的刀具材料，应当根据它的使用要求，兼顾以上两方面的性能，而有所侧重。

（4）高耐热性　刀具材料应在高温下保持较高的硬度、耐磨性、强度和韧性，并有良好的抗扩散、抗氧化的能力。这就是刀具材料的耐热性。

（5）良好导热性和膨胀系数　在其他条件相同的情况下，刀具材料的导热系数（热导率）越大，则由刀具传出的热量越多，有利于降低切削温度和提高刀具使用寿命。线膨胀系数小，则可减少刀具的热变形。对于焊接刀具和涂层刀具，还应考虑刀片与刀杆材料、涂层与基体材料线膨胀系数的匹配。

（6）良好的工艺性　为了便于制造，要求刀具材料有较好的可加工性，包括锻、轧、焊接、切削加工和可磨削性、热处理特性等。材料的高温塑性对热轧刀具十分重要。可磨削性可用磨削比——磨削量与砂轮磨损体积之比来表示，磨削比大，则可磨削性好。

此外，在选用刀具材料时，还应考虑经济性。性能良好的刀具材料，如成本和价格较低，且立足于国内资源，则有利于推广应用。

刀具材料种类很多，常用的有工具钢（包括碳素工具钢、合金工具钢和高速钢）、硬质合金、陶瓷、金刚石（天然和人造）和立方氮化硼等。碳素工具钢（如 T10A、T12A）和合金工具钢（如 9CrSi、CrWMn），因其耐热性很差，仅用于手工工具。陶瓷、金刚石和立方氮化硼则由于性质脆、工艺性差及价格昂贵等原因，目前尚只在较小的范围内使用。目前，广泛使用的刀具材料为高速钢和硬质合金。

2. 常用的刀具材料

刀具材料的种类繁多，随着科学技术的发展，新的刀具材料不断出现，可分为两大类：金属材料类和非金属材料类。常用的刀具材料分为工具钢、硬质合金、陶瓷及超硬材料等。

它们的分类及主要物理、力学性能见表2-1。

表2-1 各种刀具材料的物理、力学性能

材料种类		密度 /g·cm⁻³	硬度 $\left(\dfrac{HRC}{HRA}\right)$	抗弯强度 σ_b/GPa	冲击韧度 a_K /MJ·m⁻²	热导率 κ /W·(m·K)⁻¹	热硬性 /℃
工具钢	碳素工具钢	7.6~7.8	$\dfrac{60~65}{81.2~84}$	2.16	/	~41.87	200~250
	合金工具钢	7.7~7.9	$\dfrac{60~65}{81.2~84}$	2.35	/	~41.87	300~400
	高速钢	8.0~8.8	$\dfrac{63~70}{83~86.6}$	1.96~4.41	0.098~0.588	16.75~25.1	600~700
硬质合金	钨钴类	14.3~15.3	$\dfrac{—}{89~91.5}$	1.08~2.16	0.019~0.059	75.4~87.9	800
	钨钴钛类	9.35~13.2	$\dfrac{—}{89~92.5}$	0.882~1.37	0.0029~0.0068	20.9~62.8	900
	含有碳化钽、铌类	/	$\dfrac{—}{<92}$	<1.47	/	/	1000~1100
	碳化钛基类	5.56~6.3	$\dfrac{—}{92~93.3}$	0.78~1.08	/	/	1000
陶瓷	氧化铝陶瓷	3.6~4.7	$\dfrac{—}{91~95}$	0.44~0.686	0.0049~0.0117	4.19~20.93	1200
	氧化铝碳化物混合陶瓷			0.71~0.88			1100
超硬材料	立方氮化硼	3.44~3.49	8000~9000HV	<0.294	/	75.55	1400~1500
	人造金刚石	3.47~3.56	10000HV	0.21~0.49	/	146.54	700~800

（1）工具钢 常用的工具钢刀具材料分为碳素工具钢及合金工具钢。

1）碳素工具钢。所谓碳素工具钢是指碳的质量分数为0.65%~1.35%的优质高碳钢，常用的有T8A、T10A和T12A等。这种材料的优点是刀具刃磨性好、热塑性好、切削加工性好、价格低廉等。缺点是热处理后变形大，淬透性差，最高切削温度为250℃左右，主要用于切削速度低于8m/min、加工效率较低的情况，故多用于低速、手动工具，如丝锥、锉刀及手锯条等。

2）合金工具钢。合金工具钢是指在碳素工具钢中加入适当的合金元素Cr、Si、W、Mn等组成的工具钢。常用的合金工具钢有9CrSi、CrWMn等，近年来GCr9、GCr15等轴承钢也用作合金工具钢。耐热温度为300~400℃。主要用于制造丝锥、板牙、铰刀及拉刀等，有时也可用于制造其他刀具。

（2）高速钢 高速钢是高速工具钢的简称，又叫锋钢、白钢，是在合金工具钢中加入较多的W、Cr、Mo、V等合金元素而构成的高合金工具钢。

高速钢的特点是工艺性能好，具有较高的硬度、强度、耐磨性和韧性，切削速度可以高达 30m/min。

高速钢按其用途和切削性能，可分为普通高速钢和特殊用途的高速钢（高性能高速钢）。

1）普通高速钢。最常用的普通高速钢是 W18Cr4V。这种工具钢的最大特点是制造工艺性能很好，适合于制造钻头、丝锥、拉刀、铣刀及齿轮刀具等复杂形状的刀具，能加工一般常用金属，如碳素结构钢、合金结构钢及铸铁等。

常用的普通高速钢有如下几种类型。

① W18Cr4V。这种高速钢的综合性能较好，可制造各种复杂刀具，性能稳定，便于刃磨及热处理，是目前应用最多的一种高速钢。

② W6Mo5Cr4V2。它是以 Mo 代替 W 发展起来的一种高速钢，这种工具钢的抗弯强度比 W18Cr4V 要高 28% ~ 34%，冲击韧度要高 70%，热塑性非常好。其缺点是淬火温度范围窄，脱碳及过热敏感性较大，磨削加工性能稍差些。

W6MoCrV2 钢目前是国外使用较多的一种普通高速钢，我国主要用于制造热轧刀具，如麻花钻头等。

2）高性能高速钢。它是在普通高速钢成分中再添加一些 C、V、Co、Al 等合金元素，进一步提高了热硬性和耐磨性。这类高速钢刀具的寿命约为普通高速钢的 1.5 ~ 3 倍，并能用于切削加工不锈钢、耐热钢、钛合金及高强度钢等难加工材料。

目前高性能高速钢发展趋势是国外以高钴、高钒类为主，如 W6Mo5CrV3、W2Mo9Cr4Co8 等，其综合性能好，硬度在 70HRC 左右，高温硬度高，可磨削性也好。我国目前常用高速钢有 W6Mo5Cr4V2Al（代号为 501 钢）等。

3）粉末冶金高速钢。粉末冶金高速钢是把炼好的高速钢液，在保护性气罐中，在高压氧气或纯氮气等惰性气体中雾化成细小粉末，并在高速冷却下获得细小而均匀的结晶组织，然后将粉末在高温、高压下压制成紧密钢坯，最后用一般锻造或轧制方法成形。

与熔炼的高速钢相比，粉末冶金高速钢有如下特点：提高了强度和硬度；减小热处理变形与内应力。粉末冶金高速钢适用于制造切削难加工材料的刀具，特别适用于制造各种精密刀具和形状复杂的刀具。

4）高速钢的表面处理与涂层。为提高刀具的切削性能和刀具寿命，可采用表面处理和涂层等新技术，对高速钢刀具的表面进行处理。所谓表面处理。就是通过改善刀具表层的成分与组织而改善刀具的性能。

常用的表面处理工艺有氧氮化、液体氮碳共渗等。

（3）硬质合金　硬质合金是高硬度、难熔的金属化合物（主要是 WC、TiC 等，又称高温碳化物）微米级的粉末，用钴或镍等金属作粘结剂烧结而成的粉末冶金制品。其中高温碳化物含量超过高速钢，允许切削温度高达 800 ~ 1000℃。切削中碳钢时，切削速度可达 1.67 ~ 3.34m/s（100 ~ 200m/min）以上。

硬质合金是当今最主要的刀具材料之一。绝大多数车刀、端铣刀和部分立铣刀、深孔钻、浅孔钻、铰刀等均已采用硬质合金制造。由于硬质合金的工艺性较差，它用于复杂刀具尚受到很大限制。目前，硬质合金占刀具材料总使用量的 30% ~ 40%。

目前绝大部分硬质合金是以 WC 为基体，并分为钨钴类 YG（WC-Co）、钨钛钴类 YT（WC-TiC-Co）、钨钛钽（铌）类 YW（WC-TaC（NbC）-Co）以及碳化钛类 YN（WC-TiC-

TaC（NbC）-Co）四类。

1）YG 类。由 WC 和 Co 组成，代号为 YG。常温硬度为 89～91HRA，热硬性达 800～900℃，适合于加工切屑呈崩碎状的脆性材料。常用牌号有 YG3、YG6 和 YG8 等，其中数字表示含 Co 的百分比，其余为含 WC 的百分比。Co 在硬质合金中起粘结作用，含 Co 越多的硬质合金韧性越好，所以 YG8 适于粗加工和断续切削，YG6 适于半精加工，YG3 适于精加工和连续切削。

2）YT 类。钨钛钴类硬质合金由 WC、TiC 和 Co 组成。此类硬质合金的硬度、耐磨性和热硬性（900～1000℃）均比 YG 类合金高，但抗弯强度和冲击韧性降低。主要适于加工切屑呈带状的钢料等韧性材料。常用牌号有 YT30、YT15 和 YT5 等，数字表示含 TiC 的百分比。故 YT30 适于对钢料的精加工和连续切削，YT15 适于半精加工，YT5 适于粗加工和断续切削。

3）YW 类。钨钛钽（铌）钴类硬质合金又称通用合金，由 WC、TiC、TaC（NBC）、TCo 组成。其抗弯强度、疲劳强度、冲击韧性、热硬性、高温硬度和抗氧化能力都有很大提高。常用牌号有 YW1 和 YW2，这两种硬质合金都具有 YG 类硬质合金的韧性，比 YT 类硬质合金的抗刃口剥落能力强。由于 YW 类硬质合金的综合性能较好，除可加工铸铁、非铁金属和钢料外，主要用于加工耐热钢、高锰钢、不锈钢等难加工材料。

4）YN 类。它是由 TiC 作为硬质相，Ni、Mo 作为胶结剂而组成的，所以高达 90～95HRA，有高的耐磨性，并具有较高的切削性能；在 1000℃ 以上的高温下，它仍能进行切削加工，因此它能采用较高硬度的合金钢、工具钢、淬硬钢等进行连续切削的精加工。

（4）陶瓷刀具　陶瓷材料具有高硬度、高温强度好，化学稳定性好的特性，但韧性很低。陶瓷刀具的最大优点是与被加工材料的亲和性极低，故不易产生粘刀和积屑瘤现象，使加工表面非常光洁平整，是良好的精加工刀具材料。

按化学成分，刀具用陶瓷可以分为如下几类：

1）纯氧化铝陶瓷。主要用 Al_2O_3 加微量添加剂（如 MgO），经冷压烧结而成，是一种廉价的非金属刀具材料。其抗弯强度为 0.40～0.50GPa（40～50kgf/mm²），硬度为 91～92HRA。由于其抗弯强度过低，尚难以推广应用。

2）复合氧化铝陶瓷。在 Al_2O_3 基体中添加某些高硬度、难熔碳化物（如 TiC），并加入一些其他金属（如镍、钼）进行热压，可使抗弯强度提高到 0.80GPa（80kgf/mm²）以上，硬度达到 93～94HRA。

陶瓷有很高的高温硬度，在 1200℃ 高温时，硬度尚能达 80HRA。若是硬质合金，在这样的高温下，已丧失切削能力。另外，陶瓷的化学惰性大，和被加工金属亲和作用小。但陶瓷的严重缺陷是抗弯强度和冲击韧性很差，对冲击十分敏感。因此，目前主要用于各种金属材料（钢、铸铁、高温合金等）的精加工和半精加工。对淬硬钢、冷硬铸铁的车削、铣削特别有效，其寿命、加工效率和已加工表面质量常高于硬质合金刀具。随着陶瓷材料制造工艺的改进（如热压），采用更细更纯的 Al_2O_3 粉末，某些金属碳化物、氧化物，将有利于抗弯强度的提高，从而可扩大其使用范围。

在 Al_2O_3 基体中加入 SiC 或 ZrO_2 晶须而形成的晶须陶瓷，韧性有明显提高，切削性能得到改善。

3）复合氮化硅陶瓷。在 Si_3N_4 基体中添加 TiC 等化合物和金属 Co 等进行热压，可以制成复合氮化硅陶瓷。它的机械（力学）性能与复合氧化铝陶瓷相近。氮化硅陶瓷能有效地切削冷硬铸铁和淬硬钢，切削一般钢材效果不显著。国外有一种赛隆（sialon）陶瓷，成分为 $Si_3N_4 + Al_2O_3 + Y_2O_3$，也属于氮化硅基系列陶瓷，它加工镍基高温合金和铸铁效果很好。由于陶瓷的原料在自然界容易得到，因而是一种极有发展前途的新型刀具材料。

（5）超硬材料刀具　超硬材料刀具不仅是加工高硬度材料的理想刀具，而且适用于高速精密和自动化加工，尤其是用超硬材料刀具进行以车代磨、以铣代磨，更具有高效、低耗、适应性强、缩短制造周期等优点，目前已在要求精度高、批量大的汽车零部件加工中得到广泛应用。

1）金刚石。金刚石分天然和人造两种，是碳的同素异形体。金刚石硬度极高，接近于 10000HV（硬质合金仅为 1300 ~ 1800HV），是目前已知的最硬物质。天然金刚石的质量好，但价格昂贵。人造金刚石是在高压高温条件下，借助于某些合金的触媒作用，由石墨转化而成。用专用设备压制出的单晶金刚石，可以制造金刚石砂轮。金刚石砂轮是磨削高硬度脆性材料（如硬质合金）的特效工具。切削加工用的聚晶金刚石刀片是单晶金刚石经第二次压制形成的。

金刚石刀具既能胜任陶瓷、高硅铝合金、硬质合金等高硬度耐磨材料的切削加工，又可切削其他非铁金属及其合金，使用寿命极高。但它不适合加工铁族材料，因为金刚石中的碳元素与铁元素有很强的化学亲和性，因而碳元素极易向含铁的工件扩散，使金刚石刀具很快磨损。而且当切削温度高于 700℃ 时，碳原子即转化为石墨结构而丧失了硬度。

金刚石刀片的切削刃可以磨得很锋利，可对非铁金属进行精密和超精密的高速切削，加工表面粗糙度 R_a 可达 $0.01 ~ 0.1\mu m$。

金刚石刀片除可用机械夹固或粘接方法固定在刀杆上使用外，还可在硬质合金基体上压制一层约 0.5mm 厚的金刚石，形成复合聚晶金刚石刀片。目前，金刚石复合刀片在钻探工具、石材的锯切工具及加工非铁金属的切削刀具上应用较广。

2）立方氮化硼。氮化硼的性质与形状同石墨很相似。石墨经高温高压处理转化为人造金刚石，用类似的手段处理六方氮化硼就能得到立方氮化硼（CBN）。立方氮化硼是六方氮化硼的同素异形体，是人类已知的硬度仅次于金刚石的物质。

立方氮化硼的热稳定性和化学惰性大大优于金刚石。在空气中，人造金刚石在 700 ~ 800℃ 时即石墨化，而立方氮化硼可耐 1300 ~ 1500℃ 的高温，在 1200℃ 以上也不与铁系金属产生化学反应，从而保持其硬度。

聚晶立方氮化硼刀片可用机械夹固或焊接的方法固定在刀柄上。也可以将立方氮化硼与硬质合金压制在一起成为复合刀片，能以加工普通钢和铸铁的切削速度切削淬硬钢、冷硬铸铁、高温合金等，从而大大提高生产率。当用以精车淬硬零件时，其加工精度与表面质量足以代替磨削。

聚晶立方氮化硼刀具能用金刚石砂轮磨削，而聚晶金刚石刀具的磨削则要困难得多。

2.6.2　刀具磨损

在切削过程中，刀具在高温高压下与切屑及工件在接触区里产生强烈的摩擦，使锋利的切削部分逐渐磨损而失去正常的切削能力，这种现象就为刀具的磨损。

1. 刀具磨损的方式

刀具磨损有正常磨损和非正常磨损两种。

正常磨损是指刀具在设计与使用合理、制造与刃磨质量符合要求的情况下，刀具在切削过程中逐渐产生磨损。刀具正常磨损有以下三种方式，如图2-21所示。

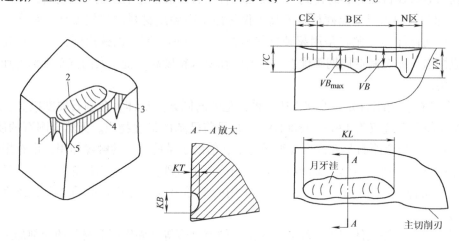

图2-21　刀具正常磨损

1—边界磨损（副切削刃）　2—月牙洼磨损　3—边界磨损（主切削刃）4—后刀面磨损　5—刀尖磨损

（1）前刀面磨损　切屑沿前刀面流出时，由于摩擦、高压、高温的作用，使刀具前刀面上靠近主切削刃处磨损出洼凹（称为月牙洼），月牙洼产生的地方是在切削温度最高的地方。磨损量的大小用月牙洼的宽度 KB 和深度 KT 表示，如图2-21所示，它是在高速、大进给量切削塑性材料时产生的。

（2）后刀面磨损　由于切削刃的刃口钝圆半径对加工表面的挤压和摩擦，在连接切削刃的后刀面上磨出一后角等于零的小棱面，这就是后刀面磨损，磨损量用 VB 表示，如图2-21所示。它是在切削速度较低、切削厚度较小的情况下，切削脆性材料时产生的。

（3）前、后刀面同时磨损。

非正常磨损是指在切削过程中，由于振动、冲击、热效应等异常原因，导致刀具突然损坏的现象（如崩刃、碎裂等）。

2. 刀具磨损的原因

（1）磨料磨损　在车削过程中，工件材料中的碳化物、氧化物、氮化物和积屑瘤碎片等硬质点，在刀具表面上划出沟纹造成的刀具磨损。减轻磨损的措施可以采取热处理使工件材料所含硬质点减小、变软，或选用硬度高，晶粒细的刀具材料。

（2）粘结磨损　刀具表面与切屑、加工表面形成的摩擦副，在切削压力和摩擦力作用下，使接触面间微观不平度的凸出点处发生剧烈塑性变形，温度升高而造成粘结。接触面滑动时粘结点产生剪切破裂而造成的磨损称为粘结磨损，当颗粒大时称为剥落。

粘结磨损主要发生在中等切削速度范围内，磨损程度主要取决于工件材料与刀具材料间的亲和力、两者的硬度比等。增加系统的刚度，减轻振动有助于避免大微粒的脱落。

（3）扩散磨损　高温切削时，刀具与切屑、加工表面接触区摩擦副间的某些化学元素互相扩散置换，使刀具材料变得脆弱而造成的磨损。

减轻刀具扩散磨损的措施主要是合理选择刀具材料，使它与工件材料组合的化学稳定性好。合理选择切削用量以降低切削温度。

（4）相变磨损　工具钢都有一定的相变温度，当刀具上的温度超过相变温度时，刀具材料的金相组织发生变化，硬度明显下降，从而使加速刀具磨损，失去切削能力。一般工具钢相变温度是：合金工具钢为 300~350℃，高速钢为 550~600℃。

（5）氧化磨损　氧化磨损也称为化学磨损。它是指在高温下（700~800℃或更高），空气中的氧与硬质合金中的钴、碳化钨等发生氧化作用而生成较软的氧化物，它易被切屑、工件擦伤或带走，引起刀具的磨损。

（6）热电磨损　切削时刀具与工件构成一自然热电偶，产生热电动势，工艺系统自成回路。热电流在刀具和工件中通过，使碳离子发生迁移，或从刀具移至工件，或从工件移至刀具，都将使刀具表层的组织变得脆弱而加剧磨损。实验证明，在刀具与工件的回路中加以绝缘或通一相反的电动势，将明显地减少刀具磨损。

综上所述，在低温时刀具磨损以机械作用磨损为主，热-化学作用磨损占的比重很小，磨损较为缓慢；在温度较高时，影响刀具磨损的主要原因是热-化学作用磨损，而且温度愈高，刀具磨损愈快。

3. 刀具磨损过程和磨钝标准

（1）刀具磨损过程　无论哪种磨损形式，刀具后面均要受到磨损。另外，为了测量磨损的方便，以及磨损量对加工精度的影响，一般刀具磨损均是测量后面的磨损量，后面磨损量的多少、程度轻重，以后面磨损棱面的平均宽度 VB 来表示，一般分为三个阶段，如图 2-22 所示。

1）初期磨损阶段。如图 2-22 所示，OA 段，由于新刃磨的刀具切削刃和后刀面不平整，或有微裂纹等缺陷，切削初期刀具磨损较快。

2）正常磨损阶段。如图 2-22 所示，AB 段，刀具表面磨平后，接触面积增大，压强减小，大致与切削时间呈线性关系。这一阶段是刀具的有效工作阶段。

3）剧烈磨损阶段。如图 2-22 所示，BC 段，磨损量达到一定数值后，刀具变钝，切削力增大，切削温度剧增，刀具急剧磨损而丧失使用性能，使用时应避免达到这一阶段。

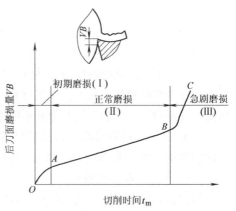

图 2-22　刀具磨损过程曲线

（2）磨钝标准　根据加工情况规定一个最大的允许磨损值称为磨钝标准。通常以测量后刀面的磨损量 VB 来规定刀具的磨损标准。硬质合金车刀的磨钝标准见表 2-2。

表 2-2　硬质合金车刀的磨钝标准

加工条件	碳钢及合金钢		铸　铁	
	粗　车	精　车	粗　车	精　车
VB/mm	1.0~1.4	0.4~0.6	0.8~1.0	0.6~0.8

2.6.3 刀具寿命

1. 刀具寿命

刃磨后的刀具，自开始切削直到磨损量达到磨钝标准为止的总切削时间称为刀具寿命，用 T 表示。

刀具寿命高低是衡量刀具切削性能好坏的重要标志。利用刀具寿命来控制磨损量 VB 值，比用测量 VB 的值判断是否达到磨钝标准要更简单、方便。

2. 影响刀具寿命的因素

分析刀具寿命的目的是调节各影响因素的相互关系，以保持刀具寿命的合理数值。

（1）切削用量的影响　切削用量 v_c、f 和 a_p 对刀具寿命的影响规律如同对切削温度的影响规律，即 v_c、f 和 a_p 增大，使切削温度提高、刀具寿命下降，其中 v_c 影响最大，其次是 f，影响最小是 a_p。

（2）刀具几何参数的影响　刀具几何参数对刀具寿命有较显著的影响。选择合理的刀具几何参数，是确保刀具寿命的重要途径，改进刀具几何参数可使刀具寿命有较大幅度提高。刀具寿命是衡量刀具几何参数合理和先进与否的重要标志之一。

1）前角 γ_o 增大，切削温度降低，寿命提高；前角 γ_o 太大，刀刃强度低、散热差且易磨损，刀具寿命反而下降。因此前角 γ_o 对刀具寿命影响呈"驼峰形"，它的峰顶前角值能使寿命最高或刀具寿命允许的切削速度 v_T 较高。

2）主偏角 κ_r 减少，可增加刀具强度和改善散热条件。故刀具寿命或刀具寿命允许的切削速 v_T 增高。

此外，适当减少副偏角 κ_r' 和增大刀尖圆弧半径 r_ε 都能提高刀具强度，改善散热条件可使刀具寿命或刀具寿命允许的切削速度 v_T 提高。

（3）工件材料的影响　加工材料的强度、硬度越高，产生的切削温度越高，故刀具磨损越快，刀具寿命越低。此外，加工材料的延伸率越大或导热系数越小，均能使切削温度升高因而使刀具寿命降低。加工钛合金和不锈钢时，刀具寿命允许的切削速度 v_T 比 45 钢的低。

（4）刀具材料的影响　刀具切削部分材料是影响刀具寿命的主要因素，改善刀具材料的切削性能，使用新型材料，能促进刀具寿命成倍提高。一般情况下，刀具材料的高温硬度越高，越耐磨，寿命也越高。

但在带冲击切削、重型切削和对难加工材料切削时，决定刀具抗破损能力的主要指标是冲击韧性。普通陶瓷材料的抗弯强度约为硬质合金的 1/3，切削时受到轻微冲击也易破损。为了增强刀具的韧性，提高刀具抗弯强度，目前研制了新型陶瓷，并在刀具几何参数方面，选用较小的前角、负刃倾角和倒棱等参数。

3. 刀具寿命的合理选用

刀具寿命直接影响生产率和加工成本。从生产效率，刀具寿命规定过高，切削速度就会过低，加工工时会增加，生产效率因而降低；刀具寿命规定过低，这时切削速度虽然可以很高，加工工时会降低，但换刀次数增多，所以总工时不但不会减少，反而会增加，即生产效率反而会下降。选用一个生产效率最大时的刀具寿命和相应的切削速度是关键，如图 2-23 所示。

合理的刀具寿命应根据优化目标来确定，一般分为如下两种。

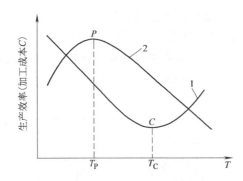

图 2-23　刀具寿命对生产率和加工成本的影响曲线图

1—寿命—生产成本曲线　2—寿命—生产效率曲线

1）最高生产率寿命。指单件工时最少或单位时间内加工零件最多的刀具寿命。用 T_p 表示。

2）最低成本寿命（经济寿命）。指单件或工序的成本最低时的寿命，用 T_c 表示。

刀具寿命的具体数值可参考有关资料和手册，如高速钢车刀（30～60min）、硬质合金焊接车刀（15～60min）、硬质合金可转位车刀（15～45min）。

2.7　刀具几何参数和切削用量的合理选用

2.7.1　刀具几何参数的选用

刀具几何参数主要包括刀具角度、刀刃与刃口形状、前刀面与后刀面形式等。当刀具材料和刀具结构确定后，合理选择刀具几何参数和根据实际加工要求改进刀具几何参数是保证加工质量、提高效率、降低成本的有效途径。

1. 前角及前刀面形式的选用

（1）前角的功用　前角的大小决定着刀具切削刃的锋利程度和刀刃强度，增大前角能使切削变形和摩擦减小，切削轻快，减少功率损耗，还可抑制积屑瘤的产生，有利于提高表面质量。但刀具前角过大，会使刀具楔角变小，刀头强度降低，散热条件变差，切削温度升高，刀具磨损加剧，刀具寿命降低。

（2）前角的选用原则　前角的数值应由工件材料、刀具材料和加工工艺要求决定。

1）工件材料的强度与硬度低，可采用较大的前角，减小切削变形；工件材料的强度与硬度高，应采用较小的前角，以保证刀尖强度；当加工特别硬的材料时，应选用很小的前角，甚至负前角。

2）加工塑性材料应取较大的前角；加工脆性材料应选用较小的前角。

3）粗加工、断续切削和承受冲击载荷时，为保证切削刃强度，应取较小的前角，甚至负前角。

4）成形刀具和展成法刀具，为防止刃形畸变，常选用较小的前角。通常为了减小设计、制造、加工的误差，则选用 0° 前角，例如滚刀及成形铣刀等。

5）高速钢刀具比硬质合金刀具韧性好，允许选用较大的前角，一般为 5°～10°。

一般情况下，采用硬质合金刀具，加工非铁金属前角较大，可达 $\gamma_o = 30°$；加工铸铁和钢时，硬度和强度越高，前角越小；加工高锰钢、钛合金时，为提高刀具的强度和导热性能，选用较小前角 $\gamma_o < 10°$；加工淬硬钢选用负前角 $-5° > \gamma_o > -15°$。

（3）前刀面的形式及选用　前刀面主要有四种形式，如图 2-24 所示。

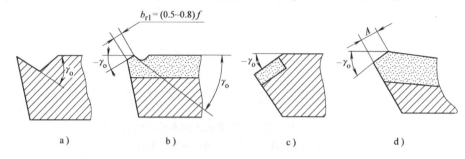

图 2-24　刀具前刀面形式

a）正前角单面型　b）正前角曲面带倒棱型　c）负前角单面型　d）负前角双面型

1）正前角单面型。如图 2-24a 所示，特点是形状简单、制造容易、便于重磨、切削刃锋利，但刃口强度低、散热差，适用于精加工刀具、切脆性材料刀具、成形刀具和铣刀等。

2）正前角曲面带倒棱型。如图 2-24b 所示，沿主切削刃磨出很窄的棱边，称为负倒棱。负倒棱可提高刃口强度，改善散热条件，提高刀具寿命。通常负倒棱很小，它不会影响正前角的切削作用。在平面带倒棱的基础上，在前刀面上又磨出一个曲面，称为卷屑槽（月牙槽），有利于切屑的卷曲和折断。

负倒棱参数值：硬质合金切削钢时，取 $b_\gamma = (0.5 \sim 1.0) f$，$\gamma_{o1} = -5° \sim 10°$。这种形式多用于粗加工铸、锻件或断续切削。

3）负前角单面型。如图 2-24c 所示，刀头切削刃强度高，散热体积大，但切削力大，刃口较钝，主要用于硬质合金刀具切削淬硬钢等高硬度、高强度材料。

4）负前角双面型。如图 2-24d 所示，适用于在前、后刀面同时磨损的刀具上，可减少前面的重磨面积，并可增加重磨次数，有利于延长刀具使用寿命。

2. 后角和后刀面形式的选用

（1）后角的功用　后角的功用主要是减小后刀面与加工表面间的摩擦，降低刀具磨损，提高工件表面质量，后角越大，散热体积减小，切削刃越锋利，但是切削刃和刀头的强度削弱，容易崩刃，如图 2-25 所示。

（2）后角的选用原则

1）粗加工、强力切削及承受冲击载荷的刀具，为增加刀具强度，后角应取小些；精加工时，增大后角可以提高刀具寿命和加工表面质量。

2）工件材料的硬度与强度高，取较小的后角，以保证刀头强度；工件材料的硬度与强度低，塑性大，易产生加工硬化，为防止刀具后刀面磨损，后角应适当加大。

3）加工脆性材料时，切削力集中在刃口附近，取较小的后角。

4）采用负前角时，取较大后角，以保证切削刃锋利。

5）刀具尺寸精度高，取较小的后角，以防止重磨后刀具尺寸的变化。

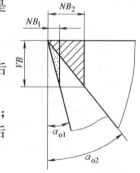

图 2-25　刀具磨损
体积比较

（3）后面的形式及选用　后刀面除了采用一个平面外，通常采用下面三种形式。

1）双重后面。在后面上磨出两个平面，形成双重后角，主要为了减少刀具磨损后的重磨工作量。硬质合金车刀常采用这种形式的后面，如图 2-26a 所示。

2）刃带。一些定尺寸刀具，如钻头、铰刀、拉刀等，为了保证刀具尺寸，常在主、副后刀面上磨制出 $b_{\alpha1} = 0.02 \sim 0.3mm$、$\alpha_{o1} = 0°$ 的棱边，称为刃带，如图 2-26b 所示。

副后角通常等于后角，但某些特殊刀具如切断刀，为保证刀头强度，其副后角 $\alpha_{o1}' = 1° \sim 2°$。

3）消振棱。切削刚性差的工件时，为增加阻尼，消除振动，在后面上磨出参数为 $b_{\alpha1} = 0.1 \sim 0.3mm$、$\alpha_{o1} = -20° \sim -5°$ 的倒棱，称为消振棱，如图 2-26c 所示。在细长轴车刀、切断刀上有时采用消振棱。

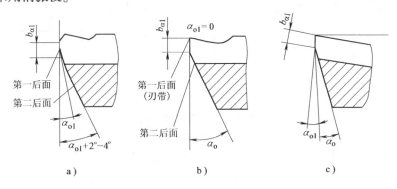

图 2-26　后刀面形状

a）双重后面　b）刃带　c）消振棱

3. 主、副偏角及过渡刃的选用

（1）主偏角的功用和选用　减小主偏角使加工残留面积高度降低，以便获得较细的表面粗糙度；在切削深度和进给量一定的情况下，增大主偏角使切削厚度增加，切削宽度减小，参加切削的刃长减小，切削刃单位长度上的负荷增大；增大主偏角有利于改善工艺系统的刚性；增大主偏角，使切屑宽度减小，厚度增加，易断屑。一般车刀主偏角针对不同加工情况取 45°、60°、75° 和 90° 等。如：切削有阶梯轴时，一般主偏角选用 90°，若要一刀多用（车外圆、端面和倒角），通常主偏角为 45°。

（2）副偏角的功用和选用　副偏角的功用主要是影响加工表面粗糙度和刀具强度。减小副偏角，可使已加工表面质量提高，并能增大刀尖角，改善刀尖强度和散热条件。但副偏角过小，将增大副后角与已加工表面之间的摩擦，使以加工表面粗糙度值增大，使背向力增大，容易引起振动。一般在不引起振动的情况下宜选取较小值，精加工时就取得更小些。如精加工时可取 $\kappa_r' = 5°$，甚至可取副偏角为 0° 的修光刃。不同加工条件下主、副偏角的参考值，见表 2-3。

表 2-3　主偏角、副偏角参考值表

加工情况	加工系统刚性足够，如淬硬钢、冷硬铸钢	加工系统刚性较好，可中间切入。如加工外圆、端面、倒角	加工系统刚性较差，如粗车、强力车削	加工系统刚性差。如台阶轴、细长轴多刀车、仿形车	切断或切槽
主偏角	10° ~ 30°	45°	60° ~ 75°	75° ~ 93°	≥90°
副偏角	5° ~ 10°	45°	10° ~ 15°	6° ~ 10°	1° ~ 2°

（3）过渡刃 在主、副切削刃之间磨出一小段切削刃，称为过渡刃。它可提高刀尖强度，增加散热面积。此外过渡刃还能减小表面粗糙度值。过渡刃形式主要有直线过渡刃和圆弧过渡刃两种形式。

1）直线过渡刃。直线过渡刃偏角，如图 2-27a 所示，一般取 $\kappa_{re} = \kappa_r/2$，长度 $b_e =$ $(1/5 \sim 1/4)$ a_p，中小型车刀 $b_\varepsilon = 0.5 \sim 2mm$。直线过渡刃多用于粗加工、有间断冲击的切削和强力切削的车、铣刀上。当过渡刃与进给方向平行，即 $\kappa_{re} = 0°$ 时，该过渡刃称为修光刃，如图 2-27b 所示，它的长度 $b'_\varepsilon \approx (1.2 \sim 1.5)$ f，它可在增大进给量 f 的情况下，仍可获得较小的表面粗糙度值，但修光刃的刃磨和对刀要求都比较高。

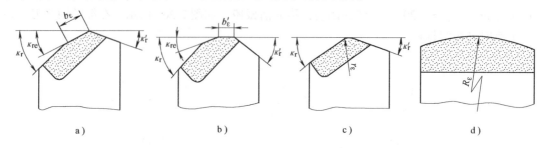

图 2-27　过渡刃的形式

a）直线过渡刃　b）修光刃　c）圆弧过渡刃　d）大圆弧过渡刃

2）圆弧过渡刃。如图 2-27c 所示，圆弧过渡刃的半径增大，使圆弧过渡刃上各点的主偏角减小，刀具磨损减缓，加工表面粗糙度减小，但背向力增大，容易产生振动。所以，圆弧过渡刃的半径不能过大，一般情况下，高速钢 $r_\varepsilon = 0.2 \sim 5mm$。硬质合金刀具 $r_\varepsilon = 0.2 \sim 2mm$。

生产中也常把宽刃精车刀和宽刃精刨刀刃磨成大圆弧过渡刃，如图 2-27d 所示，其半径 $R_\varepsilon = 300 \sim 500mm$，它既能修光残留面积，又无须严格对刀，且使用方便。

4. 刃倾角的功用和选用

（1）刃倾角的功用 改变刃倾角可以改变切屑流出方向，达到控制排屑方向。负刃倾角的车刀刀头强度好，散热条件好。绝对值大的刃倾角可使刀具的切削刃实际钝圆半径较小，切削刃锋利。刃倾角不为零时，切削刃是逐渐切入和切出工件的，可以减小刀具受到的冲击，提高切削的平稳性。

（2）刃倾角的选用 加工一般钢和铸铁时，粗车取 $\lambda_s = -5° \sim 0°$，精车取 $\lambda_s = 0° \sim 5°$，有冲击载荷作用时取 $\lambda_s = -15° \sim -5°$，冲击特别大时取 $\lambda_s = -45° \sim -30°$；加工高强度钢、淬硬钢时，取 $\lambda_s = -30° \sim -20°$；微量精车外圆、精车孔和精刨平面时 $\lambda_s = 45° \sim 75°$，工艺系统刚性不足时，为避免背向力过大而导致工艺系统受力变形过大，不宜采用负的刃倾角。

2.7.2　切削用量的选用

合理选用切削用量指的是在刀具几何角度确定后，合理确定切削速度、进给量和切削深度，以充分发挥机床和刀具的效能。

1. 粗车切削用量的选择

粗加工时切削用量的选择原则：粗加工时，要尽可能提高在单位时间内的金属切除量和保证刀具使用寿命。

影响刀具使用寿命最大的是切削速度，其次是进给量，影响最小的则是背吃刀量。因此，在选择粗加工切削用量时，应优先采用大的背吃刀量，其次采用较大的进给量，最后根据刀具寿命的要求选择合理的切削速度。

（1）背吃刀量 a_p　根据加工余量多少而定，除留给下道工序的余量外，其余的尽可能一次切除。当余量太大或工艺系统刚性较差时，所有加工余量 A 应分两次或多次切除。但也应把第一次进给的背吃刀量选得大些，最后一次进给 a_p 选得小些。

第一次进给的背吃刀量 a_{p1} 为：

$$a_{p1} = \left(\frac{2}{3} \sim \frac{3}{4} \right) A \tag{2-24}$$

第二次进给的背吃刀量 a_{p2} 为：

$$a_{p2} = \left(\frac{1}{4} \sim \frac{1}{3} \right) A \tag{2-25}$$

（2）进给量 f　粗加工时，限制进给量提高的因素是切削力，所以在选择进给量时应考虑到机床进给机构强度、刀杆和刀片的强度、工件刚性等。在工艺系统刚性和强度允许时，可选用大一些的进给量，反之则应适当减小进给量。

（3）切削速度　在切削深度、进给量确定之后，在保证合理刀具寿命前提下，选择合理的切削速度。切削用量的选择与机床允许的切削功率有关，如果超过了机床许用功率，则应适当降低切削速度。

2. 半精加工和精加工切削用量的选用

选择精加工或半精工切削用量的原则是在保证加工质量的前提下，兼顾必要的生产率。进给量根据工件表面粗糙度的要求来确定。精加工时应避开积屑瘤区，一般硬质合金车刀采用高速切削。

（1）切削深度　切削深度则应根据粗加工后留下的余量确定，原则取上一次切除的余量数。

（2）进给量　由于半精加工和精加工产生的切削力不大，故增大进给量对加工工艺系统的强度和刚性影响较小，增大进给量主要受到表面粗糙度限制。为了减小工艺系统弹性变形和降低已加工表面残留面积的高度，一般选用较小的进给量。

（3）切削速度　由于半精加工和精加工所消耗切削功率不大，切削速度主要受刀具寿命的限制。在保证刀具寿命的前提下，还要考虑抑制积屑瘤和鳞刺的产生。一般硬质合金刀具应选用较高的切削速度，而高速钢刀具则应选用较低的切削速度，以避开积屑瘤和鳞刺产生的速度范围。

2.7.3　切削液

在切削加工中，合理使用切削液能有效地减小切削阻力，降低切削温度，从而能促使切削速度、刀具寿命和加工质量的提高。

1. 切削液的分类

金属切削加工中常用的切削液可分为水溶液、乳化液、切削油三大类。

（1）水溶液　水溶液的主要成分是水，它的冷却性能好，若配成液呈透明状，则便于操作者观察。但是单纯的水容易使金属生锈，且润滑性能欠佳。因此，经常在水溶液中加入一定的添加剂，使其既能保持冷却性能又有良好的防锈性能和一定的润滑性能。

（2）乳化液　乳化液是将乳化油用水稀释而成。乳化油是由矿物油、乳化剂及添加剂配成，用95%～98%水稀释后即成为乳白色或半透明状的乳化液。它具有良好的冷却作用，但因为含水量大，所以润滑、防锈性能均较差。为了提高其润滑性能和防锈性能，可再加入一定量的油性、极压添加剂和防锈添加剂，配制成极压乳化液或防锈乳化液。

（3）切削油　切削油的主要成分是矿物油，少数采用动植物油或复合油。纯矿物油不能在摩擦界面上形成坚固的润滑膜，润滑效果一般。在实际使用中常常加入油性添加剂、极压添加剂和防锈添加剂以提高其润滑和防锈性能。

动植物油有良好的"油性"，适于低速精加工，但是它们容易变质，因此最好不用或少用，而应尽量采用其他代用品，如含硫、氯等极压添加剂的矿物油。

2. 切削液的作用

（1）冷却作用　冷却的主要目的是使切削区的切削温度降低，尤为重要的是降低前刀面上温度，起到减少工件因热膨胀而引起的变形和保证刃口强度，减少刀具磨损的作用。

（2）润滑作用　切削液的润滑作用是通过切削液渗透到刀具与切屑，工件表面之间形成润滑膜面达到的。主要作用是减小切削变形从而使切削力减小，切削功率降低。由于降低了切削区的切削温度，致使刀具磨损减小，刀具寿命提高，使积屑瘤不易产生，提高已加工表面的质量。

（3）清洗和排屑作用　当金属切削中产生碎屑或粉末时，要求切削液具有良好的清洗作用。这时浇注切削液能冲走这些碎屑或粉末，起到防止研伤加工表面的作用。在磨削、自动生产线和深孔加工中，加入一定压力和流量的切削液，可起到排除切屑的作用。

（4）防锈作用　切削液还能减轻工件、机床、刀具受周围介质（空气、水分等）的腐蚀作用。在气候潮湿的地区，切削液的防锈作用显得极其重要。切削液防锈作用的好坏，取决于切削液本身的性能和加入的防锈添加剂。

3. 切削液的选用

切削液应根据工件材料、刀具材料、加工方法和加工要求选用。如选择不当，就得不到应有效果。

1）切削铸铁和铝合金时，一般不用切削液，切削铜合金和非铁金属时，一般不用含硫的切削液，以免腐蚀工件的表面，切削镁合金时，严禁使用乳化液作为切削液，以防止燃烧引起严重事故，但可使用煤油或含4%的氟化钠溶液作为切削液。

2）高速钢刀具热硬性差，需采用切削液。硬质合金刀具热硬性高，一般不用切削液，若使用切削液，则必须连续、充分地浇注。否则，会因骤冷骤热产生内应力将导致刀片产生裂纹。

3）粗加工时，主要以冷却为主，同时也希望降低切削力与功率。一般选用3%～5%的乳化液，精加工时，主要为改善已加工表面质量，减小刀具磨损，抑制积屑瘤产生，一般选用15%～20%的乳化液或极压切削油。

思考与练习

1）切削要素是指_____和_____。

2）切削层的尺寸可用_____、_____、_____三个参数表示。

3）刀具按标准化程度分为_____和_____等。

4）普通车刀由_____和_____两部分组成。

5）常见的切屑有_____、_____、_____和_____。

6）切削过程中，所消耗的能量有_____转换为热能，除极少量散逸在周围介质中外，其余均传递到_____、_____和_____中，并使其温度升高，引起工件热变形，加速刀具的磨损，影响工件的加工精度及表面质量。

7）常用的刀具材料分为_____、_____、_____及_____等。

8）金属切削过程的实质是什么？

9）积屑瘤指的是什么？

10）简述积屑瘤对切削过程的影响。

11）影响切削力的主要因素有哪些？

12）前角的选用原则是什么？

13）简述冷却液的作用？

第 3 章 机械加工设备

☞ **要点提示：**

1) 了解常见的机械加工设备的加工特点。
2) 了解常见机械加工设备的结构。
3) 掌握常见机械加工设备在机械加工中的作用。
4) 掌握常见机床的型号特点。
5) 了解常见机床的运动形式。

3.1 机械加工设备的型号

金属的机械加工是在金属切削机床上完成的。金属切削机床是指利用刀具对金属工件进行切削加工，使之获得所要求几何形状、尺寸精度和表面质量的设备。

3.1.1 机床的分类

机床的分类方法很多，最常用的分类方法是根据加工性质和所用刀具的不同，把机床分为 12 类：车床、钻床、镗床、磨床、齿轮加工机床、铣床、刨插床、拉床、特种加工机床、锯床和其他机床。在每一类机床中，又按工艺范围、布局形式和结构等分为若干组，每一组又细分为若干系列。

除上述分类方式外，还可按其他方法分类，如按工件大小和机床重量可分为仪表机床、中小型机床、大型机床、重型机床和超重型机床；按加工精度可分为普通精度机床、精密机床和高精度机床；按自动化程度可分为手动操作机床、半自动机床和自动机床；按机床的自动控制方式，可分为仿形机床、程控机床、数字控制机床、适应控制机床、加工中心和柔性制造系统；按机床的适用范围，又可分为通用、专门化和专用机床。

3.1.2 机床的型号

机床的型号是用来表示机床的类别、性能、主要规格和结构特征的代号。我国机床型号目前采用的编制办法是按 1994 年颁布的标准 "GB/T 15375—1994 金属切削机床型号编制办法" 编制的。机床型号由汉语拼音字母和阿拉伯数字按一定规律排列而成。其表示方法如下：

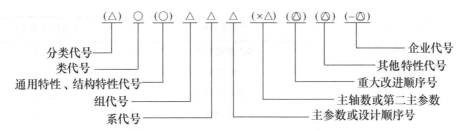

注：△表示数字；○表示大写汉语拼音字母；括号表示可选项，有内容时不带括号，无内容时不表示；◎表示大写汉语拼音字母，或阿拉伯数字，或两者兼有之。

1. 机床的类别代号

各类机床的类别代号，见表 3-1。

表 3-1　机床类别代号

类别	车床	钻床	镗床	磨床			齿轮加工机床	螺纹加工机床	铣床	刨插床	拉床	特种加工机床	锯床	其他车床
代号	C	Z	T	M	2M	3M	Y	S	X	B	L	D	G	Q
读音	车	钻	镗	磨			牙	丝	铣	刨	拉	电	割	其

2. 机床的特性代号

机床的特性代号包括通用特性和结构特性，也用汉语拼音字母表示。当某类机床，除有普通型式外，还有如表3-2中所列的各种通用特性时，则应在类别代号之后加上相应的通用特性代号，如 CM6132 型号中"M"表示"精密"之意，是精密卧式车床。

表 3-2　机床特性代号

特性	精密	高精密	自动	半自动	轻型	万能	仿型	筒式	数控	加重型
代号	M	G	Z	B	Q	W	F	J	K	C
读音	密	高	自	半	轻	万	仿	筒	控	加

3. 机床的组和系代号

每一类机床按用途、结构、性能分为若干组，每组又分为若干系。用两位阿拉伯数字作为组和系别代号，位于类别和特性代号之后，第一位数字表示组，第二位数字表示系。

4. 机床主参数

机床的主参数表示机床规格和加工能力的主要参数，位于组系代号之后用数字表示，其数字用实际值或实际值的 1/10、1/100，进行折算，即为主参数值。有时候，型号中除主参数外还需表明第二主参数（亦用折算值），以"×"号分开。常见机床主参数名称及折算值见表3-3。

表 3-3　常见机床主参数名称及折算值表

机床名称	主参数名称	主参数折算系数
卧式车床	床身上最大回转直径	1/10
摇臂钻床	最大钻孔直径	1/1
卧式坐标镗床	工作台宽度	1/10

（续）

机 床 名 称	主参数名称	主参数折算系数
外圆磨床	最大磨削直径	1/10
立式升降台铣床	工作台面宽度	1/10
卧式升降台铣床	工作台面宽度	1/10
龙门刨床	最大刨削宽度	1/100
牛头刨床	最大刨削直径	1/10

5. 机床重大改进的序号

性能和结构经过重大改进的机床，应在原机床型号后面以英文字母 A、B、C、D…表示是第几次改进的序号，例如 Y7132A 和 Z3040A 都表明是第一次重大改进。

此外，多轴机床的主轴数目，要以阿拉伯数字表示在型号后面，并用 "·" 分开，例如 C2140·6 是加工最大棒料直径为 40mm 的卧式六轴自动车床的型号表示方法。

如 Z3040×16/S2，该型号表示如下：

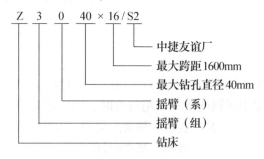

Z 3 0 40 × 16 / S2
- 中捷友谊厂
- 最大跨距1600mm
- 最大钻孔直径40mm
- 摇臂（系）
- 摇臂（组）
- 钻床

3.1.3 机床的运动

1. 工件表面的形成方法

各种类型机床的具体用途和加工方法虽然各不相同，但基本上工作原理相同，即所有机床都必须通过刀具和工件之间的相对运动，切除工件上多余金属，形成具有一定形状、尺寸和表面质量的工件表面，从而获得所需的机械零件。因此机床加工机械零件的过程，其实质就是形成零件上各个工作表面的过程。这些表面包括平面、圆柱面、圆锥面以及各种成形表面。

任何一个表面，都可以看作是一条曲线沿着另一条曲线运动的轨迹，如图3-1所示。这两条曲线叫做该表面的发生线，而前一条发生线，成为母线。后一条发生线，成为导线。在用机床加工零件的过程中，工件、刀具之一或两者同时按一定

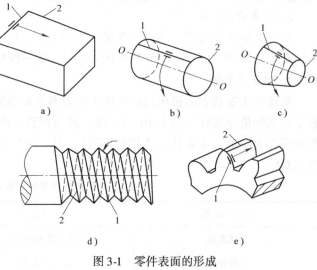

图 3-1 零件表面的形成
a）平面 b）圆柱面 c）锥面 d）螺旋面 e）渐开面
1—母线 2—导线

规律运动，形成两条发生线，从而生成所要加工的表面。常用的形成发生线的方法有四种：

（1）轨迹法　刀具切削刃与被加工表面为点接触，如图3-2a所示。为了获得所需的发生线，切削刃必须沿发生线运动，当刨刀沿方向 A_1 作直线运动时，就形成直母线；当刨刀沿方向 A_2 作曲线运动时，就形成曲线形导线。因此，采用轨迹法形成所需的发生线需要一个独立的运动。

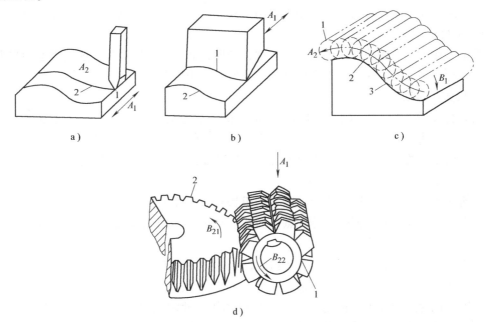

图 3-2　形成发生线所需的运动
a）轨迹法　b）成形法　c）相切法　d）展成法
1—刀尖或切削刃　2—发生线　3—刀具轴线的运动轨迹

（2）成形法　是指刀具切削刃与工件表面之间为线接触，切削刃的形状与形成工件表面的一条发生线完全相同，另一条发生线由刀具与工件的相对运动来实现，如图3-2b所示。

（3）相切法　是指利用刀具旋转边做轨迹运动对工件进行加工的方法，如图3-2c所示。

（4）展成法（范成法）　切削刃为一线段，它与工件发生线不吻合，发生线是由切削刃在刀具与工件作相对滚动时所形成的一系列轨迹线的包络线。这时刀具与工件之间只需要一个相对运动，称为展成运动，由刀具运动和工件转动复合而成，如图3-2d所示。

需要注意的是展成法刀具不一定旋转，可由切削刃发生线作纯滚动，也可由切削刃与发生线共同完成复合纯滚动；轨迹法的切削刃与工件连续接触；相切法的同一切削刃与工件断续接触，需要旋转刀具上的多个切削点形成的切点连起来才能形成切削线。

2. 机床的运动

机床加工零件时，为获得所需的表面，工件与刀具之间作相对运动，既要形成母线，又要形成导线，于是形成这两条线所需的运动的总和，就是形成该表面所需的运动。机床在切削过程中，使工件获得一定表面形状所必需的刀具和工件间的相对运动称为机床的工作运动，也称为表面成形运动。

例如，图 3-2a 中，刀具与工件的相对运动 A_1 是形成母线所需的运动。刀具沿曲线轨迹

的运动 A_2，用来形成导线。A_1 与 A_2 之间不必有严格的运动联系，因此它们是相互独立的。所以，要加工出图 3-2a 所示的曲面，需要 A_1 和 A_2 两个独立的工作运动。

加工图 3-2d 齿轮时，生成母线需要一个复合的成形运动（$B_{21} + B_{22}$）。为了形成齿的全长，即形成导线，如果采用滚刀加工，用相切法，需要两个独立的运动：滚刀轴线沿导线方向的移动和滚刀的旋转。前一个运动是使用轨迹法实现的，而滚刀的旋转运动由于要与工件的转动保持严格的复合运动关系，只能与同 B_{22} 为同一个运动而不可能另外增加一个运动。所以，用滚刀加工圆柱齿轮时，一共需要两个独立运动：展成运动（$B_{21} + B_{22}$）和滚刀沿工件轴向移动的 A_1。

机床上除了以上运动外，还有切入运动、分度运动、调位运动等，这几类运动与表面成形运动没有直接关系，而是为工作运动创造条件，属于辅助运动。

3. 机床的传动

（1）传动链　为了适应不同的加工要求，机床主运动和进给运动的速度变速方式，通常分为无级变速传动和分级变速传动。无级变速传动的速度变换是连续的，即在一定范围内可以调节到需要的任意速度。分级变速传动的速度变换是不连续的，即在一定范围内得到若干级数的速度。

目前在绝大多数的普通机床上，以采用机械式分级变速传动为主，因其具有结构紧凑、工作可靠、效率高和变速范围大等优点。而数控机床多采用无极变速，其优点是结构简单、体积小、变速快、稳定等。

机床上任何运动的实现，均须具备执行件、动力源和传动装置三个基本部分。执行件是机床上实现最终运动的部件，如主轴、刀架、工作台等；动力源是给机床运动提供动力和运动的装置，也为执行件提供能量的装置，如电动机、液动机或气动马达等；机床的传动装置，按其所采用的传动介质不同，可分为机械传动、液压传动、电气传动和气压传动等传动形式。

机械传动应用齿轮、传动带、离合器和丝杠螺母等机械组件传递运动和动力。这种传动形式工作可靠、维修方便，目前机床上应用最广。

液压传动应用油液作介质，通过泵、阀、液压缸等液压组件传递运动和动力。这种传动形式结构简单、传动平稳，容易实现自动化，在机床上应用日益广泛。

电气传动应用电能通过电气装置传递运动和动力。这种传动方式的电气系统比较复杂，成本较高，主要用于大型和重型机床。

气压传动应用空气作介质，通过气动组件传递运动和动力。这种传动形式的主要特点是动作迅速，易于实现自动化，但其运动平稳性较差，驱动力较小，主要用于机床的某些辅助运动（如夹紧工件等）及小型机床的进给运动传动中。

根据机床的工作特点不同，有时在一台机床上往往采用以上几种传动形式的组合。

使执行件与动力源或使两个有关执行件保持确定运动联系的一系列按一定规律排列的传动组件称为传动链。一条传动链由该链的两端件及两端件之间的一系列传动机构所构成。根据传动联系的性质不同，分为内联系传动链和外联系传动链。传动链的两个末端件的转角或移动量（计算位移）之间如果有严格的比例关系要求，该传动链为内联系传动链。若没有这种要求，则为外联系传动链。例如，在车床上用螺纹车刀车削螺纹时，为了保证所加工螺纹的导程值，主轴（工件）每转 1 转，车刀必须直线移动一个螺纹导程。此时联系主轴—刀架之间的螺纹传动链，就是一条传动比有严格要求的内联系传动链。假如传动比不准确，则车螺纹就不能得到要求的螺纹导程；加工齿轮时就不能展成正确的渐开线齿形。为了保证准确的传动比，在内联系传动链中不能采用摩擦传动（它可以由于打滑的原因而引起传动比的变化），或者是瞬时传动比有变化的传动件（如链传动）。根据执行件运动的用途和性质不同，传动链可分为主运动传动链、进给运动传动链、空行程传动链、分度运动传动链等。

传动链通常包括两类机构：一类是传动比和传动方向固定不变的传动机构，如定比齿轮副、蜗杆蜗轮副、丝杠螺母副等，称为定传动比机构；另一类是根据加工要求可以变换传动臂和传动方向的传动机构，如变换齿轮变速机构、滑移齿轮变速机构、离合器换向机构等，统称为换置机构。

（2）传动原理图 为了便于研究机床的传动联系，常用一些简明的符号把传动原理和传动线路表示出来，这就是传动原理图。传动原理图只表示传动联系，不表示实际传动机构的种类和数量。传动原理图经常使用的一些符号，如图3-3所示。

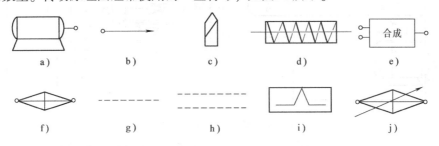

图 3-3 传动原理图常用的一些示意符号

a）电动机 b）主轴 c）车刀 d）滚刀 e）合成机构 f）传动比可变换的换置机构
g）传动比不变的机械联系 h）电的联系 i）脉冲发生器 j）数控系统

车床用螺纹车刀车削螺纹时的传动原理图，如图3-4所示。图中，1～4及4～7分别代表电动机至主轴、主轴至丝杠的传动链。传动链中传动比不变的定比传动部分以虚线表示，如1～2、3～4、4～5、6～7之间均代表定比传动机构。2～3及5～6之间的代号表示传动比可以改变的机构，即换置机构，其传动比分别为 u_v 和 u_x。

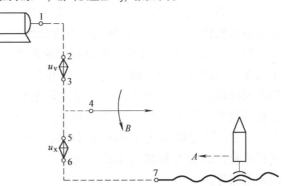

图 3-4 车床的传动原理图

（3）传动系统图 机床传动系统图是表示机床全部运动的传动关系的示意图，按运动传递的顺序画在能反映机床外形和各主要部件相互位置关系的展开图中。规定符号详见国家标准 GB 4460—1984《机械制图—机构运动简图符号》，并标明齿轮和蜗轮的齿数、蜗杆头数、丝杠导程、带轮直径、电动机功率和转速等。传动系统图只表示传动关系，不表示各零件的实际尺寸和位置。有时为了将空间机构展开为平面图，还必须作相应的技术处理，如将一根轴断开绘成两部分，或将实际上啮合的齿轮分开来画（用大括号或虚线连接起来），看图时应注意。卧式车床的传动系统图，如图3-5所示。

（4）转速图 转速图是指用简单直线条来表示机床分级变速系统传动规律的线图，是分

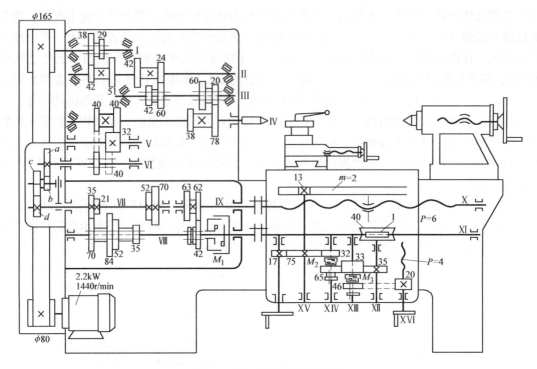

图 3-5　卧式车床传动系统图

析机床变速系统的重要工具。图3-6所示为卧式车床主变速系统的转速图。

1）转速图中等距的垂直平行线代表变速系统中从电动机到主轴的各根轴，各轴排列次序应符合传动顺序。竖线上端"电动机"表示电动机轴，其余罗马数字表示各传动轴。

2）距离相等的横向平行线表示变速系统由低至高依次排列的各级转速，在每根轴线段右端标出该级转速的数值。由于主轴的转速数列按等比数列排列，为绘制和分析线图方便，表示转速值的纵向座标采用对数坐标。这样可使代表任意相邻转速的横向平行线的间距都相等。

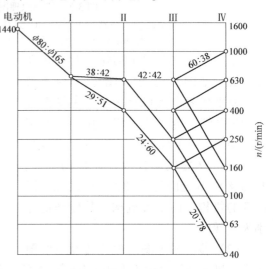

图3-6　卧式车床主变速系统转速图

3）代表各传动轴的平行竖线上的小圆点代表各轴所能获得的转速。圆点数为该轴具有的转速级数；圆点位置表明了各级转速的数值。例如，轴Ⅱ上有两个圆点，表示轴Ⅱ有两种转速，其转速分别为630r/min和400r/min；轴Ⅲ上有四个圆点，表示轴Ⅲ具有4种不同转速，分别为630r/min、400r/min、250r/min和160r/min。

4）两轴间转速点之间的连线，表示两轴间的传动副，互相平行的连线表示同一传动副。因此，两轴间相互不平行的连线数表示了两轴间的传动副数。例如，轴Ⅰ-Ⅱ间有两条互不平行的连线，表示轴 I - II 间有两对传动副，分别为$\frac{38}{42}$和$\frac{29}{51}$。连线的倾斜程度表明了传动副的传动比大小。自左向右向上倾斜，表明传动比大于 1，为升速传动，如轴 III - IV 间的$\frac{60}{38}$传动副；自左向右向下倾斜，表明传动比小于 1，为降速传动，如轴 I - II 间的传动副$\frac{29}{51}$。

5）转速图还反映了运动的传递路线，运动由电动机经带轮，经过轴 I - II 间的传动副、轴 II - III 间的传动副和轴 III - IV 间的传动副，依次传递。

转速图表示了变速系统中传动轴的数量，各轴及轴上组件的转速级数、转速大小及其传动路线。

（5）运动平衡式 为了表达传动链两个末端件计算位移之间的数值关系，常将传动链内各传动副的传动比相连乘组成一个等式，称为运动平衡式。如图3-6所示，主运动传动链在图示的啮合位置时的运动平衡式为

$$1440\mathrm{r/min} \times \frac{126}{256} \times \frac{24}{48} \times \frac{42}{48} \times \frac{60}{30} = 710\mathrm{r/min}$$

3.2 通用机械加工设备

3.2.1 车床

车床的种类很多，按用途和结构不同，可分为卧式车床、转塔车床、立式车床、单轴自动车床、多轴自动和半自动车床、仿形车床等。而卧式车床应用最为广泛。车床是以主轴带动工件旋转作为主运动，刀架带动刀具移动作为进给运动来完成工件和刀具之间的相对运动的一类机床。在车床上使用的刀具主要是车刀，有些车床还可采用各种孔加工刀具，如钻头、镗刀、铰刀、丝锥、板牙等。车床主要用来加工各种回转表面，如内外圆柱、圆锥表面，成形回转表面和回转体的端面等。

1. 卧式车床的工艺范围

卧式车床的工艺范围很广，能进行多种表面的加工：各种轴类、套类和盘类零件的回转表面（如车削内外圆柱面、圆锥面、环槽及回转曲面等）、端面、螺纹，还可以进行钻孔、扩孔、铰孔和滚花等工作，卧式车床加工的零件表面，如图3-7所示。

2. CA6140 型卧式车床的组成、主要技术参数及运动

CA6140 型卧式车床加工的对象，主要是轴类零件和直径不太大的盘类零件，还可以加工螺纹表面。由于这类零件在制造业中所占比例相当大，所以卧式车床是最常见与常用的机床之一，又由于它的结构比较典型，具有很强的代表性。

（1）CA6140 型卧式车床的主要组成 CA6140 型卧式车床的外形图，如图3-8所示。由车身、主轴箱、交换齿轮箱、进给箱、溜板箱和床鞍、刀架、尾座及冷却系统和照明系统等部分组成。

1）主轴箱。主轴箱 1 支撑并传动主轴带动工件作旋转主运动。箱内装有齿轮、轴等，组成变速机构，变换主轴的手柄位置，可使主轴得到多种转速。主轴通过前端的卡盘或者花盘带动工件完成旋转作主运动，也可以装前顶尖通过拨盘带动工件旋转。

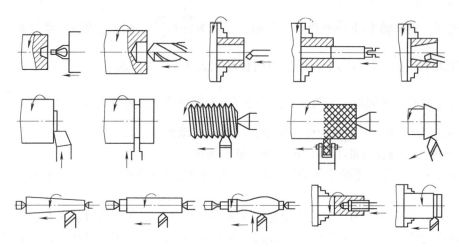

图 3-7　卧式车床加工的典型表面

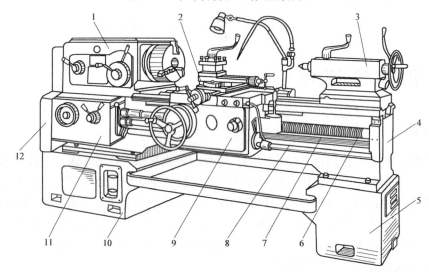

图 3-8　CA6140 型卧式车床外形图
1—主轴箱　2—刀架　3—尾座　4—床身　5、10—床脚　6—丝杠
7—光杠　8—操纵杆　9—溜板箱　11—进给箱　12—交换齿轮箱

2）刀架及滑板。刀架部分 2 由两层滑板（中、小滑板）、床鞍与刀架共同组成。它们用于安装车刀并带动车刀作纵向、横向或斜向移动。

3）尾座。尾座 3 安装在床身导轨上，并沿此导轨纵向移动，以调整其工作位置。尾座主要用来安装后顶尖，以支撑较长工件，也可安装钻头、铰刀等进行孔加工。尾座可横向做少量的调整，用于加工小锥度的外锥面。

4）床身。床身 4 是车床精度要求很高的带有导轨（山形导轨和平导轨）的一个大型基础部件。床身用于支撑和连接车床的各个部件，并保证各部件在工作时有准确的相对位置。

5）床脚。前后两个床脚 5 和 10 分别与床身前后两端下部联为一体，用以支撑安装在床身上的各个部件。同时通过地脚螺栓和调整垫铁使整台车床固定在工作场地上，并使床身调整到水平状态。

6）进给箱。进给箱 11 是进给传动系统的变速机构。它把交换齿轮箱传递过来的运动，经过变速后传递给丝杠，以实现车削各种螺纹；传递给光杠，以实现机动进给。

7）交换齿轮箱。交换齿轮箱 12 把主轴箱的转动传递给进给箱。更换进给箱内的变速机构，可以得到车削各种螺距螺纹（或蜗杆）的进给运动；并满足车削时不同纵、横向进给量的需求。

8）溜板箱。溜板箱 9 接受光杠或丝杠传递的运动，以驱动床鞍和中、小滑板及刀架实现车刀的纵、横向进给运动。其上还装有一些手柄及按钮，可以很方便地操纵车床来选择诸如机动、手动、车螺纹及快速移动等运动方式。

9）冷却装置。冷却装置通过切削液泵将水箱中的切削液加压后喷射到切削区域，降低切削温度，冲走切屑，润滑加工表面，以提高刀具使用寿命和工件的表面加工质量。

（2）CA6140 卧式车床主要技术参数　床身最大工件回转直径（主参数）：400mm；刀架上最大工件回转直径：210mm；最大棒料直径：47mm；最大工件长度（第二主参数）：750mm、1000mm、1500mm 和 2000mm 等。

主轴转速范围/（r/min）：正转 10 ~ 1400（24 级），反转 14 ~ 1580（12 级）；进给量范围/（mm/r）：纵向 0.028 ~ 6.33（64 级），横向 0.014 ~ 3.16（64 级）；标准螺纹加工范围，米制：$t = 1 ~ 192$mm（44 种），英制：$a = 2 ~ 24$ 牙/in（20 种），模数制：m = 0.25 ~ 48mm（39 种），径节制：DP = 1 ~ 96 牙/in（37 种），主电动机：7.5kW　1450r/min。

（3）CA6140 卧式车床的运动　车床的运动分为主运动、进给运动和辅助运动。

1）主运动。车床的主运动是工件的转动，即主轴的旋转运动。车床设有变速机构，可以改变主轴的转速，实现加工不同工件所需要的切削速度。

2）进给运动。进给运动包括纵向进给运动、横向进给运动及斜向进给运动。

3）辅助运动。车刀快速靠近工件，径向切入，以及快速退离工件，退回起始位置等运动。另外，机床的起动、停车、变速、换向以及部件和工件的夹紧、松开等的操纵控制运动，也属于辅助运动。总之除了主运动和进给运动外，机床上其他所需运动都属辅助运动。

3. CA6140 卧式车床传动系统简介

CA6140 型卧式车床的传动系统由主运动传动链，车螺纹进给传动链，纵向、横向进给传动链等组成，传动系统方框图，如图3-9所示，传动系统如图3-10所示。

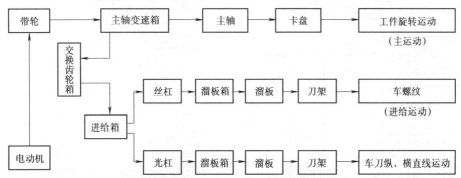

图 3-9　CA6140 型卧式车床的传动系统方框图

（1）主运动传动链　主运动传动链将电动机的旋转运动传至主轴，使主轴获得24级正转转速（10 ~ 1400r/min）和12级反转转速（14 ~ 1580r/min）。

主运动的传动路线是：如图 3-10 所示，运动由主电动机经 V 带传至主轴箱中的 I 轴，

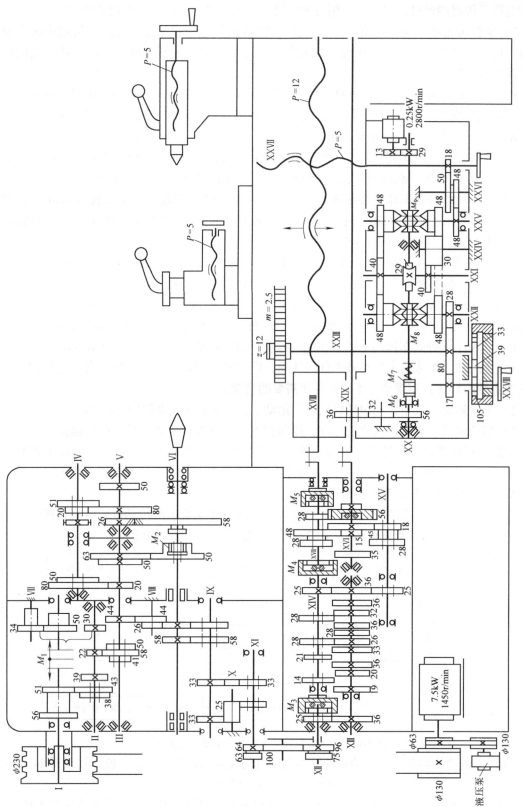

图 3-10 CA6140 型卧式车床的传动系统

Ⅰ轴上有双向多片摩擦离合器 M_1，控制主轴正转、反转或停止。当 M_1 向左结合，主轴正转；当 M_1 向右时，主轴反转；当 M_1 处于中间位置时，主轴停转。Ⅰ ~ Ⅱ间装有两对齿轮（双联滑移齿轮）可以啮合，可使Ⅱ轴得到两个不同的转速。Ⅱ ~ Ⅲ之间有三对齿轮（三联滑移齿轮）可以分别啮合，可使Ⅲ轴得到 $2 \times 3 = 6$ 种不同的转速。从Ⅲ轴Ⅵ轴有两条路线，即通过Ⅵ轴上的 M_2，M_2 向左滑移至 z63 与 z50 啮合，使得Ⅲ轴通过 $\dfrac{63}{50}$ 直接传动主轴Ⅵ轴，实现主轴高速转动，即 $450 \sim 1400 \text{r/min}$，若 M_2 向左结合，则运动经Ⅲ-Ⅳ-Ⅴ-Ⅵ轴（主轴），其传动路线表达式为

$$主电动机 \rightarrow \dfrac{\phi130}{\phi230} - Ⅰ - \begin{bmatrix} M_1 - \begin{bmatrix} \dfrac{56}{38} \\ \dfrac{51}{43} \end{bmatrix} \\ M_1\ \text{中间（停）} \\ M_1 - \dfrac{50}{34} \times \dfrac{34}{30} \end{bmatrix} - Ⅱ - \begin{bmatrix} \dfrac{39}{41} \\ \dfrac{22}{58} \\ \dfrac{30}{50} \end{bmatrix} - Ⅲ - \begin{bmatrix} \begin{bmatrix} \dfrac{20}{80} \\ \dfrac{50}{50} \end{bmatrix} - Ⅳ - \begin{bmatrix} \dfrac{20}{80} \\ \dfrac{51}{50} \end{bmatrix} - Ⅴ - \dfrac{26}{58} \\ M_2 - \dfrac{63}{50} \end{bmatrix} - Ⅵ$$

主轴正转时得到 $1 \times 2 \times 3 \times (2 \times 2 \times 1 - 1 + 1) = 24$ 级不同的转速。式中减 1 是由于从Ⅲ轴至Ⅴ轴的 4 种传动比中，$\dfrac{20}{80} \times \dfrac{51}{50}$ 与 $\dfrac{50}{50} \times \dfrac{20}{80}$ 的值近似相等。

主轴反转时，由于轴Ⅰ经惰轮至轴Ⅱ只有一种传动比，故反转转速为 12 级。当各轴上的齿轮啮合位置完全相同时，反转的转速高于正转的转速。主轴反转主要用于车螺纹时退刀，快速反转能节省辅助时间。

（2）车螺纹进给传动链　CA6140 型卧式车床可以车削右旋或左旋的米制、英制、模数制和径制四种标准螺纹，还可以车削加大导程非标准和较精密的螺纹。

车螺纹进给传动链的两末端件为主轴和刀架，计算位移为"主轴转 1 转——刀架移动一个导程"，传动路线根据所要加工螺纹的种类分为六种情况。本书只介绍车削米制螺纹的传动链。

车削米制螺纹时，主轴Ⅳ经轴Ⅸ与轴Ⅹ之间的左、右螺纹换向机构及交换齿轮 $\dfrac{63}{100} \times \dfrac{100}{75}$ 传动到进给箱上的轴Ⅻ，进给箱中的离合器 M_5 接合，M_3 及 M_4 均脱开。此时传动路线表达式为

$$主轴Ⅵ - \dfrac{58}{58} - Ⅸ - \begin{bmatrix} \dfrac{33}{33}\ \text{（右旋螺纹）} \\ \dfrac{33}{25} - Ⅺ - \dfrac{25}{33}\ \text{（左旋螺纹）} \end{bmatrix} - Ⅹ - \dfrac{63}{100} \times \dfrac{100}{75} - Ⅻ - \dfrac{25}{36} - ⅩⅢ - u_j - ⅩⅣ - \dfrac{25}{36}$$

$$\times \dfrac{36}{25} - ⅩⅤ - u_b - ⅩⅦ - M_5 - ⅩⅧ\ \text{（丝杠）} - 刀架$$

表达式中 u_j 代表轴 ⅩⅢ 至轴 ⅩⅣ 间八种可供选择的传动比 $\left(\dfrac{26}{28}, \dfrac{18}{28}, \dfrac{32}{28}, \dfrac{36}{28}, \dfrac{19}{14}, \dfrac{20}{14}, \dfrac{33}{21}, \dfrac{36}{21} \right)$；$u_b$ 代表轴 ⅩⅤ 至轴 ⅩⅦ 间四种传动比 $\left(\dfrac{28}{35} \times \dfrac{35}{28}, \dfrac{18}{45} \times \dfrac{35}{28}, \dfrac{28}{35} \times \dfrac{15}{48}, \dfrac{18}{45} \times \dfrac{15}{48} \right)$。

车削米制螺纹时的平衡式为

$$1 \times \frac{58}{58} \times \frac{33}{33} \times \frac{63}{100} \times \frac{100}{75} \times \frac{25}{36} \times u_j \times \frac{25}{36} \times \frac{36}{25} \times u_b \times 12 = L = kP$$

化简后得

$$L = 7u_j u_b \tag{3-1}$$

式中 k——螺纹线数；

　　P——螺距（mm）；

　　12——车床丝杠（轴XⅧ）导程（mm）。

（3）纵向、横向进给传动链　刀架带着刀具作纵向或横向机动进给时，传动链的两个末端件仍是主轴和刀具，计算位移关系为主轴每转一转，刀具的纵向或横向移动量。机动进给的传动路线在主轴至离合器 M_5 的一段与螺纹进给传动链共享，可以经由米制或英制螺纹路线，但机动进给时离合器 M_5 应脱开，传动轴XⅦ上的纵向进给齿轮 z_{12} 或横溜板内的横向进给丝杠轴XXⅦ。

纵向进给传动链经米制螺纹传动路线的运动平衡式为

$$f_{横} = 1 \times \frac{58}{58} \times \frac{33}{33} \times \frac{63}{100} \times \frac{100}{75} \times \frac{25}{36} \times u_j \times \frac{25}{36} \times \frac{36}{25} \times$$

$$u_b \times \frac{28}{56} \times \frac{36}{32} \times \frac{32}{56} \times \frac{4}{29} \times \frac{40}{48} \times \frac{28}{80} \times \pi \times 2.5 \times 1.2$$

化简后得

$$f_{横} = 0.71 u_j u_b \tag{3-2}$$

横向进给传动链的运动平衡式与此类似，且 $f_{横} = \frac{1}{2} f_{纵}$。

以上所有的纵、横向进给量的数值及各进给量相对应的各个操纵手柄应处的位置，均可从进给箱上的标牌中查到。

（4）刀架快速移动　在刀架作机动进给或退刀的过程中，如需要刀架作快速移动时，则用按钮将溜板箱内的快速电机（0.25kW，1360/（r/min））接通，经齿轮 z18、z24 的传递，使传动轴XX作快速旋转，再经后续的机动进给路线使刀架在该方向上作快速移动。

4. 其他车床简介

（1）立式车床　加工径向尺寸大而轴向尺寸相对较小的工件时，在卧式车床上，工件装夹在花盘上，由于重力的作用，装夹、找正费时且不方便，特别是对于厚度稍大的大直径工件，更不够稳定可靠。此外主轴前轴承受力大、磨损快，使落地车床难以长期地保持工作精度。立式车床的主轴轴心线成竖直位置，工作台面处于水平平面内，使工件的装夹和找正比较方便。

立式车床分别为单柱式和双柱式两类，如图 3-11 所示。单柱式立式车床只用于加工直径不太大的工件（$D < 1600mm$），双柱式立式车床加工大直径工件（$D > 2000mm$）。

立式车床的工作台 2 装在底座 1 上，工件装夹在工作台上并由工作台带动旋转完成主运动。进给运动由垂直刀架 4 和侧刀架 7 实现。侧刀架 7 可在立柱 3 的导轨上移动作垂直进给，完成外圆等加工，还可沿刀架滑座的导轨作横向进给，完成车端面及切槽等加工。垂直刀架 4 可在横梁 5 的导轨上移动作横向进给，所以垂直刀架也可完成外圆、内孔和端面的加工。中小型立式车床的一个垂直刀架上还常带有转塔刀架，在此转塔刀架上可以安装几组刀具（一般为 5 组）供轮流进行切削。横梁 5 可根据工件的高度沿立柱导轨调整位置。

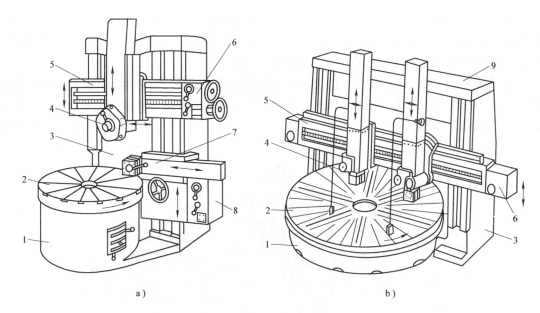

图 3-11　立式车床外形图

a) 单柱式　b) 双柱式

1—底座　2—工作台　3—立柱　4—垂直刀架　5—横梁　6—垂直刀架进给箱　7—侧刀架　8—侧刀架进给箱　9—顶梁

（2）转塔车床和回轮车床　卧式车床的使用范围广，通用性好，但是刀架上一次只能安装四把刀具，尾座套筒锥孔中只能安装一把孔加工刀具，而且孔加工刀具只能手动进给。当加工形状比较复杂的零件，例如，带内孔和内外螺纹的各种套筒、接头、法兰盘和轴类零件时，如图 3-12 所示，需要使用多种刀具顺次切削，每个零件加工过程中都要多次装卸刀具、试切和测量工件尺寸，工人劳动强度大，生产效率很低。成批生产这类产品时，可使用转塔车床或回轮车床，这两种车床在卧式车床的基础上发展起来的，它们取消了尾座和丝杠，在床身尾部安装可以纵向移动的多工位刀架，并在结构和传动方面作了相应的改变。加工时，刀架上可安装较多刀具并预先调整好后，每把（组）刀具的进给行程终点位置，由可

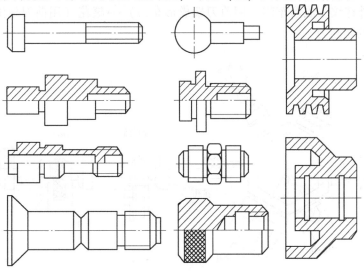

图 3-12　转塔车床和回轮车床上加工的典型零件

以调整的挡块控制，不必在加工过程中反复地装卸刀具和测量尺寸，可进行多刀切削。工件的装夹常使用液压或气动夹具，所以在生产过程中工序集中，效率较高，适用于批量生产。但这类机床没有丝杠，只能使用丝锥和板牙加工螺纹。

转塔车床工件装夹在主轴上，由主轴带动旋转完成主运动。转塔车床有前刀架和转塔刀架。前刀架的组成和运动与卧式车床的刀架相同，可以纵向进给车外圆，也可以横向进给加工端面和沟槽，如图 3-13 所示。转塔刀架只能作纵向进给，主要用来车削外圆柱面及对内孔的加工，如作钻、扩、铰、镗等加工。

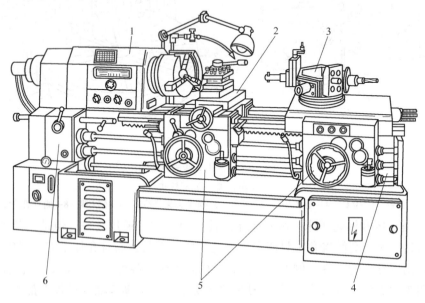

图 3-13　转塔车床外形图

1—主轴箱　2—前刀架　3—转塔刀架　4—床身　5—溜板箱　6—进给箱

转塔车床加工的实例，如图3-14所示，被加工毛坯为圆棒料。其加工过程如下：

挡料（将圆棒料送出至顶在送料挡块上）→钻中心孔→车外圆、倒角及钻孔→扩、钻孔→铰孔→套外螺纹→成形车削（用前刀架成形车刀）→滚花（用前刀架滚花滚子）→切断（用前刀架的切断刀）。

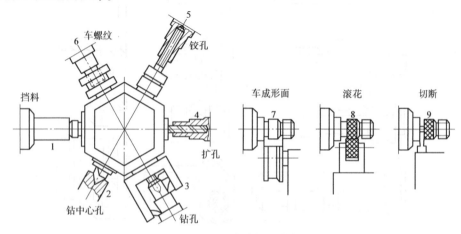

图 3-14　转塔车床加工实例

回轮车床主轴带动工件回转完成主运动，同转塔车床相比没有前刀架，只有一个轴线与主轴中心线平行的回轮刀架，如图3-15a所示，回轮刀架沿端面圆周分布有 12 或 16 个安装刀具用的孔，每个刀具孔转到最上面位置时与主轴中心线同轴，如图3-15b所示。回轮刀架可沿床身上的导轨作纵向手动或机动进给，可由一个孔中的一把或一组刀具进行切削，也可由几个刀具孔中的刀具同时进行切削。回轮刀架也可绕自身轴线缓慢回转，进行切槽，车成形面或切断等加工。

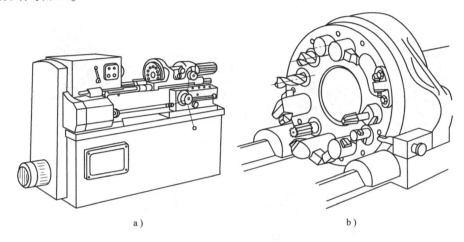

a）　　　　　　　　　　　　　　　　　b）

图 3-15　回轮车床
a）回轮车床外形　b）回轮刀架

3.2.2　铣床

铣床是用铣刀进行铣削加工的机床。通常铣削的主运动是铣刀的旋转，与刨削相比，主运动部件没有动态不平衡力的作用，这有利于采用高速切削，而且是多刃连续切削，故其生产率比刨床高。铣床适应的工艺范围较广，可加工各种平面、台阶、沟槽、螺旋面等，如装上分度头还可进行分度加工。在铣床上进行的各种加工情况，如图3-16所示。

铣床的主要类型有卧式升降台铣床、立式升降台铣床、床身式铣床、龙门铣床、工具铣床和各种专门化铣床。

1. 升降台铣床

升降台式铣床按主轴在铣床上布置方式的不同，分为卧式和立式两种类型。

卧式升降台铣床又称卧铣，是一种主轴水平布置的升降台铣床，如图3-17所示。工件安装在工作台 5 上，工作台安装在床鞍 6 的水平导轨上，工件可沿垂直于主轴 3 的轴线方向纵向移动。床鞍 6 装在升降台 7 的水平导轨上，可沿主轴的轴线方向横向移动。升降台 7 安装在床身 1 的垂直导轨上，可上下垂直移动。这样，工件便可在三个方向上进行位置调整或作进给运动。床身 1 固定在底座 8 上，床身内部装有主传动机构，顶部导轨上装有悬臂 2，悬臂上装有铣刀心轴 3 的挂架 4，铣刀安装在心轴上。在卧式升降台铣床上还可安装由主轴驱动的立铣头附件。

立式升降台铣床的外形，如图3-18所示。它与卧式升降台铣床的区别是，主轴为垂直布置，立铣头可以在垂直面内倾斜调整成某一角度，并且主轴套筒可沿轴向调整其伸出的长度。

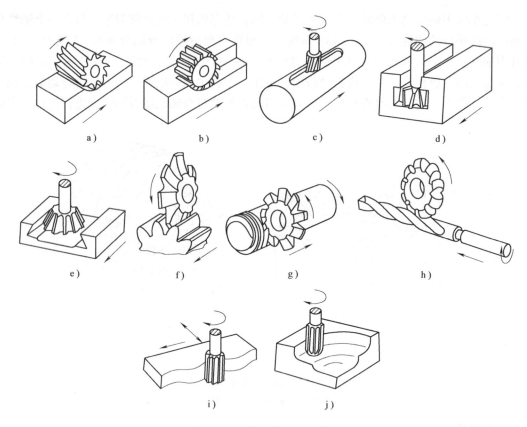

图 3-16　铣床的典型加工范围

a）铣平面　b）铣台阶　c）、d）、e）铣沟槽　f）铣齿轮　g）、h）铣螺旋面　i）、j）铣曲面

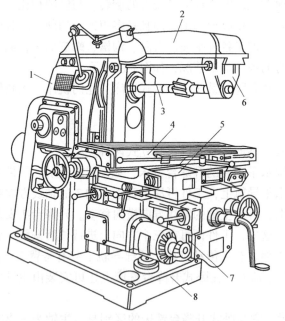

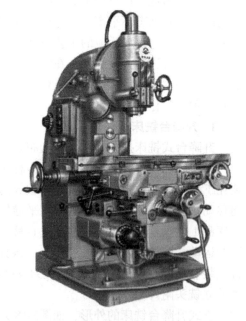

图 3-17　卧式升降台铣床

1—床身　2—悬臂　3—铣刀心轴　4—工作台　5—床鞍

6—挂架　7—升降台　8—底座

图 3-18　立式升降台铣床

2. 万能升降台铣床

万能升降台铣床与卧式升降台铣床的区别在于它在工作台与床鞍之间增装了一个转盘，转盘相对于床鞍可在水平面内扳转一定的角度（±45°范围），以便加工螺旋槽等表面，如图3-19所示。

3. 床身式铣床

床身式铣床的工作台不作升降运动，也就是说它是一种工作台不升降的铣床。机床的垂直运动由安装在立柱上的主轴箱来实现，这样可以提高机床的刚度，便于采用较大的切削用量。此类机床常用于加工中等尺寸的零件。床身式铣床的工作台有圆形和矩形两类。双立轴圆形工作台铣床，主要用于粗铣和半精铣顶平面，如图 3-20 所示。工件安装在工作台的夹具内，圆形工作台作回转进给运动。工作台上可同时装几套夹具，装卸工件时无需停止工作台转动，因而可实现连续加工。同时，主轴箱的两个主轴上可分别安装粗铣和半精铣的端铣刀，工件从铣刀下经过，即可完成粗铣和半精铣加工。这种机床的生产率较高，但需专用夹具装夹工件。它适用于成批或大量生产中铣削中、小型工件的顶平面。

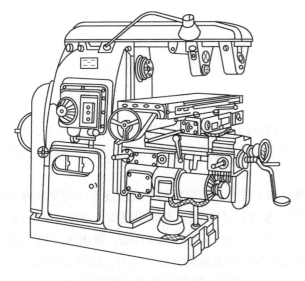

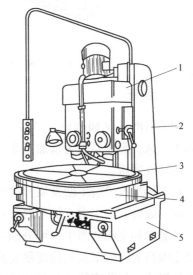

图 3-19　万能升降台铣床

图 3-20　双立轴圆形工作台铣床
1—主轴箱　2—立柱　3—圆形工作台
4—滑座　5—底座

4. 龙门铣床

龙门铣床主要用来加工大型工件上的平面和沟槽，是一种大型高效通用铣床。机床主体结构呈龙门式框架，如图3-21所示。横梁5可以在立柱4上升降，以适应加工不同高度的工件。横梁上装有两个铣削主轴箱（立铣头）3和6，两个立柱上分别装两个卧铣头2和8。每个铣头是一个独立部件，内装主运动变速机构、主轴及操纵机构。工件装在工作台上，工作台可在床身1上作水平的纵向运动，立铣头可在横梁上作水平的横向运动，卧铣头可在立柱上升降。这些运动都可以是进给运动，也可以是调整铣头与工件间相对位置的快速调位运动。铣刀的旋转为主运动。龙门铣床刚度高，可多刀同时加工多个工件或多个表面，生产率高，适用于成批大量生产。

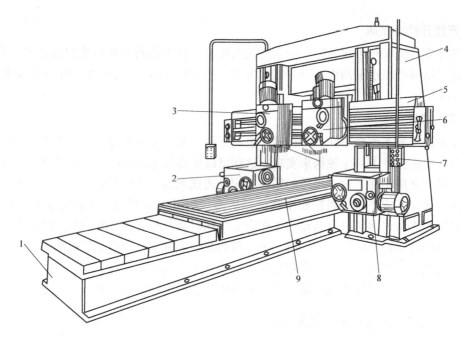

图 3-21 龙门铣床

1—床身 2、8—卧铣头 3、6—立铣头 4—立柱 5—横梁 7—控制器 9—工作台

3.2.3 磨床

用磨料磨具（如砂轮、砂带、油石、研磨料）作为工具对工件进行切削加工的机床，统称为磨床。磨床是因为精加工和硬表面加工的需要而发展起来的，目前也有少数应用于粗加工的高效磨床。

随着科学技术的不断发展，对机器及仪器零件在几何精度和强度硬度方面的要求愈来愈高。在一般磨削加工中，加工的尺寸精度可达 IT7 ~ IT5 级，表面粗糙度为 $R_a0.8 ~ 0.1\mu m$；在超精磨削和镜面磨削中，可分别达到 $R_a0.08 ~ 0.04\mu m$ 和 $R_a0.01\mu m$。磨削加工还能够磨削硬度很高的淬硬钢及其他高硬度的特殊金属材料和非金属材料。同时，随着毛坯制造工艺水平的提高，如精密铸造与精密锻造工艺的大量使用，使得毛坯可直接进行磨削加工成成品；此外，随着高速磨削和强力磨削工艺的发展，进一步提高了磨削效率。因此，磨床的使用范围日益扩大，它在金属切削机床中所占的比重不断上升。但随着数控技术的日新月异，很多数控机床的加工精度也能达到普通磨床的精度。

为了适应磨削各种加工表面、工件形状及生产批量的要求，磨床的种类很多，其中主要类型有外圆磨床、内圆磨床、平面磨床、工具磨床、刀具刃磨磨床、各种专门化磨床（如曲轴磨床、凸轮轴磨床、轧辊磨床、叶片磨床、齿轮磨床、螺纹磨床等）及其他磨床（如珩磨机、抛光机、超精加工机床、砂带磨床、研磨机、砂轮机等）。

1. 外圆磨床

外圆磨床包括普通外圆磨床、万能外圆磨床、无心外圆磨床等。

M1432A 型万能外圆磨床主要用于磨削圆柱形或圆锥形的外圆和内孔，也能磨削阶梯轴的轴肩和端平面，如图3-22所示。工件最大磨削直径为 320mm。这种磨床属于普通精度级，精度可达圆度 5μm，表面粗糙度为 R_a0.16 ~ 0.32μm，通用性较好，但自动化程度不高，磨削效率较低，适用于工具车间、机修车间和单件、小批生产的车间。

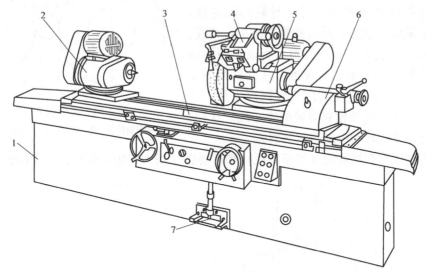

图 3-22　M1432A 型万能外圆磨床的外形图

1—床身　2—头架　3—工作台　4—内圆磨头　5—砂轮架　6—尾座　7—脚踏操纵板

万能外圆磨床磨削外圆面、磨削长圆锥面、切入式磨削短圆锥面和磨削内锥孔四种的情况示意图，如图 3-23 所示。

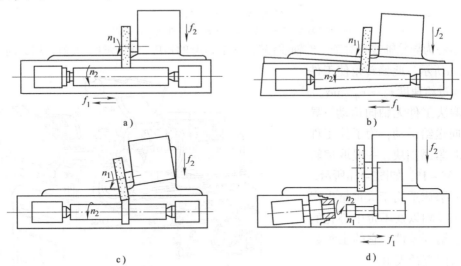

图 3-23　万能外圆磨床加工示意图

a) 以顶尖支承工件，磨削外圆柱面　b) 工作台调整角度磨削长锥面

c) 砂轮架偏转，切入法磨削短圆锥面　d) 头架偏转磨削锥孔

2. 无心磨床

无心磨床通常指无心外圆磨床。无心磨削示意图，如图 3-24 所示。

无心磨削的特点是：工件 2 不用顶尖支承或卡盘夹持，置于磨削砂轮 1 和导轮 3 之间并用托板 4 支承定位，工件中心略高于两轮中心的连线，并在导轮摩擦力作用下带动旋转。导轮为刚玉砂轮，它以树脂或橡胶为结合剂，与工件间有较大的摩擦系数，线速度在 10～50m/min 左右，工件的线速度基本上等于导轮的线速度。磨削砂轮 1 采用一般的外圆磨砂轮，通常不变速，线速度很高，一般为 35m/s 左右，所以在磨削砂轮与工件之间有很大的相对速度，这就是磨削工件的切削速度。为了避免磨削出棱圆形工件，工件中心必须高于磨削砂轮和导轮的连心线。这样，就可使工件在多次转动中逐步被磨圆。

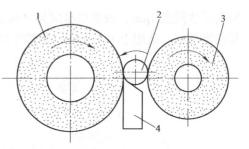

图 3-24　无心磨削示意图
1—磨削砂轮　2—工件　3—导轮　4—托板

无心磨削通常有纵磨法（贯穿磨法）和横磨法（切入磨法）两种，如图3-25所示。

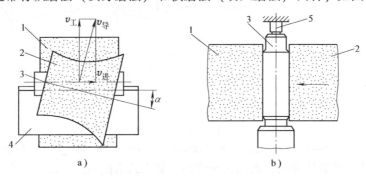

a)　　　　　　　　b)

图 3-25　无心磨削的两种方法
a）纵磨法　b）横磨法
1—磨削砂轮　2—导轮　3—工件　4—托板　5—挡块

纵磨法为导轮轴线相对于工件轴线偏转 $\alpha = 1° \sim 4°$ 的角度，粗磨时取大值，精磨时取小值，如图3-25a所示。此偏转角使工件获得轴向进给速度 $v_近 = v_导 \sin\alpha$。

横磨法工件无轴向运动，导轮作横向送给运动，为了使工件在磨削时紧靠挡块，一般取偏转角 $\alpha = 0.5° \sim 1°$，如图3-25b所示。

无心磨床适用于大批量生产中磨削细长轴以及不带中心孔的轴、套、销等零件，它的主参数以最大磨削直径表示。

3. 内圆磨床

内圆磨床有普通内圆磨床、无心内圆磨床和行星内圆磨床等，用于磨削圆柱孔和圆锥孔。按自动化程度分为普通、半自动和全自动内圆磨床三类。普通内圆磨床比较常用，如图3-26所示。

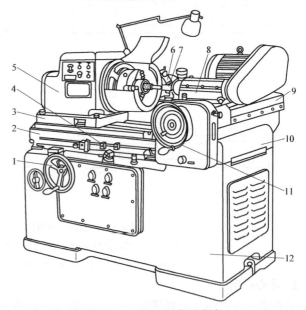

图 3-26　M2110 型内圆磨床
1、11—手轮　2—工作台　3—底板　4—撞块　5—头架　6—砂轮修正器
7—内圆磨具　8—磨具座　9—横拖板　10—桥板　12—床身

普通内圆磨床的主参数以最大磨削孔径的 1/10 表示。

内圆磨削一般采用纵磨法，头架安装在工作台上，可随同工作台沿床身导轨作纵向往复运动，还可在水平面内调整角度位置以磨削圆锥孔。工件装夹在头架上由主轴带动作圆周进给运动。内圆磨砂轮由砂轮架主轴带动作旋转运动，砂轮架可由手动或液压传动沿床鞍作横向进给，工作台每往复一次，砂轮架作横向进给一次。

砂轮装在加长杆上，加长杆锥柄与主轴前端锥孔相配合，可根据磨孔的不同直径和长度进行更换，砂轮的线速度通常在 15～25m/s 左右，这种磨床适用于单件小批生产。

4. 平面磨床

平面磨床用于磨削各种零件的平面。根据砂轮的工作面不同，平面磨床可分为用砂轮轮缘（即圆周）进行磨削和用砂轮端面进行磨削两类。用砂轮轮缘磨削的平面磨床，砂轮主轴常处于水平位置（卧式）；而用砂轮端面磨削的平面磨床，砂轮主轴常为立式的，如图3-27所示。根据工作台的形状不同，平面磨床又可分为矩形工作台和圆形工作台两类。所以，根据砂轮工作面和工作台形状的不同，平面磨床主要有下列四种类型。卧轴矩台平面磨床、卧轴圆台平面磨床、立轴矩台平面磨床和立轴圆台平面磨床，如图3-27所示。其中卧轴矩台平面磨床和立轴圆台平面磨床最为常见。

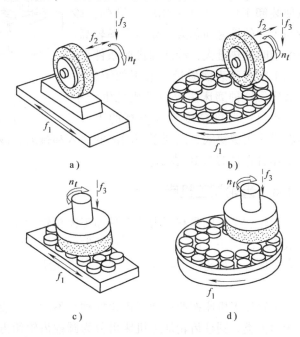

图 3-27　平面磨床加工示意图

a）卧轴矩台　b）卧轴圆台　c）立轴矩台　d）立轴圆台

（1）卧轴矩台平面磨床　这种磨床主要采用周磨法磨削平面，磨削时工件放在工作台上，由电磁吸盘吸住，如图3-28所示。机床作如下运动：砂轮的旋转运动，一般为 20～35m/s；工件的纵向往复运动；砂轮的间歇横向进给（手动或液压传动）；砂轮的间歇垂直进给（手动）。这种磨床的工艺范围较宽，除了用周磨法磨削水平面外，还可用砂轮端面磨削沟槽及台阶等垂直侧平面。这种磨削方法砂轮与工件的接触面积小，发热量少，冷却和排屑条件好，故可获得较高的加工精度和较好的表面质量，但磨削效率较低。这种磨床的主参数以工作台面

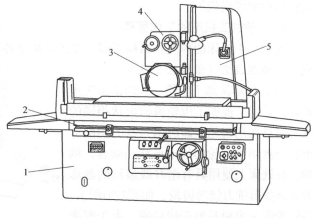

图 3-28　卧轴矩台平面磨床

1—床身　2—工作台　3—砂轮架　4—滑座　5—立柱

宽度的 1/10 表示。

（2）立轴圆台平面磨床　这种磨床采用端磨法磨削平面，磨削时工件装在电磁工作台上，如图3-29所示。机床作如下运动：砂轮的旋转运动；工作台的圆周进给运动；砂轮的间歇垂直进给，圆工作台还可沿床身导轨作纵向移动，以便装卸工件。由于采用端面磨削，砂轮与工件的接触面积大，故生产率较高。但磨削时发热量大，冷却和排屑条件差，故加工精度和表面质量一般不如矩台平面磨床。这种磨床主要用于成批生产中进行粗磨或磨削精度要求不高的工件。

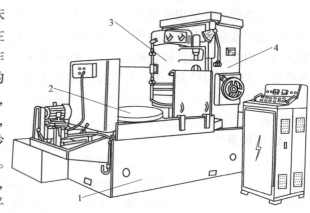

图 3-29　立轴圆台平面磨床
1—床身　2—工作台　3—砂轮架　4—立柱

砂轮常采用镶块式，以利于切削液的注入和排屑，砂轮的镶块又称砂瓦。这种磨床的主参数以工作台直径的 1/10 表示。

3.2.4　齿轮加工机床

齿轮加工机床是利用齿轮刀具加工齿轮轮齿或齿条齿面的机床。齿轮传动在各种机械及仪表中广泛应用，由于现代化工业的发展对齿轮传动在圆周速度和传动精度方面的要求越来越高，促进了齿轮加工机床的发展，使齿轮加工机床成为机械制造业中一种重要的加工设备。

齿轮加工机床按照被加工齿轮的种类不同，一般可分为圆柱齿轮加工机床和锥齿轮加工机床两大类。圆柱齿轮加工机床可分为圆柱齿轮切齿机床和圆柱齿轮精加工机床两类。切齿机床中，主要有插齿机、滚齿机、花键铣床等。精加工机床中，主要有剃齿机、珩齿机、磨齿机等。锥齿轮加工机床可分为直齿锥齿轮加工机床和曲线齿锥齿轮加工机床两类。直齿锥齿轮加工机床主要有刨齿机、铣齿机等。曲线齿锥齿轮加工机床主要包括用于加工各种曲线齿锥齿轮的铣齿机等。

1. 齿轮加工机床的工作原理

齿轮加工机床的种类和结构繁多，加工方法也各不相同，但就其加工原理来说，可分为成形法和展成法（范成法）两类。

（1）成形法加工齿轮　成形法加工齿轮时，采用与被加工齿轮齿槽形状相同的成形刀具切削齿轮，即所用刀具的切削刃形状与被切削齿轮的齿槽形状相吻合。例如，在铣床上使用具有渐开线齿形的盘形铣刀或指形铣刀铣削齿轮，如图3-30所示。齿轮轮齿的表面是渐开线柱面。由于形成母线（渐开线）的方法采用成形法，机床不需要表面成形运动。形成导线（直线）

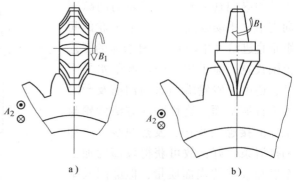

图 3-30　成形法加工齿轮

的方法是相切法。因此机床需要两个成形运动。一个是铣刀的旋转 B_1，一个铣刀沿齿坯的轴向移动 A_2。两个都是简单运动。铣完一个齿轮后，铣刀返回原位，齿坯作分度运动——转过 $360°/z$（z 是被加工齿轮的齿数），然后再铣下一个齿槽，直至全部齿被铣削完毕。

采用成形法加工时，通常采用单齿廓成形刀具加工齿轮。其优点是机床较简单，可以利用通用机床加工。缺点是对于同一模数的齿轮，只要齿数不同，齿廓形状就不相同，需采用不同的成形刀具。在实际生产中，为了减少成形刀具的数量，每一种模数通常只配有八把刀具，各自适应一定的齿数范围，因而加工出来的齿形是近似的，存在不同程度的齿形误差，加工精度较低。而且，每加工完一个齿槽后，工件需周期性地分度一次，生产率低。因此，用单齿廓成形刀具加工齿轮的方法，通常多用于修配行业或单件小批生产且加工精度要求不高的齿轮。

用多齿廓成形刀具加工齿轮时，在一个工作循环中即可加工出全部齿槽。例如，用齿轮拉刀或齿轮推刀加工内齿轮和外齿轮。采用这种成形刀具可得到较高的加工精度和生产率，但要求刀具有较高的制造精度且刀具结构复杂。此外，每套刀具只能加工一种模数和齿数的齿轮，所以机床也必须是特殊结构的，因而加工成本较高，仅适用于大批量生产。

（2）展成法加工齿轮　展成法加工齿轮应用齿轮啮合的原理。在切齿过程中，模拟齿轮副的啮合过程，把其中的一个齿轮制作为刀具，强制刀具和工件作严格的啮合运动，由刀具切削刃的位置连续变化展成出齿廓。

由一对轴线交错的斜齿轮啮合传动原理演变而来，如图3-31所示。用齿轮滚刀加工齿轮的过程，相当于一对斜齿轮啮合滚动的过程，如图3-31a所示，将其中一个齿轮的齿数减少到几个或一个，使其螺旋角增大（即螺旋升角很小），此时齿轮已演变成蜗杆，如图3-31b所示，沿蜗杆轴线方向开槽并铲背后，就成为齿轮滚刀，如图3-31c所示。因此，齿轮滚刀的实质就是一个螺旋角很大，导程角很小，齿数很少（常用齿数为1，即单头滚刀），刀齿很长，绕了好多圈的斜齿圆柱齿轮。在它的圆柱面上等分地开有一定数量的容屑槽，经过铲背、淬火以及对各个刀齿的前、后面进行刃磨，形成一把切削刃分布在蜗杆螺旋表面上的齿轮滚刀。当齿轮滚刀在按所给定的切削速度回转运动，并与被切齿轮作一定速比的啮合运动过程中，在齿坯上就滚切出齿轮的渐开线齿形。

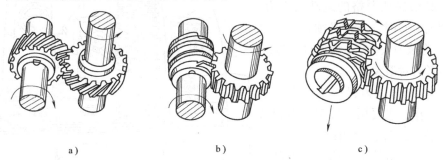

　　　a）　　　　　　　　　　b）　　　　　　　　　　c）

图 3-31　展成法滚齿原理
a）斜齿轮啮合滚动　b）齿轮演变成蜗杆　c）蜗杆加工成为齿轮滚刀

用展成法加工齿轮的优点是，所用刀具切削刃的形状相当于齿条或齿轮的齿廓，只要刀具与被加工齿轮的模数和压力角相同，一把刀具可以加工同一模数不同齿数的齿轮。而且，生产率和加工精度都比较高。在齿轮加工中，展成法应用最广泛，如滚齿机、插齿机、剃齿机等都采用这种加工方法。

2. 滚齿机

（1）滚切原理　在滚切过程中，在滚刀按给定的切削速度作旋转运动时，齿坯则按齿条和齿轮啮合关系转动（即当滚刀转一圈，相当于齿条的一个或几个齿距），在齿坯上切出齿槽，形成渐开线齿面，如图3-32a所示。分布在螺旋线上的滚刀各切削刃相继切去齿槽中一薄层金属，每个齿槽在滚刀旋转过程中，由若干个刀齿依次切出，渐开线齿廓则在滚刀与齿坯的对滚过程中，由切削刃一系列瞬时位置包络而成，如图3-32b所示。因此，滚齿时齿廓的成形方法是展成法。成形运动是滚刀的旋转运动 B_1 和工件的旋转运动 B_2 组合而成的复合运动，这个运动称为展成运动。当滚刀与工件连续不断地旋转时，便在工件整个圆周上依次切出所有齿槽，形成齿轮的渐开线齿廓。也就是说，滚齿时齿廓的成形过程与齿坯的分度过程是结合在一起的。

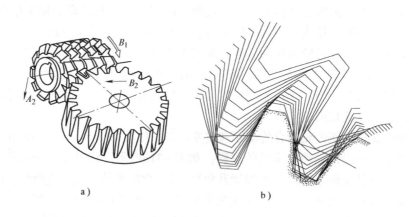

图3-32　滚齿原理

a）滚刀和工件的运动情况　b）滚刀切削刃各包络线瞬时位置

由上述可知，为了得到所需的渐开线齿廓和齿轮齿数，滚切齿形时滚刀和工件之间必须保证严格的运动关系为：当滚刀转过 1 转时，工件必须相应转过 k/z 转（k 为滚刀头数，z 为工件齿数），以保证两者的对滚关系。

（2）Y3150E 滚齿机　该滚齿机采用展成法工作，主要用于加工直齿和斜齿圆柱齿轮。此外，使用蜗轮滚刀时，还可用手动径向进给滚切蜗轮，也可用于加工花键轴及链轮。

该机床布局，如图 3-33 所示。左立柱 2 固定在床身 1 上，刀架滑板 3 可沿立柱 2 的导轨作垂直方向的直线移动，其上的刀架 5 可绕水平轴线转位，用于调

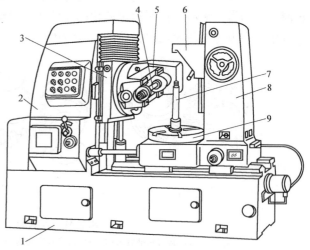

图 3-33　Y3150E 型滚齿机外形图

1—床身　2—左立柱　3—刀架滑板　4—滚刀主轴
5—刀架　6—外支架　7—心轴　8—后立柱　9—工作台

整滚刀和工件间的相对位置。滚刀主轴 4 安装在刀架 5 上，滚刀装在滚刀主轴 4 上作旋转运动。工件安装在工作台的心轴 7 上并随工作台一起旋转。后立柱 8 和工作台 9 连成一体，可沿床身的导轨作水平移动，用于调整工件与滚刀间的径向位置以适应不同直径的工件或加工蜗轮时作径向进给运动。外支架 6 可用轴套或顶尖支承工件心轴 7，以增加心轴的刚性。刀架垂直进给行程可用挡块来调整。

机床主要技术参数为最大工件直径：500mm；最大加工宽度：250mm；最大加工模数：8mm；最少加工齿数：$5 \times k$（滚刀线数）；滚刀主轴级数及转速（r/min）分 9 级：40、50、63、80、125、160、200 和 250；刀架轴向级数及进给量（mm/r）：12 级：0.4、0.56、0.63、0.87、1、1.16、1.41、1.6、1.8、2.5、2.9 和 4；机床外形尺寸（长 × 宽 × 高）：2439mm × 1272mm × 1770mm；机床质量：约 3450kg。

3. 插齿机

常用的圆柱齿轮加工机床除滚齿机外，还有插齿机。插齿机是用插齿刀采用展成法插削内、外圆柱齿轮齿面的齿轮加工机床。这种机床特别适宜加工在滚齿机上不能加工的内齿轮和多联齿轮。装上附件，插齿机还能加工齿条，但插齿机不能加工蜗轮。

（1）插齿原理　按展成法原理来加工齿轮，插齿原理类似一对圆柱齿轮相啮合，插齿刀实质上是一个端面磨有前角，齿顶及齿侧均磨有后角的齿轮，如图3-34a所示。插齿时，插齿刀沿工件轴向作直线往复运动以完成切削主运动，在刀具和工件轮坯作"无间隙啮合运动"过程中，在轮坯上渐渐切出齿廓。加工过程中，刀具每往复一次，仅切出工件齿槽的一小部分，齿廓曲线是在插齿刀切削刃多次相继切削中，由切削刃各瞬时位置的包络线所形成，如图3-34b所示。

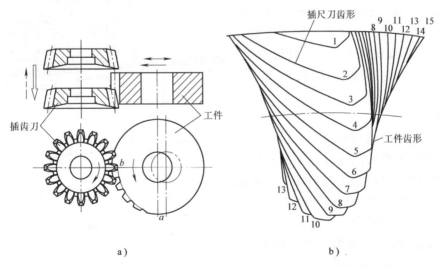

图 3-34　插削直齿的原理及加工时所需的成形运动
a）插齿　b）包络线

加工直齿圆柱齿轮时，插齿机具有的运动：

1）主运动。插齿刀沿其轴线所作的直线往复运动。通常，向上为空行程。

2）展成运动。插齿刀和工件必须保持一对齿轮的啮合运动关系，即插齿刀转过一个齿时，工件转过一个齿。

3）圆周进给运动。插齿刀绕自身轴线的旋转运动，其旋转运动的快慢决定了工件转动的快慢，直接影响插齿刀的切削负荷、被加工齿轮的表面质量、机床生产率和插齿刀的使用寿命。圆周进给量指插齿刀每往复行程一次，刀具在分度圆周上所转过的弧长来表示。

4）径向切入运动。工件向插齿刀作径向逐渐切入，直至刀具切入工件至全齿深的径向运动过程。

5）让刀运动。插齿刀向上运动（空行程）时，为了避免擦伤工件齿面和减少刀具磨损，刀具和工件间让开一定距离（0.5mm），而在插齿刀向下运动时，又迅速恢复原位，进行切削。实现让刀运动有工作台移动或刀具主轴摆动两种形式，普遍采用刀具主轴摆动实现让刀运动。

（2）Y5132 型插齿机　Y5132 型插齿机主要用来粗、精加工外啮合或内啮合的直齿圆柱齿轮、双联或多联齿轮。也可利用特殊附件，插削斜齿圆柱齿轮。

插齿机的外形，如图3-35所示。插齿刀装在刀架的刀具主轴上，由主轴带动上下往复的插削运动和旋转运动（圆周进给运动）；工件装在工作台上，由工作台带动作旋转运动，并随同工作台作直线移动，实现径向切入运动；调整在它上面的挡块位置，可使整个加工过程自动进行。

机床主要技术参数为外啮合齿轮最大加工分度圆直径：320mm；最大加工齿轮宽度：80mm；刀具主轴每分钟冲程数分为六组每组包括高、低两个速度；圆周进给量分为 14 级，每级包括大、小两种进给量；电动机总功率：5.85kW；机床重量：3600kg。

4. 磨齿机

圆柱齿轮磨齿机简称磨齿机，是用磨削方法对圆柱齿轮齿面进行精加工的精密机床，主要用于淬硬齿轮的精加工。齿轮加工时，一般先由滚齿机或插齿机切出轮齿后再磨齿，有的磨齿机也可直接在齿坯上磨出轮齿，但生产率低，设备成本高，因此只限于模数较小的齿轮。

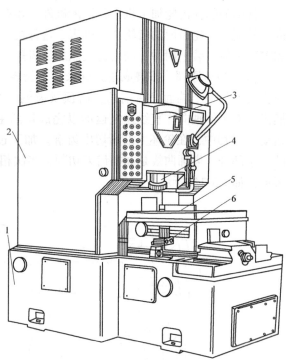

图 3-35　Y5132 型插齿机外形图
1—床身　2—立柱　3—刀架
4—插齿刀　5—工作台　6—挡块支架

磨齿机的工作原理：按齿廓的形成方法，磨齿有成形法和展成法两种，但大多数磨齿机均以展成法来加工齿轮。

5. 锥齿轮加工机床

锥齿轮常用于相交轴线的传动，其中尤以直齿锥齿轮在传递垂直轴运动时应用最广。锥齿轮可以有多种分类，如按齿面节线分类，可分为直齿锥齿轮（直齿伞齿轮）和弧齿锥齿轮。

（1）锥齿轮的切齿原理　加工锥齿轮的主要方法有两种，即成形法和展成法。成形法通常是利用单片铣刀或指形铣刀在卧式铣床上加工。由于锥齿轮沿齿线（齿面节线）方向的基圆直径是变化的，也就是说沿齿线方向不同位置的法向齿形是不一样的，即轮齿从大端向小端是逐渐收缩的。但是成形刀具的形状是固定不变的，所以很难达到所要求的齿形精度。因而成形法仅用于粗加工或精度要求不高的场合。

锥齿轮的齿形，理论上应是球面渐开线，为了便于制造，实际上采用近似的背锥上的当量圆柱齿轮轮齿的渐开线齿形来代替球面渐开线齿形。

用展成法形成各种锥齿轮渐开线齿廓的基本原理都是相同的，即都是由一对锥齿轮的啮合传动原理演变而来。将一对锥齿轮啮合传动中的一个锥齿轮转化为刀具，另一个转化为工件，并强制它们按照一对锥齿轮啮合时的运动关系作相对运动，便能展成出锥齿轮的渐开线齿廓。

（2）锥齿轮加工机床工作原理简介

1）直齿锥齿轮刨齿机。这类机床是采用平面齿轮与锥齿轮啮合原理来加工工件的。切削时，用两把刨齿刀代替平面齿轮一个齿槽的两个侧面，沿平面齿轮径向（即工件齿长方向）作交替的直线往复运动，形成只有一个齿槽的平面齿形齿轮。同时由机床的传动与结构保证，使平面齿轮和被切锥齿轮作相应的展成运动，这样就可在齿坯上切出一个齿的两侧渐开线齿廓。

这类机床能自动完成一个工件全部轮齿的加工。当机床在一个工作循环中加工完一个轮齿后，工件退离摇台部件，且由机床完成自动分度，以对下一个轮齿进行加工。工件主轴经多次分度，转过一整转后，即完成了对工件全部轮齿的加工。此时工件主轴上的撞块压下行程开关，机床自动停车。

2）直齿锥齿轮铣齿机。在直齿锥齿轮的成批、大量生产中，一般采用直齿锥齿轮铣齿机代替上述的刨齿机。因为刨齿机在切削过程中，刨刀往复运动的惯性及空行程损失，使机床振动加剧，生产率降低，直接影响产品的产量和质量。而采用大直径的圆盘铣刀来代替往复运动的刨齿刀加工，生产效率可提高 3～5 倍，且无空行程损失。

铣齿机的工作原理基本上与刨齿机相同。用两把高速旋转的大直径圆盘铣刀来代替两把往复运动的刨齿刀，形成假想平面齿轮的两个齿侧。在加工过程中，圆盘铣刀的旋转运动是对工件进行切削的主运动。由于圆盘铣刀的直径较大，所以刀具在沿工件齿槽方向无需作进给运动，从而简化了机床的结构与传动。但因此使得铣削后的工件齿槽底部为一个与刀具半径相似的圆弧，但不影响工件（锥齿轮）的使用。工件在绕其自身轴线作自转运动的同时，还沿固定不动的假想平面齿轮作纯滚动，以实现展成运动。当一个齿槽加工完毕后，工件也需快速退离摇台（铣刀）进行分度，以对下一轮齿进行加工。

3）弧齿锥齿轮铣齿机。弧齿锥齿轮铣齿机的工作原理和直齿锥铣齿机很相似。它们都是利用刀具运动时形成的假想平面齿轮，与工件作纯滚动，展成切削出工件轮齿的渐开线齿廓。所不同的是加工圆弧锥齿轮时，所用刀具是刀齿呈交错排列安装成内外两圈切削刃的铣刀盘对工件进行加工的。因为假想平面齿轮实际上只存在一个轮齿，这个轮齿则由铣刀盘的旋转而形成，且切削刃的运动轨迹为圆弧状，以满足被加工齿轮齿长方向的圆弧线（母线）。渐开线齿廓（导线）由摇台与工件的展成运动（对滚）而获得。

与直齿锥齿轮刨齿机（铣齿机）相同，当一个齿槽加工完毕后，机床仍需将工件快速退离摇台（刀具）并进行分度，以逐个加工出工件的全部齿槽。

3.2.5 刨床、插床和拉床

1. 刨床与插床

刨床类机床主要包括刨床和插床，属于直线运动机床。刨床作水平方向的主运动，而插床则作垂直方向的主运动，机床的主运动和进给运动均为直线运动。由于机床的主运动是直线往复运动，运动部件换向时需克服惯性力，形成冲击载荷，使得主运动速度难以提高，切削速度较低。但由于机床和刀具较为简单，应用较灵活，因此，刨床在单件、小批量生产中常用于加工各种平面（水平面、斜面、垂直面）、沟槽（T形槽，燕尾槽等）以及纵向成形表面等。

（1）牛头刨床　牛头刨床的外形图，如图3-36所示。底座6上装有床身5，滑枕4带着刀架3作往复主运动。工件装在工作台1上，工作台1在滑座2上作横向进给运动，进给是间歇运动。滑座2可在床身上升降，以适应加工不同高度的工件。牛头刨床多用于加工与安装基面平行的面，较小的工件。

（2）龙门刨床　龙门刨床主要用于中、小批生产及修理车间，加工大平面，尤其是长而窄的平面，如导轨面和沟槽。也可在工作台上同时安装几个工件进行加工。其机床结构呈龙门式布局，以保证机床有较高的刚度。同时为避免加工面较大时，如牛头刨床那样滑枕悬伸过长，而采用工作台做往复运动的形式。龙门刨床的外形，如图3-37所示，工件安装在工作台2上，工作台沿床身1的导轨作纵向往复运动。装在横梁3上的两个立刀架4可沿横梁导轨作横向运动，立柱6上的两个侧刀架9可沿立柱作升降运动。这两个运动都可以是间歇进给运动，也可以是快速调位运动。两立刀架的上滑板还可扳转一定的角度，以便作斜向进给运动来加工斜面。横梁3可沿立柱6的垂直导轨作调整运动，以适应加工不同高度的工件。

大型龙门刨床往往还附有铣头和磨头等部件，以便使工件在一次安装中完成刨铣及磨平面等工作。这种机床又称为龙门刨铣床或龙门刨铣磨床。

（3）插床　插床的外形，如图

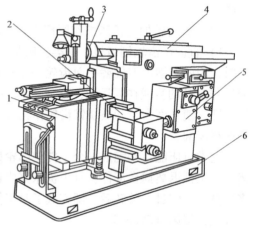

图3-36　牛头刨床

1—工作台　2—滑座　3—刀架
4—滑枕　5—床身　6—底座

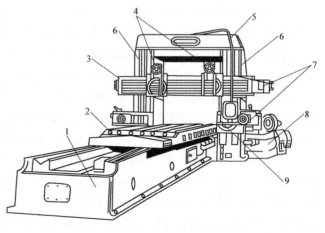

图3-37　龙门刨床

1—床身　2—工作台　3—横梁　4—立刀架
5—上横梁　6—立柱　7—进给箱　8—变速箱　9—侧刀架

3-38所示。插床多用于单件或小批量生产中加工内孔键槽或花键孔，也可以加工平面、方孔或多边形孔等，在批量生产中常被铣床或拉床代替。加工不通孔或有障碍台肩的内孔键槽时，只能采用插床来完成，其结构基本上为立式。滑枕 5 带动刀具作上下往复运动，工件安装在圆工作台 4 上，可作纵横两个方向的移动。因工作台还可作分度运动，所以，可插削按一定角度分布的键槽等。

　　由于牛头刨床和插床生产率较低，目前在很大程度上已分别被铣床和拉床所代替。

2. 拉床

　　拉床是用拉刀进行加工的机床。采用不同结构形状的拉刀，可加工各种形状的通孔、通槽、平面及成形表面。如图3-39所示，拉削加工的几种典型表面形状。

　　拉削时，拉刀使被加工表面一次拉削成形，所以拉床只有主运动，没有进给运动，进给量是由拉刀的齿升量来实现的。拉床的主运动为直线运动。由于拉刀在拉削时承受的切削

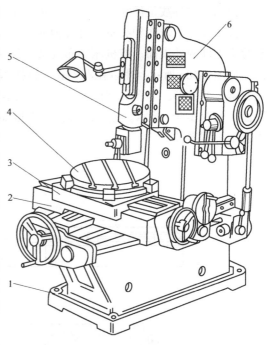

图 3-38　插床
1—底座　2—托板　3—滑台
4—工作台　5—滑枕　6—立柱

力较大，拉床的主运动多采用液压驱动。由于拉削时切削速度很低、拉削过程平稳，切削厚度小，因此可加工出精度为 IT7、表面粗糙度 $R_a < 0.63 \mu m$ 的工件。

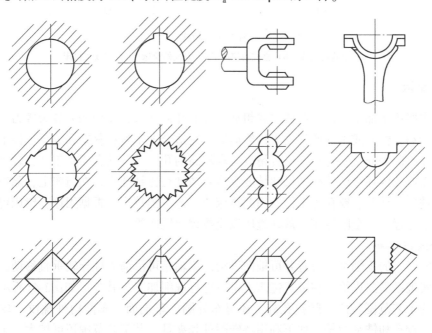

图 3-39　典型拉削加工的表面形状

拉床的主参数是额定拉力，如 L6120 型卧式内拉床的额定拉力为 200kN。

拉床按加工表面种类不同可分为内拉床和外拉床。前者用于拉削工件的内表面，后者用于拉削工件的外表面。按机床的布局又可分为卧式和立式两类。卧式内拉床是拉床中最常用的，如图 3-40a 所示，用以拉花键孔、键槽和精加工孔。立式内拉床常用于齿轮淬火后，校正花键孔的变形，如图 3-40b 所示。立式外拉床用于汽车、拖拉机行业加工气缸体等零件的平面，如图 3-40c 所示。连续式外拉床外形如图 3-40d 所示，生产率高，适用于大批量生产中加工小型零件。

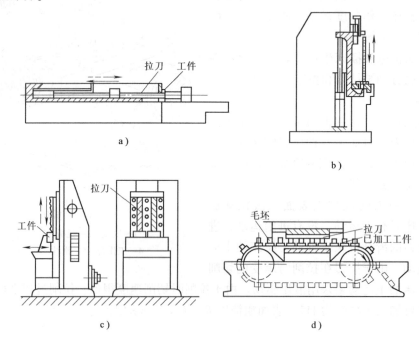

图 3-40　拉床
a）卧式内拉床　b）立式内拉床　c）立式外拉床　d）连续式拉床

3.2.6　镗床

镗床主要用于加工工件上已铸出或粗加工过的孔或孔系，使用的刀具为镗刀。通常镗刀旋转为主运动，镗刀或工件的移动为进给运动。它适合加工各种复杂和大型工件上的孔，特别是分布在不同表面上、孔距和位置精度要求较高的孔，尤其适合于加工直径较大的孔以及内成形表面或孔内环槽。镗孔的尺寸精度及位置精度均比钻孔高。在镗床上，除镗孔外，还可以进行铣削、钻孔、铰孔等工作。因此镗床的工艺范围较广。根据用途，镗床可分为卧式铣镗床、坐标镗床、金刚镗床、落地镗床以及数控镗铣床等。

1. 卧式铣镗床

卧式铣镗床的主轴水平布置并可轴向进给，主轴箱可沿前立柱导轨垂直移动，工作台可旋转并可实现纵横向进给。在卧式镗床上也可进行铣削加工，其外形如图3-41所示。卧式镗床所适应的工艺范围较广，除镗孔外，还可车外圆、车端面、车削内外螺纹、攻螺纹、钻孔、扩孔、铰孔和铣平面等。如再利用特殊附件和夹具，其工艺范围还可扩大。工件在一次安装的情况下，即可完成各种孔和箱体表面的加工，特别适合加工大而重的工件，并能较好地保证其尺寸精度和形状位置精度。但由于卧式镗床结构复杂，生产率一般又较低，故在大批量生产中加工箱体零件时多采用组合机床和专用机床。其主要参数是主轴直径。

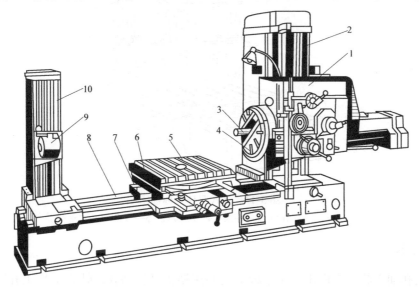

图 3-41　卧式铣镗床外形图

1—主轴箱　2—前立柱　3—主轴　4—平旋盘　5—工作台

6—上滑座　7—下滑座　8—床身导轨　9—后支撑套　10—后立柱

2. 坐标镗床

坐标镗床是一种用途较为广泛的高精度机床。它主要用于加工尺寸、形状及位置精度要求比较高的孔系，还能进行钻孔、扩孔、铰孔、锪端面、切槽、铣削等工作。除此，在坐标镗床上还能进行精密刻度、样板的精密划线、孔间距及直线尺寸的精密测量等。它主要用于工具车间工模具的单件小批生产，而且也适用于在生产车间成批地加工孔距精度要求较高的箱体及其他类零件。

坐标镗床分为立式（单柱、双柱）和卧式。立式坐标镗床适于加工轴线与安装基面（底面）垂直的孔系和铣削顶面；卧式坐标镗床适于加工与安装基面平行的孔系和铣削侧面。

立式单柱坐标镗床如图 3-42 所示。工件固定在工作台 2 上，坐标位置的确定分别由工作台 2 沿床鞍 5 导轨的纵向（x 向）移动和床鞍 5 沿床身 1 的导轨横向（y 向）移动来实现。此类形式多为中、小型坐标镗床。

立式双柱坐标镗床外形图如图 3-43 所示。两个立柱、顶梁和床身呈龙门框架结构。两个坐标方向的移动，分别由主轴箱 6 沿横梁 3 的导轨作横向（y 向）移动和工作台 2 沿床身 1 的导轨作纵向（x 向）移动来实现。工作台和床身之间的层次比单柱式的要少，所以刚度较高。大、中型坐标镗床多采用此种布局。

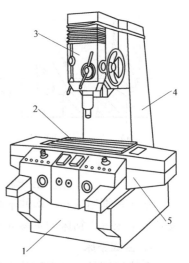

图 3-42　立式单柱坐标镗床

1—床身　2—工作台　3—主轴箱

4—立柱　5—床鞍

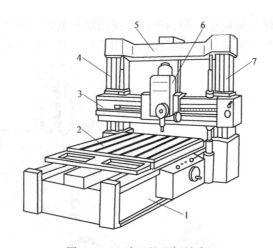

图 3-43　立式双柱坐标镗床

1—床身　2—工作台　3—横梁　4、7—立柱　5—顶梁　6—主轴箱

3.2.7　钻床

钻床是孔加工的主要机床，在钻床上主要用钻头进行钻孔。钻床上加工孔时，工件不动，刀具作旋转主运动，同时沿轴向移动作进给运动。故钻床适用于加工没有对称回转轴线的工件上的孔，尤其是多孔加工。如加工箱体、机架等零件上的孔。除钻孔外在钻床上还可完成扩孔、铰孔、锪平面以及攻螺纹等工作，其加工方法，如图3-44所示。

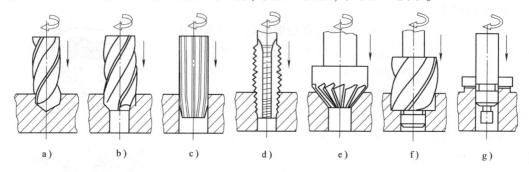

图 3-44　钻床的几种典型加工表面

a）钻孔　b）扩孔　c）铰孔　d）攻螺纹　e）锪埋头孔　f）锪孔　g）锪平面

钻床根据用途和结构的不同，钻床可分为台式钻床、立式钻床、摇臂钻床、深孔钻床以及其他钻床等。钻床的主参数是最大钻孔直径。

1. 台式钻床

台式钻床是一种主轴垂直布置的小型钻床，钻孔直径一般在 $\phi15mm$ 以下，如图3-45所示。由于加工孔径较小，台钻主轴的转速可以很高，一般可达每分钟几万转。它的结构简单、体积小、使用方便，但一般自动化程度较低，适用于单件、小批生产中加工小型零件上的各种孔。在机械加工和修理车间中应用广泛。

2. 立式钻床

立式钻床是一种将主轴箱和工作台安置在立柱上，主轴垂直布置的钻床。立式钻床的外形图如图3-46所示。加工时工件直接或通过夹具安装在工作台上，主轴的旋转运动由电动机经变速箱传动。加工时主轴既作旋转的主运动，又作轴向的进给运动。工作台和进给箱可沿立柱上的导轨调整其上下位置，以适应在不同高度的工件上进行钻削加工。由于在立式钻床上是通过移动工件位置的方法，使被加工孔的中心与主轴中心对中，因而操作很不方便，不适于加工大型零件，生产率也不高。此外，立式钻床的自动化程度一般均较低，故常用于单件、小批生产中加工中小型工件。在大批大量生产中通常用组合钻床代替。

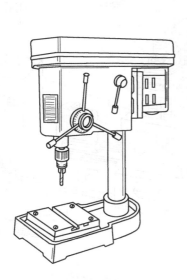

图 3-45　台式钻床

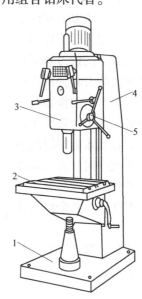

图 3-46　立式钻床
1—底座　2—工作台　3—主轴箱　4—立柱　5—手柄

3. 摇臂钻床

摇臂钻床是一种摇臂可绕立柱回转和升降，主轴箱又可在摇臂上作水平移动的钻床。摇臂钻床外形如图3-47所示。工件固定在底座1的工作台上，主轴8的旋转和轴向进给运动是由电动机通过主轴箱7来实现的。主轴箱可在摇臂3的导轨上移动，摇臂借助电动机5、6及丝杠4的传动，可沿立柱2上下移动。立柱2由内立柱和外立柱组成，外立柱可绕内立柱在±180°范围内回转。由此主轴很容易地被调整到所需的加工位置上，这就为在单件、小批生产中，加工大而重的工件上的孔带来了很大的方便。

3.2.8　组合机床

组合机床是由按系列化、标准化、通用化原则设计的通用部件以及按工件形状和加工工艺要求而设计的专用部件组成的高效专用机床。组合

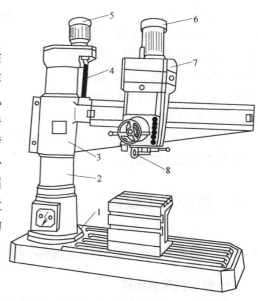

图 3-47　摇臂钻床
1—底座　2—立柱　3—摇臂　4—丝杠
5、6—电动机　7—主轴箱　8—主轴

机床主要用于平面加工和孔加工两类工序。平面加工包括铣平面、车端面和刮端面等；孔加工包括钻、扩、铰、镗孔以及倒角、攻螺纹、锪沉孔等。随着科学技术的发展，组合机床的工艺范围也不断扩大，还可以完成车外圆、磨削、滚压孔、拉削、抛光、珩磨，甚至完成冲压、焊接、热处理、装配和自动测量等工作。

单工位复合式组合机床的组成如图3-48所示。被加工零件装夹在夹具3中，加工时工件固定不动，镗削头2上的镗刀和多轴箱4中各主轴上的刀具分别由电动机通过动力箱5驱动作旋转主运动，并由各自的滑台带动作直线进给运动，在机床电器控制系统控制下，完成一定形式的运动循环。机床部件中，除多轴箱和夹具是专用部件外，其余均为通用部件。

组合机床与一般专用机床相比，有以下特点：

1）设计、制造周期短。主要由于组合机床的专用部件少，通用部件有专门工厂生产，可根据需要直接选购。

2）加工效率高。组合机床采用多刀、多轴、多面、多工位和多件加工，因此，特别适用于汽车、拖拉机、电机等行业定型产品的大批量生产。

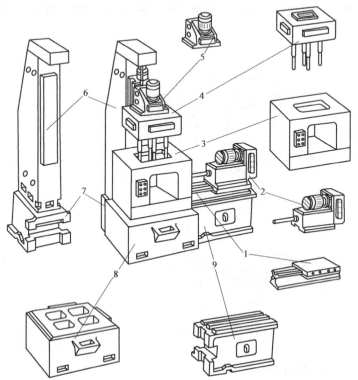

图 3-48　单工位复合式组合机床及其组成示意图
1—滑台　2—镗削头　3—夹具　4—多轴箱　5—动力箱
6—立柱　7—立柱底座　8—中间底座　9—侧底座

3）当加工对象改变后，通用零、部件可重复使用，组成新的组合机床，不致因产品的更新而造成设备的浪费。

3.3　数控加工设备

3.3.1　数控机床的组成、工作原理和特点

1. 数控机床的组成

数控机床主要由机床本体和计算机数控系统两大部分组成，如图3-49所示。

（1）机床本体　机床本体是数控机床的主体，由基础件（如床身、底座）和运动件（如工作台、床鞍、主轴箱等）组成。它不仅要实现由数控装置控制的各种运动，而且还要承受包括切削力在内的各种力，因此机床本体必须保证有良好的几何精度、足够的刚度、小的热

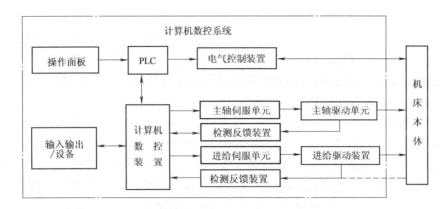

图 3-49 数控机床的组成图

变形、低的摩擦阻力，才能有效地保证数控机床的加工精度。

（2）数控系统 数控系统是数控机床的核心，其中包括硬件装置和数控软件两大部分，由输入/输出设备、数控装置、伺服单元、驱动装置（或执行机构）、可编程控制器（PLC）及电气控制装置和检测反馈装置等组成。

2. 数控机床的工作原理

（1）数控机床的工作过程 数控机床的工作过程，如图3-50所示。

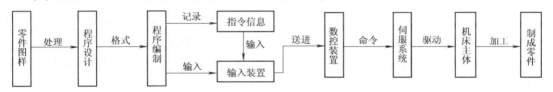

图 3-50 数控机床的工作过程

1）根据零件图给出的形状、尺寸，材料及技术要求等内容，进行各项准备工作（包括程序设计、数值计算及工艺处理等）。

2）将上述程序和数据按数控装置所规定的程序格式编制出加工程序。

3）将加工程序的内容以代码形式完整记录在信息介质（如穿孔带或磁带）上。

4）通过阅读机把信息介质上的代码转变为电信号，并输送给数控装置。如是人工输入，则可通过微机键盘，将加工程序的内容直接输送给数控装置。

5）数控装置将所接受的信号进行一系列处理后，再将处理结果以脉冲信号形式向伺服系统发出执行的命令。

6）伺服系统接到执行的信息指令后，立即驱动机床进给机构严格按照指令的要求进行位移，使机床自动完成相应零件的加工。

（2）数控机床的工作原理 数控装置内的计算机对以数字和字符编码方式所记录的信息进行一系列处理后，向机床进给等执行机构发出命令，执行机构则按其命令对加工所需各种动作（如刀具相对于工件的运动轨迹、位移量和速度等）实现自动控制，从而完成工件的加工。

3. 数控机床的特点和应用范围

数控机床与普通机床相比，具有以下特点：

（1）柔性好 对零件的适应性强，为单件、小批量零件加工及新产品试制提供了极大的便利，也方便了改型设计后零件的加工。

（2）加工精度高　数控机床加工精度，一般可达 $0.005 \sim 0.1$mm 之间，数控机床是按数字信号形式控制的，数控装置每输出一个脉冲信号，则机床移动部件移动一个脉冲当量（一般为 0.001mm），而且机床进给传动链的反向间隙与丝杠螺距平均误差可由数控装置进行补偿，因此，数控机床定位精度比较高。

（3）加工质量稳定、可靠　加工同一批零件，在同一机床，在相同加工条件下，使用相同刀具和加工程序，刀具的走刀轨迹完全相同，零件的一致性好，质量稳定。

（4）生产率高　数控机床可有效地减少零件的加工时间和辅助时间，数控机床的主轴转速和进给量的范围大，允许机床进行大切削量的强力切削。数控机床目前正进入高速加工时代，数控机床移动部件的快速移动和定位及高速切削加工，极大地提高了生产率，另外配合加工中心的刀库使用，实现了在一台机床上进行多道工序的连续加工，减少了半成品的工序间周转时间，提高了生产率。

（5）适于加工复杂零件　数控机床可以加工普通机床难以加工的复杂型面的零件。

（6）劳动条件好　数控机床加工前经调整好后，输入程序并启动，机床就能自动连续地进行加工，直至加工结束。操作者主要是进行程序的输入、编辑、装卸零件、刀具准备、加工状态的观测，零件的检验等工作，劳动强度大大降低。另外，机床一般是封闭式加工，既清洁，又安全。

（7）有利于现代化的生产管理　可预先精确估计加工时间，所使用的刀具、夹具可进行规范化、现代化管理。数控机床使用数字信号与标准代码为控制信息，易于实现加工信息的标准化，目前已与计算机辅助设计与制造（CAD/CAM）有机地结合起来，是现代集成制造技术的基础。

数控加工是一种可编程的柔性加工方法，但其设备费用相对较高，故目前数控加工多应用于加工零件形状比较复杂、精度要求较高，以及产品更新换代频繁、生产周期要求短的场合。具体地说，下面这些类型的零件最适宜于数控加工：

1）形状复杂（如用数学方法定义的复杂曲线、曲面轮廓）、加工精度要求高的零件。

2）公差带小、互换性高、要求精确复制的零件。

3）用普通机床加工时，要求设计制造复杂的专用工装夹具或需要很长调整时间的零件。

4）价值高的零件。

5）小批量生产的零件。

6）需一次装夹加工多部位（如钻、镗、铰、攻螺纹及铣削加工联合进行）的零件。

可见，目前的数控加工主要应用于两个方面，一方面的应用是常规零件加工（如二维车削、箱体类镗、铣等），其目的在于提高加工效率，避免人为误差，保证产品质量，以柔性加工方式取代高成本的工装设备，缩短产品制造周期，适应市场需求。这类零件一般形状较简单，实现上述目的的关键在于提高机床的柔性自动化程度、高速高精加工能力和加工过程的可靠性与设备的操作性能。同时合理的生产组织、计划调度和工艺过程安排也非常重要；另一方面的应用是复杂形状零件加工（如模具型腔、涡轮叶片等）。这类零件型面复杂，用常规加工方法难以实现，它不仅促使了数控加工技术的产生，而且也一直是数控加工技术主要研究及应用的对象。由于零件型面复杂，在加工技术方面，除要求数控机床具有较强的运动控制能力（如多轴联动）外，更重要的是如何有效地获得高效优质的数控加工程序，并从加工过程整体上提高生产效率。

3.3.2　数控机床的分类

数控机床的分类方式很多，常见的分类方式如下：

1. 按工艺用途分类

数控机床是在普通机床的基础上发展起来的，各种类型的数控机床基本上起源于同类型的普通机床，按工艺用途分类大致如下：

（1）普通数控机床　普通数控机床有数控车床、数控铣床，数控钻床、数控镗床、数控齿轮加工机床和数控磨床等，这类数控机床的工艺性能和通用机床相似。

（2）加工中心　加工中心是带有刀库和自动换刀系统的数控机床。常见的有数控车削中心、数控车铣中心、数控镗铣中心。

（3）数控特种加工机床　此类数控机床有数控线切割机床、数控电火花加工机床、数控激光切割机床等。

（4）其他类型的数控机床　如数控三坐标测量仪等。

2. 按控制运动的方式分类

（1）点位控制数控机床　该机床只对点的位置进行控制，即机床的数控装置只控制移动部件从一个位置（点）精确地移动到另一个位置（点），移动过程中不进行加工，如图 3-51a 所示。采用点位控制的机床有数控坐标镗床、数控钻床以及数控冲床等。

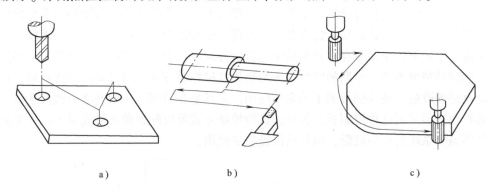

图 3-51　数控机床按控制运动分类运动示意图
a）点位控制　b）直线控制　c）轮廓控制

（2）直线控制数控机床　这种机床不仅要控制点的准确位置，而且要控制刀具（或工作台）以一定的速度沿与坐标轴平行的方向进行切削加工，如图 3-51b 所示。此类机床应具有主轴转速的选择与控制，切削速度与刀具选择以及循环进给加工等辅助功能。这种控制常应用于简易数控车床，镗铣床和某些加工中心等，现已较少使用。

（3）轮廓控制数控机床　这种机床能同时对两个或两个以上的坐标轴实现连续控制。它不仅能够控制移动部件的起点和终点，而且能够控制整个加工过程中每点的位置与速度。也就是说，能连续控制加工轨迹，使之满足零件轮廓形状的要求，如图 3-51c 所示。这种机床具有刀具补偿、主轴转速控制以及自动换刀等较齐全的辅助功能。

轮廓控制主要用于加工曲面、凸轮及叶片等复杂形状的数控铣床、数控车床、数控磨床和加工中心等。现在的数控机床多为轮廓控制数控机床。

3. 按同时控制且相互独立的轴数分类

（1）二轴联动数控机床 如数控车床，可加工曲面回转体。某些数控镗床，二轴联动可镗铣曲线柱面。

（2）二轴半联动数控机床 实为二坐标联动，第三轴做周期性等距运动（点位或直线控制）。

（3）三轴联动数控机床 一般的数控铣床、加工中心，三轴联动可加工曲面零件，是三维连续控制。

（4）多轴联动数控机床 多轴联动数控机床能将数控铣床、数控镗床、数控钻床等功能组合在一起，零件在一次装夹后，可以将加工面进行铣、镗、钻、扩、铰及攻螺纹等多工序加工，能有效地避免由于多次安装造成的定位误差，可加工形状复杂，精度要求高的零件，如叶轮叶片等。

4. 按伺服系统分类

根据有无检测反馈元件及其检测装置，机床的伺服系统可分为开环、闭环和混合控制伺服系统数控机床。

（1）开环控制数控机床 这类机床的进给伺服驱动是开环的，即没有检测反馈装置。一般它的驱动电动机为步进电机，步进电机的主要特征是控制电路每变换一次指令脉冲信号，电动机就转动一个步距角，并且电动机本身就有自锁力。其控制系统的框图如图3-52所示，数控系统输出的进给指令信号通过脉冲分配器来控制驱动电路，它以变换脉冲的个数来控制坐标位移量，以变换脉冲的频率来控制位移速度，以变换脉冲的分配顺序来控制位移的方向。因此这种控制方式的最大特点是控制方便、结构简单、价格便宜。数控系统发出的指令信号流是单向的，所以不存在控制系统的稳定性问题，但由于机械传动的误差不经过反馈校正，故位移精度不高。早期的数控机床均采用这种控制方式，只是故障率比较高，目前由于驱动电路的改进，使其仍得到了较多的应用。尤其是在我国，一般经济型数控系统和旧设备的数控改造多采用这种控制式。另外，这种控制方式可以配置单片机或单板机作为数控装置，使得整个系统的价格较低，但目前已经较少使用。

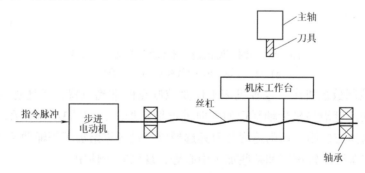

图 3-52 开环控制系统框图

（2）闭环控制机床 这类数控机床的进给伺服驱动是按闭环反馈控制方式工作的。其驱动电动机可采用直流或交流两种伺服电机，并需要配置位置反馈和速度反馈，在加工中随时检测移动部件的实际位移量，并及时反馈给数控系统中的比较器，它与插补运算所得到的指令信号进行比较，其差值又作为伺服驱动的控制信号，进而带动位移部件以消除位移误差。

按位置反馈检测元件的安装部位和所使用的反馈装置的不同，它又分为半闭环和全闭环两种控制方式。

1）半闭环控制如图3-53所示，其位置反馈采用转角检测元件（目前主要采用编码器等），直接安装在伺服电动机或丝杠端部。由于大部分机械传动环节未包括在系统闭环环路内，因此可获得较稳定的控制特性。丝杠等机械传动误差不能通过反馈来随时校正，但是可采用软件定值补偿方法来适当提高其精度。目前，大部分数控机床采用半闭环控制方式。

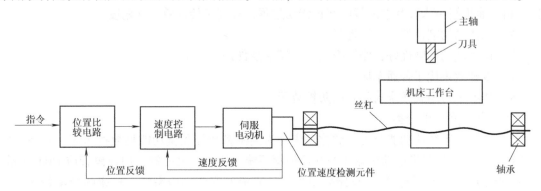

图 3-53　半闭环控制系统框图

2）全闭环控制如图 3-54 所示，其位置反馈装置采用直线位移检测元件（目前一般采用光栅尺），安装在机床的床鞍部位，即直接检测机床坐标的直线位移量，通过反馈可以消除从电动机到机床床鞍的整个机械传动链中的传动误差，从而得到很高的机床静态定位精度。但是，由于在整个控制环内，许多机械传动环节的摩擦特性、刚性和间隙（均为非线性，并且整个机械传动链的动态响应时间与电气响应时间相比又非常大，这为整个闭环系统的稳定性校正带来很大困难，系统的设计和调整也都相当复杂。因此，这种全闭环控制方式主要用于精度要求很高的数控坐标镗床、数控精密磨床等。

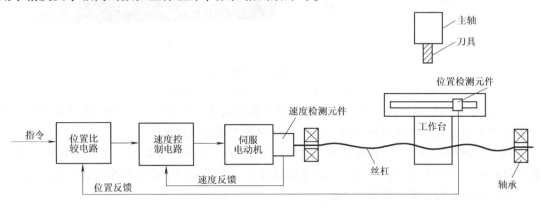

图 3-54　全闭环控制系统框图

3.3.3　常见的数控机床

1. 数控车床

数控车床是使用最广泛的数控机床之一。数控车床主要用于加工轴类、盘类等回转体零件。通过数控加工程序的运行，可自动完成内外圆柱面、圆锥面、成形表面、螺纹和端面等工序的切削加工，并能进行车槽、钻孔、扩孔、铰孔等工作。车削中心可在依次装夹中完成更多的加工工序，提高加工精度和生产效率，特别适合于复杂形状回转类零件的加工。

（1）数控车床的结构特点　数控车床与普通车床相比，除具有数控系统外，数控车床的结构还具有以下一些特点：

1）运动传动链短，数控车床上纵、横两个坐标轴方向的运动是通过伺服系统完成的，即由驱动电机→进给丝杆→床鞍及中滑板，简化了原来的主轴电机→主轴箱→交换齿轮箱→进给箱→溜板箱→床鞍及中滑板的冗长传动过程，提高了传动效率和精度。

2）总体结构刚性好，抗振性强。

3）运动副的耐磨性好，摩擦损失小，润滑条件好。

4）冷却效果优于普通车床。

5）装有半封闭式或全封闭式的防护装置。

（2）数控车床的分类

1）按数控系统的功能分类。数控车床分为经济型数控和全功能型数控车床。经济型数控车床，一般采用步进电动机驱动的开环伺服系统，用单片机控制，用数码管或 CRT 显示，如图3-55a所示。全功能型数控车床采用半闭环直流或交流伺服系统，机床的精度较高，如图3-55b所示。

a)　　　　　　　　　　　　　　　　　b)

图 3-55　数控车床外形图

a）经济型数控车床　b）全功能型数控车床

2）按主轴的配置形式分类。数控车床有主轴轴线处于水平位置的卧式数控车床和主轴轴线处于垂直位置的立式数控车床，还有具有两根主轴的数控车床。

3）按数控系统控制的轴数分类。当机床上只有一个回转刀架时，可以实现两坐标控制；具有两个回转刀架时，可以实现四坐标轴控制；对于车削中心或柔性制造单元，还增加了其他附加坐标轴，满足机床的功能。

2. 数控铣床

数控铣床有着广泛的应用范围，能够进行外形轮廓铣削、平面或曲面型腔铣削及三维复杂型面的铣削，如各种凸轮、模具等，若再添加圆工作台等附件（此时变为四坐标），则应用范围将更广，可用于加工螺旋桨、叶片等空间曲面零件。此外，随着高速铣削技术的发展，数控铣床可以加工形状更为复杂的零件，精度也更高。

数控铣床种类很多，按其体积大小可分为小型、中型和大型数控铣床，其中规格较大的，其功能已向加工中心转变，进而演变成柔性加工单元。

数控铣床按构造分类分为工作台升降式数控铣床、主轴头升降式数控铣床和龙门式数控铣床。

1) 工作台升降式数控铣床采用工作台移动、升降, 而主轴不动的方式。小型数控铣床一般采用此种方式, 如图3-56a所示。

2) 主轴头升降式数控铣床采用工作台纵向和横向移动, 且主轴沿垂向溜板上下运动; 主轴头升降式数控铣床在精度保持、承载重量、系统构成等方面具有很多优点, 已成为数控铣床的主流, 如图 3-56b 所示。

3) 龙门式数控铣床主轴可以在龙门架的横向与垂向溜板上运动, 而龙门架则沿床身作纵向运动。大型数控铣床, 因要考虑到扩大行程, 缩小占地面积及刚性等技术上的问题, 往往采用龙门架移动式, 如图3-56c所示。

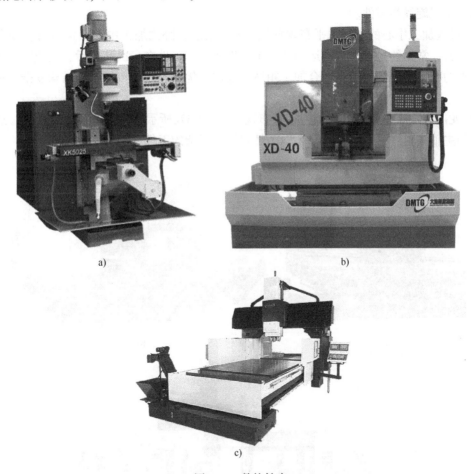

图 3-56　数控铣床

a) 工作台升降式数控铣床　b) 主轴头升降式数控铣床　c) 龙门式数控铣床

3. 加工中心

加工中心 (Machining Center) 简称 MC, 是备有刀库, 并能自动更换刀具, 对工件进行多工序加工的数字控制机床。加工中心最初是从数控铣床发展而来的。与数控铣床相同的是, 加工中心同样是由计算机数控系统 (CNC)、伺服系统、机械本体、液压系统等各部分组成。但加工中心又不等同于数控铣床, 加工中心与数控铣床的最大区别在于加工中心具有自动交换刀具的功能，工件经一次装夹后，数字控制系统能控制机床按不同工序，自动选择和更换刀具，自动改变机床主轴转速、进给量和刀具相对工件的运动轨迹及其他辅助机能，依次完成工件几个面上多工序的加工。

加工中心由于工序的集中和自动换刀，减少了工件的装夹、测量和机床调整等时间，使机床的切削时间达到机床开动时间的80%左右（普通机床仅为15%～20%）；同时也减少了工序之间的工件周转、搬运和存放时间，缩短了生产周期，具有明显的经济效益。加工中心适用于零件形状比较复杂、精度要求较高、产品更换频繁的中小批量生产。

按主轴的布置形式加工中心可分为立式加工中心、卧式加工中心和龙门式加工中心。

1）立式加工中心的主轴为垂直布置，如图3-57a所示。立柱固定，工作台为长方形，无分度回转功能，适合加工盘、套和板类零件，通常实现三轴联动，工作台上安装回转工作台，可加工螺旋线类零件。

2）卧式加工中心的主轴水平布置如图3-57b所示。卧式加工中心通常带有自动分度的回转工作台，常见的是三个直线运动加一个回转运动，工件在一次装夹后，完成除安装面和顶面以外的四个表面的加工，适合加工箱体类零件。优点是排屑流畅，但结构复杂，价格较高。

3）龙门式加工中心的主轴多为垂直布置，如图3-57c所示。除自动换刀装置外，还带有可更换的主轴头附件，适用于加工大型工件和形状复杂的工件。

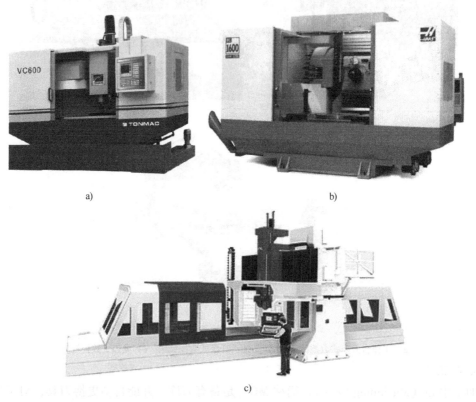

a)   b)

c)

图3-57 加工中心
a）立式加工中心 b）卧式加工中心 c）龙门式加工中心

3.4　特种加工设备

随着工业生产的发展和科学技术的进步，具有高强度、高硬度、高韧性、高脆性和耐高温等特殊性能的新材料不断出现，使切削加工出现了许多新的困难和问题。在机械加工中对形状复杂的型腔、凸模和凹模型孔等采用切削方法往往难于加工。特种加工就是在这种情况下产生和发展起来的。特种加工是直接利用电能、热能、光能、化学能、电化学能和声能等进行加工的工艺方法，与传统的切削加工方法相比其加工机理完全不同。目前在生产中应用的有电火花加工、电火花线切割加工、电铸加工、电解加工、超声波加工和化学加工等。

3.4.1　电火花加工

电火花加工（也称电蚀加工或放电加工）是直接利用电能、热能对金属进行加工的一种方法，其原理是在一定液体介质中（如煤油等），通过工具（一般用石墨或纯铜制成。成形部分的形状与待加工工件型面相似）与工件之间产生脉冲性火花放电来蚀除多余金属，以达到零件的尺寸、形状及表面质量要求。电火花机床组成示意图，如图3-58所示，其主要组成部分为机床本体、脉冲电源、自动进给调节系统和工作液循环过滤系统。

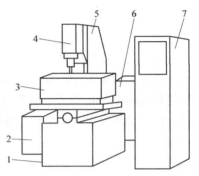

图 3-58　电火花成形加工机床
1—机床本体　2—液压油箱
3—工作液槽　4—进给装置　5—立柱
6—工作液循环过滤系统　7—脉冲电源

电火花加工有其独特的优点，在模具成形零件的加工中得到了广泛的应用。其主要特点如下：

1）所用的工具电极不需比工件材料硬，所以它便于加工用机械加工方法难以加工或无法加工的特殊材料（如淬火钢、硬质合金、耐热合金等）。

2）加工时工具电极与工件不接触，工具与工件之间的宏观作用力极小，所以，它便于加工带小孔、深孔或窄缝的零件，尤其适合于加工凹模中各种形状复杂的型孔和型腔。

3）其他用途，如电火花刻字、打印铭牌和标记、表面强化等。

4）由于直接利用电、热能进行加工，便于实现加工过程中的自动控制。

5）电火花加工的余量不宜太大，因此电火花加工前需用机械加工等方法去除大部分多余的金属，此外还需要根据所加工零件的形状尺寸制造工具电极。由于数控设备的普及，使得电极的制造也比较容易。

近年来，电火花加工特别是数控电火花加工得到了越来越广泛的应用。

3.4.2　电火花线切割加工

数控电火花线切割加工是利用金属（纯铜、黄铜、钨、钼或各种合金等）线或各种镀层金属线作为负电极，导电或半导电材料的工件作为正电极，在线电极和工件之间加上脉冲电压，同时在线电极和工件之间浇注矿物油、乳化液或去离子水等工作液，不断地产生火花放电，使工件不断地被电蚀所进行的加工。数控电火花线切割加工的原理，如图3-59所示。在加工中，储丝筒 7 使线电极（钼丝）一方面相对工件不断地往上（下）移动（慢速走丝是单向移动，快速走丝是往返移动）；另一方面，安装工件的十字工作台由数控伺服电动机驱动，在 X、Y 轴方向实现切割进给，使线电极沿加工图形的轨迹对工件进行切割加工。这种切割加工是依靠电火花放电作用来实现的。

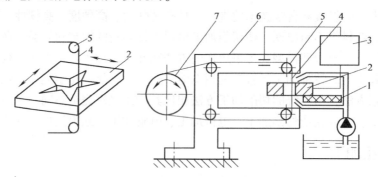

图 3-59　电火花线切割加工示意图

1—绝缘底板　2—工件　3—脉冲电源　4—钼丝　5—导向轮　6—支架　7—储丝筒

电火花线切割广泛适用于加工淬火钢、硬质合金等难以用机械加工的模具零件。目前能达到的加工精度为 ±0.001 ~ ±0.01mm，表面粗糙度值为 R_a0.32 ~ 2.5μm，最大切割速度可以达到 50mm²/min 以上，切割厚度最大可达 500mm。电火花线切割加工也广泛应用于冲模、挤压模、塑料模，电火花型腔模用的电极加工等。由于电火花线切割加工机床的加工速度和精度的迅速提高，目前已达到可与坐标磨床相竞争的程度。例如，中小型冲模材料为模具钢，过去用分开模和曲线磨削的方法加工，现在改用电火花线切割整体加工的方法。

数控电火花线切割加工机床根据电极丝运动的方式可以分成快速走丝数控电火花线切割机和慢速走丝数控电火花线切割机两大类别。

1. 快速走丝电火花线切割机床

快速走丝数控电火花线切割机床外形如图3-60所示。这类机床的线电极运行速度快（钼丝电极作高速往复运动 8 ~ 10m/s），而且是双向往返循环地运行，即成千上万次地反复通过加工间隙，一直使用到断线为止。线电极主要是钼丝 ϕ0.1 ~ ϕ0.2mm，工作液通常采用乳化液，也可采用矿物油（切割速度低，易产生火灾）和去离子水等。由于电极线的快速运动能将工作液带进狭窄的加工缝隙起到冷却作用，同时还能将加工电蚀物带出加工间隙，以保持加工间隙的"清洁"状态，有利于切割速度的提高。相对来说快速走丝电火花线切割加工机床结构比较简单。但是由于它的运丝速度快、机床的振动较大、线电极的振动也很大、导

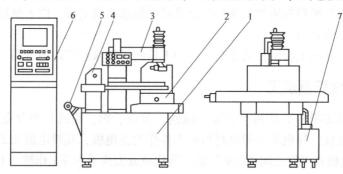

图 3-60　快速走丝数控电火花线切割机床

1—床身　2—工作台　3—丝架　4—储丝筒　5—走丝电动机　6—数控箱　7—工作液循环系统

丝导轮耗损也大，给提高加工精度带来较大的困难。另外线电极在加工时的反复运行的放电损耗也是不能忽视的，因而要得到高精度的加工和维持加工精度也是相当困难的。

数控线切割机床的床身是安装 X、Y 向工作台和走丝系统的基础，应有足够的强度和刚度。X、Y 向工作台由步进电动机经双片消隙齿轮、传动滚珠丝杠螺母副和滚动导轨实现 X、Y 方向的伺服进给运动。当电极丝和工件间维持一定间隙时，即产生火花放电。工作台的定位精度和灵敏度是影响加工曲线轮廓精度的重要因素。

走丝系统的贮丝筒由单独电动机、联轴器和专门的换向器驱动作正反向交替运转，走丝速度一般为 6～10m/s，并且保持一定的张力。

为了减小电极丝的振动，通常在工件的上下采用蓝宝石 V 形导向器或圆孔金刚石模导向器，其附近装有引电部分，工作液一般通过引电区和导向器再进入加工区，可使全部电极丝的通电部分冷却。

2. 慢速走丝电火花线切割加工机床

慢速走丝数控电火花线切割加工机床外形，如图3-61所示。运动速度一般为 3m/min 左右，最高为 15m/min。可使用纯铜、黄铜、钨、钼和各种合金以及金属涂覆线作为线电极，其直径为 $\phi0.03～\phi0.35$mm。这种机床线电极只是单方向通过加工间隙，不重复使用，可避免线电极损耗给加工精度带来的影响。工作液主要用去离子水和煤油。使用去离子水生产效率高，不会有起火的危险。慢速走丝电火花线切割机床由于能自动卸除加工废料、自动搬运工件、自动穿电极丝和自适应控制技术的应用，因而能实现无人操作的加工。

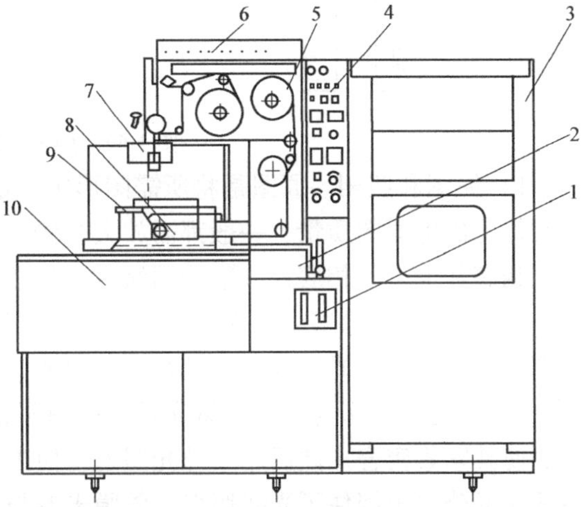

图3-61　慢速走丝数控电火花线切割加工机床
1—工作液流量计　2—画图工作台　3—数控箱
4—电参数设定面板　5—走丝系统　6—放电电容箱
7—上丝架　8—下丝架　9—工作台　10—床身

3.4.3　化学与电化学加工

化学加工是利用酸、碱、盐等化学溶液与金属产生化学反应，使金属腐蚀溶解，改变工件尺寸和形状的一种加工方法。化学加工过程没有电化学作用，所以它不属于电化学加工研究的范畴。

1. 照相腐蚀

塑料模具型腔表面有时需要加工出图案、花纹、字符等。如果采用手工雕刻，不仅生产率低、劳动强度大，而且需要熟练的技能，若使用化学腐蚀技术则可获得较好的效果。

常见的化学腐蚀加工有照相腐蚀、化学铣削和光刻等。化学腐蚀加工是将模具零件被加工的部位浸泡在化学介质中，通过产生化学反应，将零件材料腐蚀溶解，从而获得所需要的形状和尺寸。采用化学腐蚀加工时，应先将工件表面不加工的部位用抗腐蚀涂层覆盖起来，然后将工件浸渍于腐蚀液中，使没有被覆盖涂层的裸露部位的余量腐蚀去除，达到加工目的。许多电器产品的塑料外壳上的字符、装饰图案等就是用这种方法加工模具型腔而得到的。

照相腐蚀是把所需的文字图像拍摄到照相底片上，然后经光化学反应，把图像转移（或称复制）到涂有感光胶的金属表面，再经坚膜固化处理使感光胶具有一定的抗腐蚀能力，最后经过化学腐蚀，即可获得所需图形的模具或金属表面。

照相腐蚀不仅直接用于模具型腔表面文字图案及花纹加工，而且也可用来加工电火花成形用的工具电极。

照相腐蚀工艺过程框图如图3-62所示。其主要工序包括原图、照相、涂感光胶、曝光、显影、坚膜、腐蚀等。

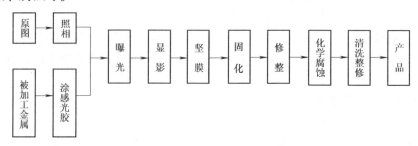

图 3-62 照相腐蚀工艺过程框图

1）原图和照相。原图是将所需图形按一定比例放大描绘在纸上，形成黑白分明的文字图案。为确保原图质量，一般都需放大几倍，然后通过照相，将原图按需要的尺寸大小缩小在照相底片上。照相底片一般采用涂有卤化银的感光底片。

2）感光胶的涂覆。首先将需要加工的模具（或其他工件）表面进行去氧化层及去油污处理，然后涂上感光胶（如聚乙烯醇、骨胶、明胶等），待干燥后就可以贴底片曝光。

3）曝光、显影与坚膜。曝光是将原图照相底片贴在涂有感光胶的工件表面，并用真空方法使其紧紧密合。然后用紫外光照射，使工件表面上的感光膜按图像感光。照相底片上的不透光部分由于挡住了光线照射，胶膜未参与光化学反应，仍是水溶性的；照相底片上的透光部分由于参与了光化学反应，使胶膜变成不溶于水的络合物。此后经过显影，把未感光的胶膜用水冲洗掉，使胶膜呈现出清晰的图像。为了提高显影后胶膜的抗蚀性，可将其放在坚膜液中（10%的铬酸酐溶液）进行处理。

上述贴底片及曝光过程对于平整的模具表面或电极表面是十分方便的。但模具型腔多为曲面，贴底片及曝光就不容易，一般需采用软膜感光材料作底片，并在图案及软膜上作一定的技术处理后，就可以在曲面型腔上进行照相腐蚀加工。

4）固化。经感光坚膜后的胶膜抗蚀能力仍不强，必须进一步固化。聚乙烯醇胶一般在180℃下固化15min，即呈深棕色。固化温度及时间随金属材料而异，铝板不超过200℃，铜板不超过300℃，时间为5~7min，直至表面呈深棕色为止。

5）腐蚀。经固化的工件放在腐蚀液中进行腐蚀，即可获得所需图像。腐蚀液成分随工件材料而异，为了保证加工的形状和尺寸精度，应在腐蚀液中添加保护剂防止腐蚀向侧向渗透，并形成直壁甚至向外形成坡度。腐蚀铜时用乙烯基硫脲和二硫化甲胺组成保护剂。也有用松香粉刷嵌在腐蚀露出的图形侧壁上的。

腐蚀成形结束后，经清洗去胶，然后擦干即加工结束。去胶一般采用氧化去胶法，即使用强氧化剂（如硫酸与过氧化氢的混合液）将胶膜氧化破坏而去除。也有用丙酮、甲苯等有机溶剂去胶的。

化学腐蚀加工的优点是：可加工金属和非金属材料（如石板、玻璃等），不受材料硬度影响，加工后表面无变形、毛刺和加工硬化等现象；对难以机械加工的表面，只要腐蚀液能浸入都可以加工。但化学腐蚀加工时腐蚀液和加工中产生的蒸汽会污染环境，对人身和设备有危害作用，需采用适当的防护措施。

2. 电铸加工

电铸加工是将一定形状和尺寸的胎模放入电解液内，利用电镀的原理在胎模上沉积适当厚度的金属层（镍层或铜层），然后将这层金属沉积层从母模上脱离下来，形成所需要的模具型腔或型面的一种加工方法。

电铸加工的优点是：复制精度很高，可获得尺寸和形状精度高、花纹细致、形状复杂的型腔或型面；胎模可采用金属或非金属材料制作，也可直接用制品零件制作；可以制造形状复杂，用机械加工难以加工甚至无法加工的工件。电铸的型面具有较好的机械强度，且型面光洁、清晰，一般不需再作光整加工，不需特殊设备，操作简单。但电铸厚度较薄（仅为4~8mm左右），电铸周期长（如电铸镍的时间约需一周），电铸层厚度不均匀，内应力较大，易变形。

3. 电解加工

电解加工是继电火花加工之后发展较快、应用较广泛的一项加工技术，目前国内外已成功地应用于模具、汽车、枪炮、航空发动机、汽轮机及火箭等机械制造行业中。

电解加工是利用金属在电解液中发生阳极溶解的原理将零件加工成形的一种方法。电解加工装置示意如图3-63所示，加工时工件接直流电源的正极，工具电极（工具材料大多用碳素钢制成，其形状和尺寸根据加工零件的要求及加工间隙来确定）接负极，工具电极（阴极）以一定的速度向工件（阳极）靠近，并保持0.2~1mm的间隙，由泵供给一定压力的电解液从两极间隙中快速流过。工件表面和工具相对应的部分在很高的电流密度下产生阳极溶解，电解产物立即被电解液冲走。工具电极不停地向工件进给，工件金属不断地被溶解，直到工件的加工尺寸及形状符合要求为止。

立柱式电解加工机床外形如图3-64所示，主要由立柱、主轴箱、工作箱、操作台和床

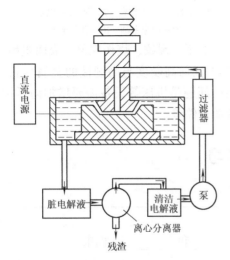

图 3-63　电解加工装置示意图

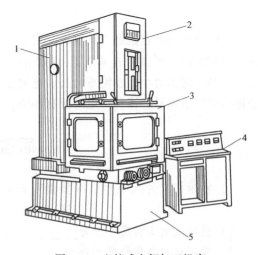

图 3-64　立柱式电解加工机床

1—立柱　2—主轴箱　3—工作箱　4—操作台　5—床身

身组成。

电解加工的优点是：可加工淬火钢、高温合金、硬质合金等高硬度、高强度、高韧性机械切削困难的金属。生产率高，一般用电解加工型腔比用电火花加工提高工效四倍以上。加工中工具和工件间无切削力存在，所以适用于加工刚度差而易变形的零件；加工过程中工具电极损耗很小，可长期使用。缺点是：电解加工时工具电极的设计与制造较困难，加工不够稳定，加工精度不够高（一般平均精度达 ±0.1mm，表面粗糙度值 R_a1.25 ~ 0.20μm），附属设备较多，占地面积较大，电解液和电解产物对机床设备和环境有腐蚀及污染，需妥善处理。

4. 电解磨削加工

电解磨削是电解和机械磨削相结合的一种复合加工方法，其加工原理如图3-65所示。磨削时，工件接直流电源正极，导电磨轮接负极。导电磨轮与工件之间保持一定的接触压力，凸出的磨料使工件与磨轮的金属基体之间构成一定的间隙，电解液经喷嘴喷入间隙中。在加工过程中，磨轮不断地旋转，将工件表面因化学反应所形成硬度较低的钝化膜刮去，使新金属露出，再继续产生化学反应，如此反复进行，直至达到加工要求。

电解磨床由机床、电解电源和电解液三部分组成，如图3-66所示。

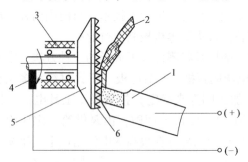

图 3-65　电解磨削原理
1—工件　2—喷嘴　3—绝缘层
4—碳刷　5—导电磨轮　6—电解间隙

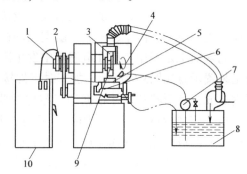

图 3-66　电解磨床结构图
1—集电环　2—碳刷　3—磨轮　4—喷嘴
5—工件　6—工作台　7—泵　8—电解液箱
9—绝缘主轴　10—直流电源

电解磨削的特点是加工精度高，表面质量好，无毛刺、裂纹、烧伤现象，表面粗糙度值可达 0.025μm，通常为 $R_a \leq 0.1 ~ 0.05$μm；能够加工任何高硬度与高韧性的金属材料，且生产率高、磨削力小、砂轮寿命长。电解磨削存在的问题是机床等设备需要增加防锈措施，磨轮的刃口不容易磨锋利，电解液有污染，工人劳动条件差。

思考与练习

1）机床按工件大小和机床重量可分为 ＿＿＿＿＿＿、＿＿＿＿＿＿、＿＿＿＿＿＿、＿＿＿＿＿＿ 和 ＿＿＿＿＿＿ 机床。

2）机床按加工精度可分为 ＿＿＿＿＿、＿＿＿＿＿＿ 和 ＿＿＿＿＿ 机床。

3）机床按自动化程度可分为 ＿＿＿＿＿、＿＿＿＿＿ 和 ＿＿＿＿＿ 机床。

4）为了适应不同的加工要求，机床主运动和进给运动的速度变速方式，通常分为

_____和_____变速。

5）机床的传动装置，按其所采用的传动介质不同，可分为_____、_____、_____和_____等传动形式。

6）机床传动系统图是表示_____全部运动的传动关系的示意图，按运动传递的顺序画在能反映_____和各主要部件相互位置关系的展开图中。

7）转速图是指用简单直线条来表示_____传动规律的线图，是分析_____的重要工具。

8）车床是以_____带动工件旋转作为主运动，_____移动作为进给运动来完成工件和刀具之间的相对运动的一类机床。

9）用_____为工具对工件进行切削加工的机床，统称为磨床。

10）组合机床是由按_____、_____和_____原则设计的通用部件以及按工件形状和加工工艺要求而设计的专用部件组成的_____机床。

11）数控机床主要由_____和_____两大部分组成。

12）_____是数控机床的核心。

13）数控机床按控制运动的方式分为_____、_____和_____数控机床。

14）数控机床按伺服系统分为_____和_____数控机床。

15）机床多采用无极变速的优点有哪些？

16）常见的定传动比结构有哪些？

17）简述 CA6140 型卧式车床的加工对象。

18）简述普通铣床的加工范围。

19）平面磨床分哪四类？

20）数控机床与普通机床相比具有哪些特点？

第 4 章　机床夹具

☞ **要点提示：**

1）了解机床夹具在机械加工中的作用。

2）了解机床夹具的分类。

3）掌握工件定位和夹紧的关系。

4）了解常用机床夹具的选用。

4.1　机床夹具概述

机床夹具使指工件在机床上进行切削加工时，为了保证加工精度，对工件进行定位和夹紧的工艺装备。

4.1.1　机床夹具的作用

1. 保证加工精度

夹具装夹工件后，夹具可以保证工件在加工过程中的正确位置，不会受操作工人和其他因素影响，使每批工件都能达到相同的精度，使产品质量稳定。

2. 缩短辅助时间，提高生产率

使用夹具装夹工件，可以使工件迅速地定位和夹紧，缩短了辅助时间，提高了劳动生产率。

3. 改善劳动条件，降低生产成本

用夹具装夹工件方便、省力、安全，降低了对操作工人的技术要求。当采用气动或液压等夹紧装置后，可以减轻工人的劳动强度，保证生产安全。同时提高了生产率，明显地降低生产成本。

4. 扩大机床加工范围

工件品种多，数量少时，采用相应的夹具，可以扩大机床加工范围。如在车床上安装镗孔夹具后，就可以进行箱体的孔系加工，安装磨头后，就可以进行磨削加工等。

4.1.2　机床夹具的分类

机床夹具的种类繁多，常用的机床夹具分类方法有三种。

1. 按夹具使用的机床分类

这是专用夹具设计所用的分类方法。按使用的机床分类，可把夹具分为车床夹具、铣床夹具、钻床夹具、镗床夹具、磨床夹具、齿轮机床夹具和数控机床夹具等。

2. 按夹具的通用特性分类

按这一分类方法，常用的夹具有通用夹具、专用夹具、可调夹具、成组夹具、组合夹具和自动线夹具等六大类。它反映夹具在不同生产类型中的通用特性，因此是选择夹具的主要依据。

（1）通用夹具　通用夹具是指结构、尺寸已规格化，且具有一定通用性的夹具，如三爪自定心卡盘、四爪单动卡盘、台虎钳、万能分度头、中心架、电磁吸盘等。其特点是适用性强、不需调整或稍加调整即可装夹一定形状范围内的各种工件。这类夹具已商品化，且成为机床附件。采用这类夹具可缩短生产准备周期，减少夹具品种，从而降低生产成本。其缺点是夹具的加工精度不高，生产率也较低，且较难装夹形状复杂的工件，故适用于单件小批量生产。

（2）专用夹具　专用夹具是针对某一工件的某一工序的加工要求而专门设计和制造的夹具。其特点是针对性极强，没有通用性。在产品相对稳定、批量较大的生产中，常用各种专用夹具，可获得较高的生产率和加工精度。但专用夹具的设计制造周期较长，随着现代多品种及中、小批量生产的发展，专用夹具在适应性和经济性等方面已产生许多问题。

（3）可调夹具　可调夹具是针对通用夹具和专用夹具的缺陷而发展起来的一类新型夹具。对不同类型和尺寸的工件，只需调整或更换原来夹具上的个别定位元件和夹紧元件便可使用。它一般又分为通用可调夹具和成组夹具两种。通用可调夹具的通用范围大，适用性广和加工对象不固定。成组夹具是专门为成组工艺中某组零件设计的，调整范围仅限于本组内的工件。可调夹具在多品种、小批量生产中得到广泛应用。

（4）成组夹具　这是在成组加工技术基础上发展起来的一类夹具。它是根据成组加工工艺的原则，针对一组形状相近的零件专门设计的，也是具有通用基础件和可更换调整元件组成的夹具。这类夹具从外形上看，它和可调夹具不易区别，但它与可调夹具相比，具有使用对象明确、设计科学合理、结构紧凑和调整方便等优点。

（5）组合夹具　组合夹具是一种模块化的夹具，并已商品化。标准的模块元件具有较高精度和耐磨性，可组装成各种夹具，夹具用毕即可拆卸，留待组装新的夹具。由于使用组合夹具可缩短生产准备周期，元件能重复多次使用，并具有可减少专用夹具数量等优点，因此组合夹具在单件、中小批多品种生产和数控加工中，是一种较经济的夹具。

（6）自动线夹具　自动线夹具一般分为两种：一种为固定式夹具，它与专用夹具相似；另一种为随行夹具，使用中夹具随着工件一起运动，并将工件沿着自动线从一个工位移至下一个工位进行加工。

3. 按夹具动力源来分类

按夹具夹紧力源可将夹具分为手动夹具和机动夹具两大类。为减轻劳动强度和确保安全生产，手动夹具应有扩力机构与自锁性能。常用的机动夹具有气动夹具、液压夹具、气液夹具、电动夹具、电磁夹具、真空夹具和离心力夹具等。

4.1.3　机床夹具的组成

机床夹具的种类虽然繁多，但它们的工作原理基本上相同。常见的夹具都有以下几个部分组成，这些组成部分既相互独立又相互联系。

1. 定位支承元件

定位支承元件的作用是确定工件在夹具中的正确位置并支承工件，是夹具的主要功能元件之一，如图 4-1 所示的定位心轴 1。定位支承元件的定位精度直接影响工件加工的精度。

2. 夹紧装置

夹紧元件的作用是将工件压紧夹牢，并保证在加工过程中工件的正确位置不变，如图 4-1 所示的开口垫圈 10 和锁紧螺母 11。

3. 连接定向元件

这种元件用于将夹具与机床连接并确定夹具对机床主轴、工作台或导轨的相互位置，如定向键。

4. 对刀元件或导向元件

这些元件的作用是保证工件加工表面与刀具之间的正确位置。用于确定刀具在加工前正确位置的元件称为对刀元件，如对刀块。用于确定刀具位置并引导刀具进行加工的元件称为导向元件，如图 4-1 所示的快换钻套 9。

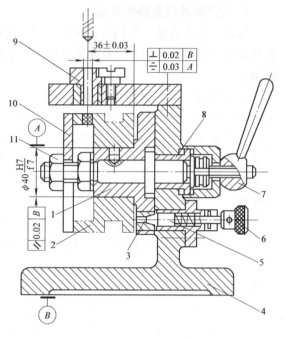

图 4-1　夹具的组成
1—定位心轴　2—工件　3—对定套　4—夹具体
5—对定销　6—把手　7—手柄　8—衬套
9—快换钻套　10—开口垫圈　11—锁紧螺母

5. 其他装置或元件

根据加工需要，有些夹具上还设有分度装置、靠模装置、上下料装置、工件顶出机构、电动扳手和平衡块等，以及标准化了的其他连接元件。如图 4-1 所示的对定销 5 及相关元件。

6. 夹具体

夹具体是夹具的基体骨架，用来配置、安装各夹具元件使之组成整体。常用的夹具体为铸件结构、锻造结构、焊接结构和装配结构，形状有回转体形和底座形等形状，如图 4-1 所示的夹具体 4。

上述各组成部分中，定位元件、夹紧装置和夹具体是夹具的基本组成部分。

4.2　工件的定位

在机床上对工件进行切削加工时，为了保证加工精度，使工件相对于机床和刀具占有正确的位置的过程称为定位。

4.2.1　工件的定位原则

在机械加工设备上加工零件时，要符合定位安装的基本原则，同时要合理选择定位基准和夹紧方案。

1. 六点定位原则

刚体在空间的位置是任意的，通常规定刚体在空间具有六个自由度，即沿 x、y、z 三个直线坐标轴方向的移动自由度 $\vec{x}$、$\vec{y}$、$\vec{z}$ 和绕这三个坐标轴的转动自由度 $\hat{x}$、$\hat{y}$、$\hat{z}$，如图 4-2 所示。因此，要完全确定工件的位置，就必须消除这六个自由度，通常用六个支承点（即定位元件）来限制工件的六个自由度，其中每一个支承点限制相应的一个自由度，如图 4-3 所示。在 xOy 平面上，不在同一直线上的三个支承点限制了工件的 $\vec{z}$、$\hat{x}$、$\hat{y}$ 三个自由度，这个平面称为主基准面；在 yOz 平面上，沿长度方向布置的两个支承点限制了工件的 $\vec{x}$、$\hat{z}$ 两个自由度，这个平面称为导向平面；工件在 xOz 平面上，被一个支承点限制了 $\vec{y}$ 一个自由度，这个平面称为止动平面。

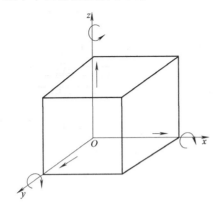

图 4-2　长方形工件的六点定位

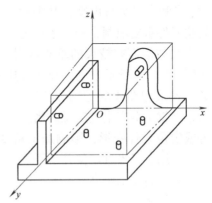

图 4-3　工件的六点定位

综上所述，要使工件在夹具中获得惟一确定的位置，就需要合理设置相当于定位元件的六个支承点，使工件的定位基准与定位元件紧贴接触，即可消除工件的所有六个自由度，这就是工件的六点定位原则。

2. 六点定位原则的应用

六点定位原则对于任何形状工件的定位都是适用的，如果违背这个原则，工件在夹具中的位置就不能完全确定。

（1）完全定位　工件的六个自由度全部被夹具中的定位元件所限制，称为完全定位。工件被限制的自由度少于六个，但不影响加工要求的定位称为不完全定位。五点定位如图 4-4 所示，钻削加工小孔 ϕD，工件以内孔和一个端面在夹具的心轴和平面上定位，限制工件 $\vec{x}$、$\vec{y}$、$\vec{z}$、$\hat{x}$ 和 $\hat{y}$ 五个自由度，相当于五个支承点。工件绕心轴的转动 $\hat{z}$ 不影响对小孔 ϕD 的加工要求。

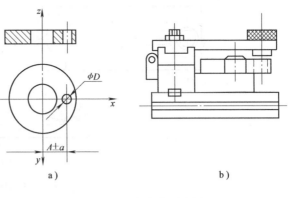

图 4-4　五点定位示意图
a) 零件图　b) 零件定位示意图

四点定位如图 4-5 所示，铣削加工通槽 B，工件以长外圆在夹具的双 V 形块上定位，限制工件的 $\vec{x}$、$\vec{y}$、$\hat{x}$ 和 $\hat{y}$ 四个自由度，相当于四个支承点定位。工件的 $\vec{z}$、$\hat{z}$ 两个自由度不

影响对通槽 B 的加工要求。

（2）欠定位　按照加工要求应该限制的自由度没有被限制的定位称为欠定位。在加工中欠定位是不允许的。因为欠定位保证不了加工要求。

（3）过定位　工件的一个或几个自由度被不同的定位元件重复限制的定位称为过定位。连杆的定位方案如图4-6a 所示，长销限制了 $\vec{x}$、$\vec{y}$、$\widehat{x}$ 和 $\widehat{y}$ 四个自由度，支承板限制了 $\widehat{x}$、$\widehat{y}$ 和 $\vec{z}$ 三个自由度，其中 $\widehat{x}$、$\widehat{y}$ 被两个定位元件重复限制，产生了过定位。当连杆小头孔与端面有较大的垂直度误差时，若采用图4-6b、c 所示方案，会造成连杆加工误差。若采用图4-6d 所示方案，将长销改为短销，就不会产生过定位。当过定位导致工件或定位元件变形，影响加工精度时，应该严禁采用。但当过定位并不影响加工精度，反而对提高加工精度有利时，也可以采用，要视具体情况而定。

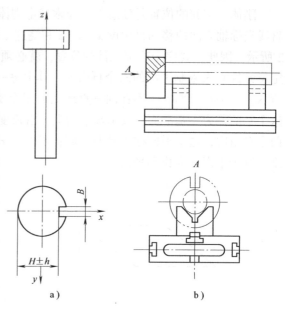

图 4-5　四点定位示意图

a）零件图　b）零件在夹具中的示意图

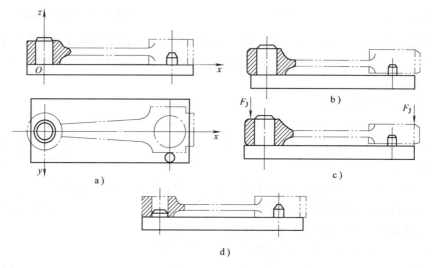

图 4-6　连杆定位示意图

a）过定位　b）、c）错误　d）正确

3. 定位基准的选择

（1）基准及其分类　基准，就是零件上用来确定其他点，线、面的位置所依据的点、线、面。根据基准功用不同，分为设计基准和工艺基准两大类。

1）设计基准。设计基准是在零件设计图样上用来确定其他点、线、面的位置的基准。如图4-7 所示，衬套零件，中心线 O-O 是各外圆表面和内孔的设计基准，端面 A 是端面 B、

C 的设计基准，$\phi30H7$ 内孔的中心线是 $\phi45h6$ 外圆表面径向圆跳动和端面 B 端面圆跳动的设计基准。

2）工艺基准。工艺基准是在工艺过程（加工和装配过程）中所采用的基准。它包括工序基准、定位基准、测量基准和装配基准。

工序基准是在工序图上用来确定本工序所加工表面加工后的尺寸、形状、位置的基准。所标注的被加工面位置尺寸称为工序尺寸。图 4-8 所示为钻孔工序的工序基准和工序尺寸。

定位基准是在加工中用于工件定位的基准。如图 4-9 所示，在数控铣床上铣侧面 A 和平面 B 时，底面 C 靠在夹具下支承面上，侧面 D 靠在夹具侧支承面上，所以面 C 和面 D 是工件的定位基准。

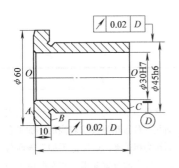

图 4-7　设计基准示意图

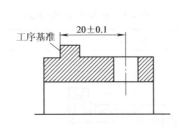

图 4-8　工序基准示意图

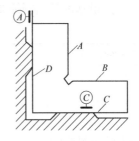

图 4-9　定位基准示意图

作为基准点、线、面有时在工件上并不一定实际存在（如孔和轴的轴心线，两平面之间的对称中心面等），在定位时是通过有关具体表面体现的，这些表面称为定位基面。工件以回转表面（如孔、外圆）定位时，回转表面的轴心线是定位基准，而回转表面就是定位基面。工件以平面定位时，其定位基准与定位基面一致。

测量基准是测量工件的形状、位置和尺寸误差时所采用的基准。图 4-10 所示为测量平面 A 的两种方案。如图 4-10a 所示，检验 A 面时是以小圆柱面上的母线为测量基准；图 4-10b 所示是以大圆柱面的下母线为测量基准。

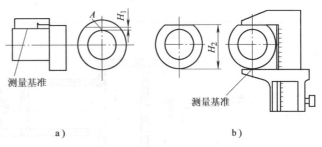

图 4-10　工件上已加工表面的测量基准
a）从小圆柱面上的母线为基准　b）以大圆柱面的母线为基准

装配基准是在机器装配时，用来确定零件或部件在产品中的相对位置所采用的基准。如图 4-11 所示，齿轮和轴的装配关系中，齿轮内孔 A 及端面 B 即为装配基准。如图 4-12 所示，上述各种基准之间相互关系的实例。

（2）定位基准的选择　选择定位基准是制定工艺规程的重要部分。在第一道工序中，只能使用工件上未加工的毛坯表面来定位，这种定位基准称为粗基准。在以后的工序中，可以采用经过加工的表面来定位，这种定位基准称为精基准。

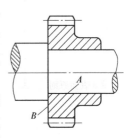

图 4-11　装配基准示意图

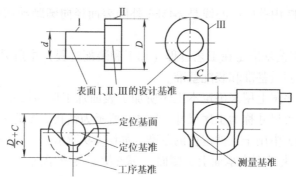

图 4-12　各种基准之间的关系

1）粗基准的选择原则见表4-1。

表4-1　粗基准的选择原则

粗基准的选择原则	实　例　图	说　　明
相互位置要求原则		套筒粗基准的选择：选取与加工表面相互位置精度要求较高的不加工表面作为粗基准，以保证不加工表面与加工表面的位置要求。如左图所示的套筒毛坯，以不加工表面的外圆 1 作粗基准，不仅可以保证内孔 2 加工后壁厚均匀，还可以在一次安装中加工出大部分要加工的表面
加工余量合理分配原则		阶梯轴的粗基准选择：以余量最小的表面作为粗基准，以保证各加工表面有足够的加工余量。如左图所示，阶梯轴毛坯大小端外圆有 5mm 的偏心，应以余量较小的 $\phi 58$mm 外圆作粗基准，如果以 $\phi 114$mm 外圆作粗基准加工 $\phi 58$mm，则无法加工出 $\phi 50$mm 外圆
重要表面原则	a) b)	为保证重要表面的加工余量均匀，应选择重要加工面为粗基准。如左图所示为床身导轨加工粗基准的选择，为了保证表面的金相组织均匀一致并且有较高的耐磨性，应使其加工余量小而均匀。因此，应先选择导轨面为粗基准，加工与床腿的连接面，如左图 a 所示。然后再以连接面为精基准，加工导轨面，如左图 b 所示。这样才能保证导轨面加工时被切去的金属层尽可能薄而且均匀

（续）

粗基准的选择原则	实 例 图	说 明
不重复使用原则	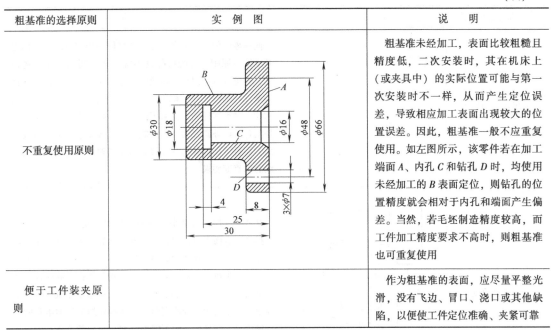	粗基准未经加工，表面比较粗糙且精度低，二次安装时，其在机床上（或夹具中）的实际位置可能与第一次安装时不一样，从而产生定位误差，导致相应加工表面出现较大的位置误差。因此，粗基准一般不应重复使用。如左图所示，该零件若在加工端面 A、内孔 C 和钻孔 D 时，均使用未经加工的 B 表面定位，则钻孔的位置精度就会相对于内孔和端面产生偏差。当然，若毛坯制造精度较高，而工件加工精度要求不高时，则粗基准也可重复使用
便于工件装夹原则		作为粗基准的表面，应尽量平整光滑，没有飞边、冒口、浇口或其他缺陷，以便使工件定位准确、夹紧可靠

2）精基准的选择见表 4-2。

表 4-2　精基准的选择原则

精基准的选择原则	实 例 图	说 明
基准重合原则	a） b）	直接选择加工表面的设计基准为定位基准，称为基准重合原则。采用基准重合原则可以避免由定位基准与设计基准不重合而引起的定位误差（基准不重合误差） 　　如左图 a 所示，预加工该零件孔 3，其设计基准为面 2，要求保证尺寸 A。在用调整法加工时，若以面 1 为定位基准，则直接保证的尺寸是 C，尺寸 A 是通过控制尺寸 B 和 C 来间接保证。用这种方法加工，尺寸 A 的加工误差值是尺寸 B 和 C 误差值之和。尺寸 A 的加工误差中增加了一个定位基准（面 1）到设计基准（面 2）之间尺寸 B 的误差，即基准不重合误差。由于该误差的存在，只有提高本道工序尺寸 C 的加工精度，才能保证尺寸 A 的精度；当本道工序 C 的加工精度不能满足要求时，还需提高前道工序尺寸 B 的加工精度，由此增加了加工的难度
		如左图 b 所示，用面 2 定位，则符合基准重合原则，可以直接保证尺寸 A 的精度。定位过程中产生的基准不重合误差，是在用夹具装夹、调整法加工一批工件时产生的。若用试切法（通过试切→测量→调整→再试切，反复进行到被加工尺寸达到要求为止的加工方法）加工，设计要求的尺寸一般可以直接测量，不存在基准不重合误差问题。在带有自动测量功能的数控机床上，可在工艺中安排坐标系测量检查工步，即每个零件加工前由 CNC 系统自动控制测量头检测设计基准并自动计算，修正坐标值，消除基准不重合误差。因此，可以不必遵循基准重合原则

（续）

精基准的选择原则	实 例 图	说 明
基准统一原则		同一零件的多道工序尽可能选择同一个定位基准，称为基准统一原则。其既可保证各加工表面间的相互位置精度，避免或减少因基准转换而引起的误差，也简化了夹具的设计与制造工作，降低了成本，缩短了生产准备周期。例如，轴类零件加工，采用两端中心孔作为统一定位基准加工各阶梯外圆表面，不但能在一次装夹中加工大多数表面，而且可保证各阶梯外圆表面的同轴度以及端面与轴心线的垂直度要求
自为基准原则	1—磁力表座　2—百分表 3—床身　4—垫铁	某些要求加工余量小而均匀的精加工或光整加工工序，选择加工表面本身作为定位基准，称为自为基准原则。如左图所示的床身导轨面磨削。先把百分表安装在磨头的主轴上，并由机床驱动作运动，人工找正工件的导轨面，然后磨去薄而均匀的一层余量，以满足对床身导轨面的质量要求。采用自为基准原则时，只能提高加工表面本身的尺寸精度、形状精度，而不能提高加工表面的位置精度，加工表面的位置精度应由前道工序保证。此外，珩磨、铰孔及浮动镗孔等都是自为基准的实例
互为基准原则	1—卡盘　2—滚柱　3—齿轮	为使各加工表面之间具有较高的位置精度，或为使加工表面具有小而均匀的加工余量，可采取两个加工表面互为基准反复加工的方法，称为互为基准原则。例如，车床主轴轴颈与前端锥孔同轴度要求很高，生产中常以主轴轴颈和锥孔表面互为基准反复加工来达到。如左图所示，精密齿轮齿面磨削，因齿面淬硬层磨削余量小而均匀，为此需先以齿面分度圆为基准磨内孔，再以内孔为基准磨齿面，这样反复加工才能满足要求
便于装夹原则		所选精基准应能保证工件定位准确、稳定，装夹方便可靠，夹具结构简单适用，操作方便灵活。同时，定位基准应有足够大的接触面积，以承受较大的切削力。因此，精基准应选择尺寸精度、形状精度较高而表面粗糙度值较小、面积较大的表面。如左图所示，支座加工分别以凸缘 a 或 b 定位，在同样的安装误差下，则以 b 面做精基准定位影响较小

　　如统一的定位基准与设计基准不重合时，就不可能同时遵循基准重合原则和基准统一原则，此时要统筹兼顾。若采用统一定位基准，能够保证加工表面的尺寸精度，则应遵循基准统一原则；若不能保证尺寸精度，则可在粗加工和半精加工时遵循基准统一原则，在精加工时遵循基准重合原则，以免使工序尺寸的实际公差值减小，增加加工难度。所以，必须根据

具体的加工对象和加工条件，从保证主要技术要求出发，灵活选用有利的精基准，达到定位精度高、夹紧可靠，夹具结构简单、操作方便的要求。

（3）辅助基准的选择　辅助基准是为了便于装夹或易于实现基准统一而人为制成的一种定位基准。

例如，轴类零件加工所用的两个中心孔，它不是零件的工作表面，只是出于工艺上的需要才做出的。如图 4-13 所示，为安装方便，毛坯上专门铸出工艺搭子，这也是典型的辅助基准，加工完毕后应将其从零件上切除。

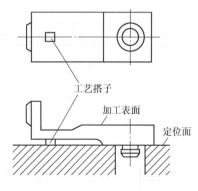

图 4-13　辅助基准典型实例

4.2.2　工件的定位元件和定位方式

工件的定位是通过工件上的定位基准面和夹具上定位元件工作表面之间的配合或接触实现的，一般应根据工件上定位基准面的形状，选择相应的定位元件。常见定位元件及定位方式，见表 4-3。

表 4-3　常见定位元件及定位方式

工件定位基准面	定位元件	定位方式简图	定位元件特点	限制的自由度
平面	支承钉			1、2、3 限制 $\vec{z}$、$\hat{x}$、$\hat{y}$ 4、5 限制 $\vec{x}$、$\hat{z}$ 6 限制 $\vec{y}$
	支承板		每个支承板也可设计为两个或两个以上小支承板	1、2 限制 $\vec{z}$、$\hat{x}$、$\hat{y}$ 3 限制 $\vec{x}$、$\hat{z}$
平面	固定支承与浮动支承		1、3——固定支承 2——浮动支承	1、2 限制 $\vec{z}$、$\hat{x}$、$\hat{y}$ 3 限制 $\vec{x}$、$\hat{z}$
	固定支承与辅助支承		1、2、3、4——固定支承 5——辅助支承	1、2、3 限制 $\vec{z}$、$\hat{x}$、$\hat{y}$ 4 限制 $\vec{x}$、$\hat{z}$ 5 增加刚性，不限制自由度

（续）

工件定位基准面	定位元件	定位方式简图	定位元件特点	限制的自由度
圆孔	定位销（心轴）		短销（短心轴）	$\vec{x}$、$\vec{y}$
			长销（长心轴）	$\vec{x}$、$\vec{y}$ $\widehat{x}$、$\widehat{y}$
	锥销		单锥销	$\vec{x}$、$\vec{y}$、$\vec{z}$
			1——固定销 2——活动销	1 限制 $\vec{x}$、$\vec{y}$、$\vec{z}$ 2 限制 $\widehat{x}$、$\widehat{y}$
外圆柱面	支承板或支承钉		短支承板或支承钉	$\vec{z}$（或 $\widehat{x}$）
			长支承板或两个支承钉	$\vec{z}$、$\widehat{x}$
	V形块		窄V形块	$\vec{x}$、$\vec{z}$
			宽V形块或两个窄V形块	$\vec{x}$、$\vec{z}$ $\widehat{x}$、$\widehat{z}$
			垂直运动的窄活动V形块	$\vec{x}$（或 $\widehat{x}$）
	定位套		短套	$\vec{x}$、$\vec{z}$
			长套	$\vec{x}$、$\vec{z}$ $\widehat{x}$、$\widehat{z}$

（续）

工件定位基准面	定位元件	定位方式简图	定位元件特点	限制的自由度
外圆柱面	半圆孔衬套		短半圆孔	$\vec{x}$、$\vec{z}$
			长半圆孔	$\vec{x}$、$\vec{z}$ $\hat{x}$、$\hat{z}$
	锥套		单锥套	$\vec{x}$、$\vec{y}$、$\vec{z}$
		1　　　　2	1——固定锥套 2——活动锥套	1 限制 $\vec{x}$、$\vec{y}$、$\vec{z}$ 2 限制 $\hat{x}$、$\hat{z}$

1. 工件以平面定位

工件以平面作为定位基准面是生产中常见的定位方式之一。常用的定位元件（即支承件）有固定支承、可调支承、浮动支承和辅助支承等。除辅助支承外，其余均对工件起定位作用。

（1）固定支承　固定支承分支承钉和支承板两种，如图 4-14 所示，在使用中都不能调整，高度尺寸是固定不动的。为保证各固定支承的定位表面严格共面，装配后需将其工作表面一次磨平。

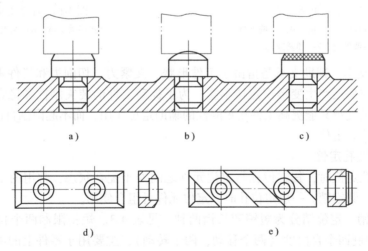

图 4-14　支承钉和支承板支承示意图

a）平头支承钉　b）球头支承钉　c）齿纹头支承钉　d）简单型支承板　e）带斜槽支承板

如图 4-14 所示，平头支承钉和支承板用于已加工平面的定位；球头支承钉主要用于毛坯面定位；齿纹头支承钉用于侧面定位，以增大摩擦因数，防止工件滑动。简单型支承板的结构简单，制造方便，但孔边切屑不易清除干净，适用于工件侧面和顶面定位；带斜槽支承板便于清除切屑，适用于工件底面定位。

（2）可调支承　可调支承用于工件定位过程中支承钉高度需调整的场合，如图 4-15 所示。调节时松开螺母 2，将调整钉 1 高度尺寸调整好后，用锁紧螺母 2 固定，就相当于固定支承。可调支承大多用于毛坯尺寸、形状变化较大以及粗加工定位，以调整补偿各批毛坯尺寸误差。一般不对每个工件进行一次调整，而是对一批调整一次。在同一批工件加工中，它的作用与固定支承相同。

（3）浮动支承（自位支承）　浮动支承是指在工件定位过程中，能随着工件定位基准位置的变化而自动调节的支承。浮动支承常用的有三点式浮动支承（图 4-16a）和两点式浮动支承（图 4-16b）。这类支承的特点是：定位基准面压下其中一点，其余点便上升，直至各点都与工件接触为止。无论哪种形式的浮动支承，其作用相当于一个固定支承，只限制一个自由度，主要目的是提高工件的刚性和稳定性。它适用于工件以毛坯面定位或刚性不足的场合。

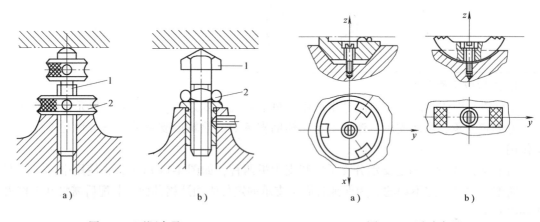

图 4-15　可调支承　　　　　　　　　　　　图 4-16　浮动支承
a）球头可调支承　b）尖头可调支承　　　　a）三点式浮动支承　b）两点式浮动支承
1—调整钉　2—锁紧螺母

（4）辅助支承　辅助支承是指由于工件形状、夹紧力、切削力和工件重力等原因，可能使工件在定位后还产生变形或定位不稳，为了提高工件的装夹刚性和稳定性而增设的支承。因此，辅助支承只能提高工件支承刚性的辅助定位作用，而不起限制自由度的作用，更不能破坏工件原有定位。

2. 工件以圆孔定位

工件以圆孔定位时，其定位孔与定位元件之间处于配合状态，常用的定位元件有定位销、定位心轴、圆锥销。一般定位孔时，定位元件可组合使用。

（1）定位销　定位销分为短销和长销两种，见表 4-3。短销限制两个自由度（两个移动），而长销限制四个自由度（两个移动，两个转动），主要用于零件上的中心孔定位，一般直径不超过 50mm。

（2）定位心轴　定位心轴主要用于盘套类工件的定位。定位心轴定位分间隙配合和过盈配合两种。间隙配合拆卸方便，但定心精度不高；过盈配合定心精度高，不用另设夹紧装置，但装拆工件不方便。

（3）圆锥销　圆锥销定位时，圆锥销与工件圆孔的接触线为一个圆，限制工件的 $\vec{x}$、$\vec{y}$、$\vec{z}$ 三个自由度，见表 4-3。

3. 工件以外圆柱面定位

工件以外圆柱面定位时有支承定位和定心定位两种。支承定位最常见的是 V 形块定位。定心定位能自动地将工件的轴线确定在要求的位置上，如常见的三爪自定心卡盘和弹簧夹头等。此外也可用套筒、半圆孔衬套、锥套作为定位元件。

（1）V 形块　V 形块分为短 V 形块、长 V 形块和两个短 V 形块组合等三种结构形式。V 形块可用于完整或不完整的圆柱面定位，用于精基准，也可用于粗基准，而且对中性好，可以使工件的定位基准轴线保持在 V 形块两斜面的对称平面上，不受工件直径误差的影响，安装方便。短 V 形块限制工件两个自由度，长 V 形块限制工件四个自由度，适用较短的工件精基准定位，两个短 V 形块限制工件四个自由度，适用较长的工件粗基准定位，见表 4-3。V 形块两斜面的夹角有 60°、90° 和 120° 三种，其中 90° 为最常用。

（2）套筒定位和剖分套筒　套筒定位可分为短套筒定位和长套筒定位，见表 4-3。其结构简单，但定心精度不高，为防止工件偏斜，常采用套筒内孔与端面联合定位。短套筒限制两个自由度；长套筒限制四个自由度。

剖分套筒为半圆孔定位元件，见表 4-3，主要适用于大型轴类零件的精密轴颈定位，便于工件的安装。

（3）定心夹紧机构　定心夹紧机构有三爪自定心卡盘、弹簧夹头等。弹簧夹头在实现定心的同时能将工件夹紧。

4. 工件以一面两孔定位

一面两孔定位是机械加工过程中最常用的定位方式之一，如图 4-17 所示，即以工件上的一个较大平面和以该平面垂直的两个孔组合定位。平面支承限制 $\hat{x}$、$\hat{y}$ 和 $\hat{z}$ 三个自由度，两个圆柱销限制 $\hat{x}$ 和 $\hat{y}$ 两个自由度。显然，沿两销连心线方向的移动自由度被重复限制而出现过定位。为了避免过定位，将其中一销做成削边销。削边销不限制 $\hat{x}$ 自由度而限制 $\hat{x}$ 自由度。关于削边销的尺寸，见表 4-4。削边销与孔的最小配合间隙 $X_{\min}$ 可由下式计算。

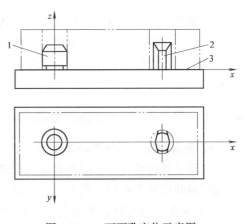

图 4-17　一面两孔定位示意图
1—圆柱销　2—削边销　3—定位基面

$$X_{\min} = \frac{b(T_D + T_d)}{D}$$

式中　b——削边销的宽度（mm）；

　　T_D——两定位孔中心距公差（mm）；

　　T_d——两定位销中心距公差（mm）；

　　D——与削边销配合的孔的直径（mm）。

5. 定位误差

工件在夹具中的位置是以其定位基面与定位元件的相互接触（配合）来确定的，由于定位基面、定位元件的工作表面本身存在一定的制造误差，导致一批工件在夹具中的实际位置不可能完全一样，使加工后各工件的加工尺寸存在误差。这种因工件在夹具上定位不准而造成的加工误差，称为定位误差，它包括基准位移误差和基准不重合误差两种类型。

表4-4　削边销结构尺寸　　　　　　　　　　　　　　（单位：mm）

	D	3~6	>6~8	>8~20	>20~25	>25~32	>32~40	>40~50
	b	2	3	4	5	6	7	8
	B	D-0.5	D-1	D-2	D-3	D-4	D-5	

（1）基准位移不重合误差　定位基准和工序基准不重合而造成的加工误差，称为基准不重合误差，用 Δ_Y 表示。

（2）基准不重合误差　定位基准和工序基准不重合而造成的加工误差，称为基准不重合误差，用 Δ_B 表示。

定位误差的计算与工件的具体定位方式和定位基准、定位元件的制造精度有关。

4.3　工件的夹紧

夹紧是工件装夹过程中的重要组成部分。工件定位后必须通过一定的机构产生夹紧力，把工件压紧在定位元件上，使其保持准确的定位位置，不会由于切削力、工件重量、离心力或惯性力等的作用而产生位置变化和振动，以保证加工精度和安全操作。这种产生夹紧力的机构称为夹紧装置。

4.3.1　夹紧装置应具备的基本要求和组成

1. 夹紧装置应具备的基本要求

夹紧装置的设计和选用是否正确合理，对于保证加工质量、提高生产率、降低生产成本和减轻劳动强度都有很大的影响。为此，夹紧装置必须具备以下基本要求：

1）夹紧过程可靠，不改变工件定位后所占据的正确位置。

2）夹紧力的大小适当，既要保证工件在加工过程中其位置稳定不变、振动小，又要使工件不会产生过大的夹紧变形。

3）操作简单方便、省力、安全。

4）结构性好，夹紧装置的结构力求简单、紧凑，便于制造和维修。

2. 夹紧装置的组成

加紧装置通常由动力源、中间传动机构和夹紧元件组成，如图4-18所示。

（1）动力源　是指产生原始夹紧作用力的装置。通常有手动夹紧和机动夹紧机构。机动夹紧机构指气动、液动和电动等动力装置。

（2）中间传动机构　是指把动力源的夹紧作用力传递给夹紧元件，然后由夹紧

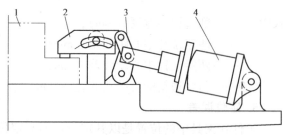

图4-18　加紧装置组成图

1—工件　2—夹紧元件　3—中间传动机构　4—动力源

元件最终完成对工件的夹紧。一般中间传动机构在传递夹紧力的过程中，能改变夹紧力大小和方向，并根据需要具有一定的自锁能力。

（3）夹紧元件　是夹紧装置的最终执行元件。通过它与工件的受压表面直接接触而实现对工件的夹紧。

4.3.2　夹紧力的确定

1. 夹紧力方向和作用点的选择

1）夹紧力应朝向主要定位基准。如图 4-19a 所示，工件被镗孔与 A 面有垂直度要求，因此加工时以 A 面为主要定位基面，夹紧力 F_J 的方向应朝向 A 面。如果夹紧力改朝 B 面，由于工件侧面 A 与底面 B 的夹角误差，夹紧时工件的定位位置被破坏，如图 4-19b 所示，影响孔与 A 面的垂直度要求。

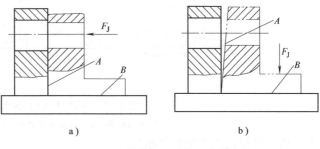

图 4-19　夹紧力方向示意图

a）F_J 的方向应朝向 A 面　b）F_J 的方向应朝向 B 面

2）夹紧力的作用点应落在定位元件的支承范围内，并靠近支承元件的几何中心。如图 4-20 所示，夹紧力作用在支承面之外，导致工件的倾斜和移动，破坏工件的定位。正确位置应是图中箭头所示的位置。

3）夹紧力的方向应有利于减少夹紧力的大小。如图 4-21 所示，钻削 A 孔时，夹紧力 F_J 与轴向切削力 F_H、工件重力 G 的方向相同，加工过程所需的夹紧力为最小。

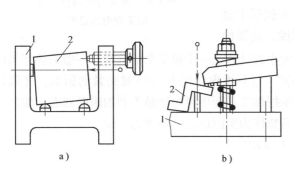

图 4-20　夹紧力作用点示意图

1—夹具　2—工件

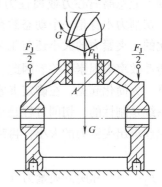

图 4-21　夹紧力与切削力、重力的关系

4）夹紧力的方向和作用点应施加于工件刚性较好的方向和部位。如图 4-22a 所示，薄壁套筒工件的轴向刚性比径向刚性好，应沿轴向施加夹紧力，如图 4-22b 所示，薄壁箱体夹紧时，应作用于刚性较好的凸边上，箱体没有凸边时，可以将单点夹紧改为三点夹紧，如图 4-22c 所示。

5）夹紧力作用点应尽量靠近工件加工表面。为提高工件加工部位的刚性，防止或减少工件产生振动，应将夹紧力的作用点尽量靠近加工表面。如图 4-23 所示，拨叉装夹时，主要夹紧力 F_1 垂直作用于主要定位基面，在靠近加工面处设辅助支承，施加适当的辅助夹

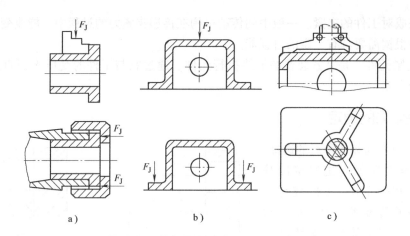

图 4-22　夹紧力与工件刚性的关系

a）薄壁套筒夹紧　b）薄壁箱体夹紧　c）单点改三点夹紧

紧力 F_2，可提高工件的安装刚度。

2. 夹紧力大小的估算

夹紧力的大小，对工件安装的可靠性、工件和夹具的变形、夹紧机构的复杂程度等有很大关系。加工过程中，工件受到切削力、离心力、惯性力和工件自身重力等的作用。一般情况下加工中、小工件时，切削力（矩）起决定性作用。加工重型、大型工件时，必须考虑工件重力的作用。工件高速运动条件下加工时，则不能忽略离心力或惯性力对夹紧作用的影响。此外，切削力本身是一个动态载荷，在加工过程中也是变化的。夹紧力的大小还与工艺系统刚度，夹紧机

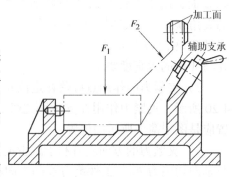

图 4-23　夹紧力作用点靠近
加工表面示意图

构的传动效率等因素有关。因此，夹紧力大小的计算是一个很复杂的问题，一般只能作粗略的估算。为简化起见，在确定夹紧力大小时，可只考虑切削力（矩）对夹紧的影响，并假设工艺系统是刚性的，切削过程是平稳的，根据加工过程中对夹紧最不利的瞬时状态，按静力平衡原理求出夹紧力的大小，再乘以安全系数作为实际所需的夹紧力，即

$$F_J = KF$$

式中　F_J——实际所需夹紧力（N）；

　　　F——一定条件下，按静力平衡计算出的夹紧力（N）；

　　　k——安全系数，考虑切割力的变化和工艺系统变形等因素，一般取 $k = 1.5 \sim 3$。

实际应用中并非所有情况下都需要计算夹紧力，手动夹紧机构一般根据经验或类比法确定夹紧力。若确实需要比较准确计算夹紧力，可采用上述方法计算夹紧力的大小。

3. 基本夹紧机构

机床夹具中所使用的夹紧机构绝大多数都是利用斜面将楔块的推力转变为夹紧力来夹紧工件的。其中最基本的形式就是直接利用有斜面的楔块，偏心轮、凸轮和螺钉等是楔块的变种。

（1）斜楔夹紧机构　斜楔是夹紧机构中最基本的增力和锁紧元件。斜楔夹紧机构是利用

楔块上的斜面直接或间接（如用杠杆等）将工件夹紧的机构，如图 4-24a 所示。敲入斜楔大头，使滑柱下降，装在滑柱上的浮动压板可同时夹紧两个工件。加工完后，敲斜楔的小头，即可松开工件。采用斜楔直接夹紧工件的夹紧力较小、操作不方便，因此实际生产中一般与其他机构联合使用，如图 4-24b 所示，斜楔与螺旋夹紧机构的组合形式，当拧紧螺旋时楔块向左移动，使杠杆压板转动夹紧工件。当反向转动螺旋时，楔块向右移动，杠杆压板在弹簧力的作用下松开工件。

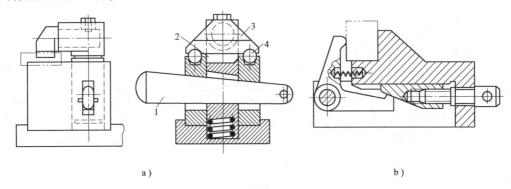

图 4-24　斜楔夹紧机构

a）斜楔夹紧机构　b）斜楔与螺旋夹紧机构

1—斜楔　2—滑柱　3—浮动压板　4—工件

选用斜楔夹紧机构时，应根据需要确定斜角。凡有自锁要求的楔块夹紧，其斜角必须小于 2 倍摩擦角，为可靠起见，通常楔块斜角取 6°～8°。在现代夹具中，斜楔夹紧机构常与气压、液压传动装置联合使用，由于气压和液压可保持一定压力，楔块斜角不受此限，可取更大些，一般在 15°～30°内选择。斜楔夹紧机构结构简单，操作方便，但传力系数小，夹紧行程短，自锁能力差。

（2）螺旋夹紧机构　由螺钉、螺母、垫圈、压板等元件组成，采用螺旋直接夹紧或与其他元件组合实现夹紧工件的机构，统称为螺旋夹紧机构。螺旋夹紧机构不仅结构简单、容易制造，而且自锁性能好、夹紧可靠，夹紧力和夹紧行程都较大，是夹具中用得最多的一种夹紧机构。螺旋夹紧机构分为简单螺旋夹紧机构和螺旋压板夹紧机构。

1）简单螺旋夹紧机构。这种装置有两种形式。如图 4-25a 所示，机构螺杆直接与工件接触，容易使工件受损害或移动，一般只用于毛坯和粗加工零件的夹紧。常用的螺旋夹紧机构，如图 4-25b 所示，其螺杆头部常装有摆动压块，可防止螺杆夹紧时带动工件转动和损伤工件表面，螺杆上部装有手柄，夹紧时不需要扳手，操作方便、迅速。工件夹紧部分不宜使用扳手，且夹紧力要求不大的部位，可选用这种机构。简单螺旋夹紧机构的缺点是夹紧动作慢，工件装卸费时。

2）螺旋压板夹紧机构。在夹紧机构中，结构形式变化最多的是螺旋压板机构，常用的螺旋压

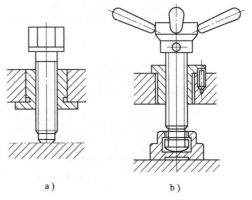

图 4-25　简单螺旋夹紧机构图

a）螺杆与工件直接接触　b）螺杆与工件不直接接触

板夹紧机构如图 4-26 所示。选用时，可根据夹紧力大小的要求、杠杆比不同、工作高度尺寸的变化范围和夹具上夹紧机构允许占有的部位和面积进行选择。图 4-26a、b 为移动压板，图 4-26c、d 为转动压板。

（3）偏心夹紧机构　偏心夹紧机构是由偏心元件直接夹紧或与其他元件组合而实现对工件夹紧的机构，它是利用转动中心与几何中心偏移的圆盘或轴作为夹紧元件。它的工作原理也是基于斜楔的工作原理，近似于把一个斜楔弯成圆盘形，如图 4-27a 所示。偏心元件一般有圆偏心和曲线偏心两种类型，圆偏心因结构简单、容易制造而得到广泛应用。

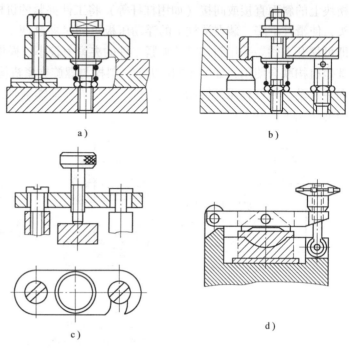

a)

b)

c)

d)

图 4-26　螺旋压板夹紧机构

a)、b) 移动压板式　c)、d) 转动压板式

偏心夹紧机构结构简单、制造方便，与螺旋夹紧机构相比，还具有夹紧迅速、操作方便等优点；其缺点是夹紧力和夹紧行程均不大，自锁能力差，结构不抗振，故一般适用于夹紧行程及切削负荷较小且平稳的场

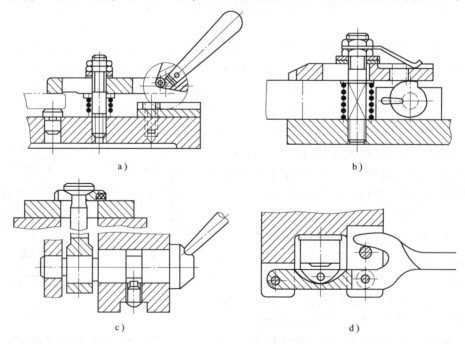

a)

b)

c)

d)

图 4-27　偏心夹紧机构

a)、b) 偏心轮机构　c) 偏心轴机构　d) 偏心叉机构

合。在实际使用中，偏心轮直接作用在工件上的偏心夹紧机构不多见。偏心夹紧机构一般多和其他夹紧元件联合使用。如图 4-27a、b 所示，偏心件为偏心轮，如图 4-27c 所示，偏心件为偏心轴，如图 4-27d 所示，偏心件为偏心叉。

（4）铰链夹紧机构 铰链夹紧机构是一种增力夹紧机构。由于其机构简单，增力倍数大，在气压夹具中获得较广泛的运用，以弥补气缸或气室力量的不足。铰链夹紧机构常见的三种基本结构，单臂铰链夹紧机构、双臂单作用铰链夹紧机构和双臂双作用铰链夹紧机构。

（5）定心夹紧机构 在工件定位时，同时使工件定心定位和夹紧的夹紧机构称为定心夹紧机构。定心夹紧机构的特点是：定位和夹紧是同一元件、元件之间有精确的联系、能同时等距离地移向或退离工件、能将工件定位基准的误差对称地分布开来。

常见的定心夹紧机构有：利用斜面作用的斜楔式定心夹紧机构、利用齿条传动的虎钳式定心夹紧机构以及利用薄壁弹性元件的定心夹紧机构等。

1）斜楔式定心夹紧机构。如图 4-28 所示，拧动螺母 1 时，由于斜面 A、B 的作用，使两组活动块 2 同时等距外伸，直至每组 3 个活动块均与工件孔壁接触，使工件得到定心夹紧。反向拧动螺母，工件被松开。

2）虎钳式定心夹紧机构。如图 4-29 所示，齿条 1 和 2 分别与 V 形块 5、6 和气缸活塞杆 4 连接，齿轮 3 空套在固定轴上，当活塞杆左移时，两 V 形块对向移动，从而将工件定心并夹紧。松开时，其移动相反，工件被松开。斜楔式和虎钳式定心夹紧机构的定心精度较低，但夹紧力和夹紧行程都较大，一般适用于装夹精度要求不高的场合。

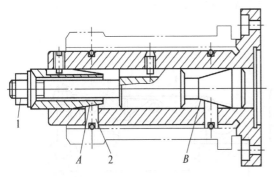

图 4-28　斜楔式定心夹紧机构
1—螺母　2—活动块

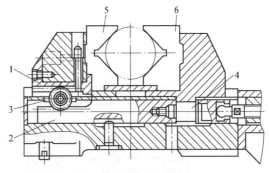

图 4-29　虎钳式定心夹紧机构
1、2—齿条　3—齿轮　4—活塞杆　5、6—V 形块

3）弹性变形定心夹紧机构。采用外圆柱面定位的弹簧夹头，如图 4-30a 所示，旋转螺母 4 时，锥套 3 内锥面迫使弹性筒夹 2 上的簧瓣向心收缩，从而将工件定心夹紧。该机构结构简单、定心精度高、体积小，操作方便、迅速，应用较广。通常用于半精加工和精加工；采用工件内孔为定位基准面的弹簧心轴，如图 4-30b 所示，旋转螺母 4 时，锥套 3 的外锥面迫使弹性筒夹 2 的两端簧瓣向外均匀扩张，从而将工件夹紧，反向转动螺母，带退锥套，便可卸下工件。

（6）联动夹紧机构 在工件的装夹过程中，有时需要夹具同时有几个点对工件进行夹紧；有时则需要同时夹紧几个工件；而有些夹具除了夹紧动作外，还需要松开或固紧辅助支承等，这时为了提高生产率，减少工件装夹时间，常常采用各种联动夹紧机构。这种利用 1

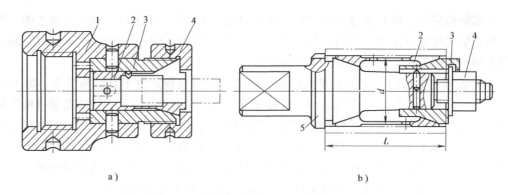

a)   b)

图 4-30 弹性变形定心夹紧机构

a）外圆柱面定位弹簧夹头　b）工件内孔定位弹簧心轴

1—夹具体 2—弹性筒夹 3—锥套 4—螺母 5—心轴

个原始作用力实现单件或多件的多点、多向同时夹紧机构称为联动夹紧机构。常见的联动夹紧机构有单件和多件联动夹紧机构。

1）单件联动夹紧机构。该机构多用于大型工件或具有特殊结构的工件。只需操作 1 个手柄，就能从各个方向均匀地夹紧工件。对方向侧夹紧联动夹紧机构，如图 4-31a 所示，当液压缸中的活塞杆 3 向下移动时，通过双臂铰链使浮动压板 2 相对转动，最后将工件 1 夹紧；双向浮动四点联动夹紧机构，如图 4-31b 所示，由于摇臂 5 可以转动并与摆动压块 4、6 铰链连接，因此，当拧紧螺母 7 时，便可以从两个垂直的方向上实现四点联动夹紧。

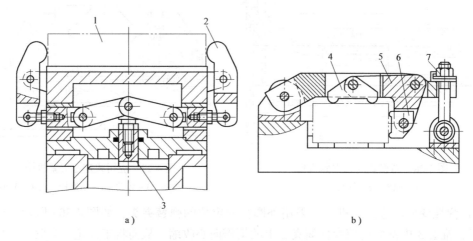

a)   b)

图 4-31 单件联动夹紧机构

a）对方向侧夹紧机构　b）双向浮动四点联动夹紧机构

1—工件 2—浮动压板 3—活塞杆 4、6—摆动压块 5—摇臂 7—螺母

2）多件联动夹紧机构。该机构多用于夹紧中、小型工件，只需操作一个手柄，可同时夹紧若干个工件，是提高生产率的有效装置。对向式多件联动夹紧机构，如图 4-32a 所示；平行式多件联动夹紧机构，如图 4-32b 所示；复合式多件联动夹紧机构，如图 4-32c 所示，该机构是对向式和平行式组合而构成的。

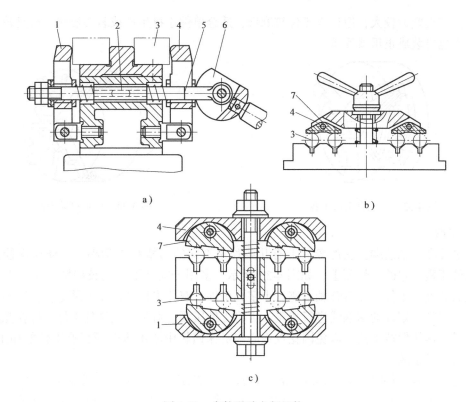

图 4-32　多件联动夹紧机构

a）对向式　b）平行式　c）复合式

1、4—压板　2—键　3—工件　5—拉杆　6—偏心轮　7—摆动块

4.4　典型机床夹具

4.4.1　车床夹具

　　车床上加工的零件一般都是回转体，在加工过程中，夹具要带动工件一起转动，不允许工件对机床主轴产生相对移动，因此工件上孔或外圆的中心线必须与机床中心线重合，所以车床夹具多是定心夹具。常见的车床夹具有三爪自定心卡盘、四爪单动卡盘、花盘和顶尖等。

　　1. 三爪自定心卡盘

　　三爪自定心卡盘用于装夹截面为圆形、三角形和六角形的工件。三爪自定心卡盘的三个卡爪能同步移动，因此在夹紧工件时能自动定心，如图 4-33 所示。用卡盘扳手拧动锥齿轮时形成卡爪的夹紧运动，可从外向内卡紧，即外卡爪夹紧实心工件；也可以从内向外夹紧，即卡爪夹紧空心工件。正爪夹持工件时，工件直径不能太大，卡爪伸出卡盘外圆的长度不应超过卡爪长度的三分之一，否则容易出事故。反爪可以夹持直径较大的工件。

　　2. 四爪单动卡盘

　　该卡盘用于夹紧四边形和八边形工件，四个卡爪只能各自独立地径向移动，如图 4-34所示。安装工件时，需要通过调节各卡爪的相对位置来进行找正，校准后可以达到较高的精度要求。其夹紧力较大，但校准工件较麻烦，适合单件小批生产或装夹形状复杂且较重的工件。卡爪也可装成正爪或反爪。

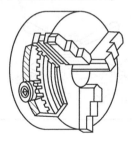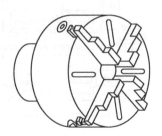

图 4-33　三爪自定心卡盘　　　　　　　　　图 4-34　四爪单动卡盘

3. 花盘

花盘装在主轴前端，它的盘面上有几条长短不同的通槽和 T 形槽，以便用螺栓、压板等将工件压紧在它的工作面上，如图 4-35 所示。多用于安装形状比较特别，而三爪和四爪卡盘无法装夹的工件，如对开轴承座、十字孔工件、双孔连杆和齿轮油泵等。在安装时，根据预先在工件上划好的基准线进行找正，再将工件压紧。对于不规则的工件，应在花盘上装上适当的平衡块保持平衡，以免因花盘重心与机床回转中心不重合而影响工件的加工精度，甚至导致意外事故发生。

用花盘安装工件时有两种形式：若工件被加工表面的回转轴线与其基准面垂直重合时，直接将工件安装在花盘的工作面上，如图 4-35a 所示；若工件被加工表面的回转轴线与其基准面平行时，将工件安装在花盘的角铁上加工，如图 4-35b 所示。工件在花盘上的定位要用划线盘等找正。

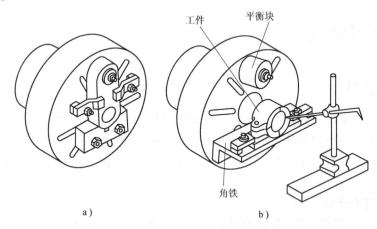

工件　　平衡块

角铁

a)　　　　　　　　　　　b)

图 4-35　花盘及工件安装示意图
a) 工件直接安装在花盘的工作面上　b) 工件安装在花盘的角铁上

4. 顶尖

顶尖分前顶尖和后顶尖。顶尖的头部带有 60° 锥形尖端，顶尖的作用是定位、支承工件并承受切削力。

（1）前顶尖　前顶尖通常安装在一个专用标准锥套内，再将锥套插入车床主轴锥孔中，如图 4-36a 所示，也可以将钢棒料直接装夹在三爪自定心卡盘上车出锥角来代替前顶尖，如

图 4-36b 所示但该顶尖从卡盘上卸下后，再次使用时必须将锥面重车一刀，以保证顶尖锥面的轴线与车床主轴旋转轴线重合。

（2）后顶尖 后顶尖插在车床尾座套筒内使用，分为固定顶尖和活顶尖两种。常用的固定顶尖有普通顶尖、镶硬质合金顶尖和反顶尖等，如图 4-37 所示，固定顶尖的定心精度高，刚性好，缺点是工件和顶针发生滑动摩擦，发热比较大，过热时会把中心孔或顶针"烧"坏，所以，常用镶硬质合金的顶尖对工件中心孔进行研磨，以减少摩擦，固定顶尖一般用于低速、加工精度要求较高的工件。支承细小工件时可用反顶尖。

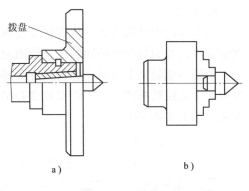

图 4-36 前顶尖

活顶尖内部装有滚动轴承，如图 4-38 所示。活顶尖把顶尖与工件中心孔的滑动摩擦变成顶尖内部轴承的滚动摩擦，因此其转动灵活。由于顶尖与工件一起转动，避免了顶尖和工件中心孔的磨损，能承受较高转速下的加工，但支承刚性差，且存在一定的装配累积误差，且当滚动轴承磨损后，会使顶尖产生径向摆动。所以，活顶尖适于加工工件精度要求不太高的场合。

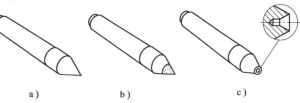

图 4-37 固定顶尖
a) 普通顶尖 b) 镶硬质合金顶尖 c) 反顶尖

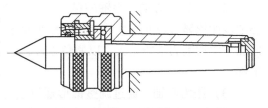

图 4-38 活顶尖

一般前、后顶尖是不能直接带动工件转动，它必须借助拨盘和鸡心夹头来带动工件旋转。拨盘装在车床主轴上，其形式有两种：一种是带有 U 形槽的拨盘，用来与弯尾鸡心夹头相配合带动工件旋转，如图 4-39a 所示；另一种是装有拨杆的拨盘，用来与直尾鸡心夹头相配合带动工件旋转，如图 4-39b 所示。鸡心夹头的一端与拨盘相配，另一端装有方头螺钉，用来固定工件。

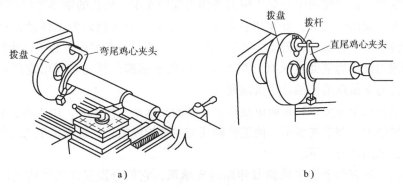

图 4-39 鸡心夹头装夹工件
a) U 形槽拨盘 b) 拨杆式拨盘

5. 心轴

当工件的内外圆表面的位置精度要求较高时，可采用心轴安装工件进行加工，这有利于保证零件的外圆与内孔的同轴度及端面对孔的垂直度要求。

使用心轴装夹工件时，应将工件全部粗车加工后，再将内孔精车好（IT9～IT7），然后以内孔为定位精基准，将工件安装在心轴上，再把心轴安装在前后顶尖之间，精加工外部各表面，如图4-40所示。

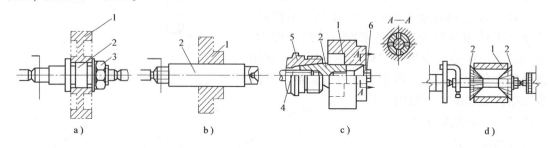

图4-40　心轴安装工件方法示意图
a）圆柱心轴　b）小锥度心轴　c）胀力心轴　d）伞形心轴
1—工件　2—心轴　3—螺母　4—拉紧螺杆　5—车床主轴　6—锥形螺钉

（1）圆柱心轴　工件安装在带台阶的心轴上，一端与轴肩贴合，另一端采用螺母压紧，如图4-40a所示，工件与心轴的配合采用H7/h6。适合于长度尺寸小于孔径尺寸的工件。

（2）小锥度心轴　心轴的锥度在1/1000～1/5000之间，如图4-40b所示，工件内孔与心轴表面依靠过盈所产生的弹性变形来夹紧工件。小锥度心轴的定心精度高，多用于精车，但加工中切削力不能太大，以避免工件在心轴上产生滑动。适用于长度大于工件孔径尺寸的工件。

（3）胀力心轴　通过调整锥形螺钉使心轴一端作微量的径向扩张，将工件胀紧，如图4-40c所示。该心轴可实现快速装拆。适用于安装中小型工件。

（4）伞形心轴　该心轴装拆迅速、装夹牢固，能装夹一定尺寸范围内不同孔径的工件，如图4-40d所示。适用于安装以毛坯孔作为基准车削外圆的带有锥孔或阶梯孔的工件。

6. 中心架与跟刀架

当轴类零件的长度与直径之比较大（$L/d > 20$）时，即为细长轴。加工细长轴时，为了防止其弯曲变形，必须使用中心架或跟刀架作为辅助支承。较长的轴类零件在车端面、钻孔或镗孔时，无法使用后顶尖，如果单独依靠卡盘安装，势必会因为工件悬伸过长而产生弯曲，安装刚性很差，容易引起振动，甚至不能加工。此时，必须用中心架作为辅助支承。使用中心架和跟刀架作为辅助支承时，都要在工件的支承部位预先车削出定位用的光滑圆柱面，并在工件与支承爪的接触处加机油润滑。

中心架上有三个等分布置并能单独调节伸缩的支承爪。使用时，用压板、螺钉将中心架固定在床身导轨上，调节支承爪，使工件轴线与主轴轴线重合，且支承爪与工件表面的接触应松紧适当，如图4-41所示。

跟刀架上一般有两个能单独调节伸缩的支承爪，它们分别安在工件的上面和车刀的对面，如图4-41所示。加工时，跟刀架的底座用螺钉固定在车鞍的侧面，并与车刀一起随车鞍作纵向移动。每次走刀前应先调整支承爪的高度，使之与已车小的圆柱面重新保持夹紧适当的接触。这种跟刀架由于只有两个支承爪，所以，安装刚性差，加工精度低，不适宜高速切削。另外还有一种具有三个支承爪的跟刀架，它的安装刚性较好，加工精度较高，并能适应高速切削。

使用中心架或跟刀架时，必须先调整尾座套筒轴线与主轴轴线的同轴度。中心架要比跟刀架的定位精度高；而一次车削长度方面，跟刀架要好于中心架。

7. 弹簧卡头

弹簧卡头主要用于外圆表面结构简单，而内孔表面结构复杂工件的夹紧，它以外圆表面为定位基准，如图 4-42 所示。旋转压紧螺母，弹簧套筒在压紧螺母的压力下向中心均匀地收缩，使工件获得准确的定位和牢固的夹紧，从而获得较高的位置精度。

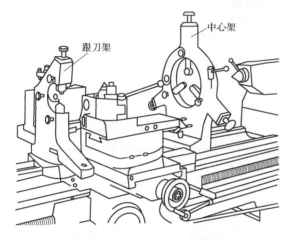

图 4-41　中心架和跟刀架

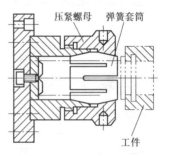

图 4-42　弹簧卡头

4.4.2　铣床夹具

在铣床上加工中、小型工件时，一般采用平口台虎钳装夹工件；对大、中型工件，多采用直接在铣床工作台上用压板装夹；在成批、大量生产中，为提高生产率和保证加工质量，采用专用铣床夹具拉力装夹；有时为了适应加工需要，也可利用分度头和回转工作台等来装夹工件。

1. 平口台虎钳

平口台虎钳采用丝杠——螺母传动，夹持工件，既迅速又方便。常用的平口台虎钳分回转式和非回转式两种，如图 4-43 所示。回转式平口台虎钳上钳座可在底座上扳转任意角度，如图 4-43a 所示。非回转式平口台虎钳与回转式平口台虎钳结构基本相同，只是底座没有转盘，上钳座不能扳转，如图 4-43b 所示。通常采用 T 形螺栓把平口台虎钳固定在工作台上，安装位置应处在工作台面长度方向的中心偏左，宽度方向的中心位置。

平口台虎钳的导轨表面与底面平行，固定钳口的垂直面与底面垂直，这两个面是装夹工件的定位基准面。

2. 用压板装夹

铣床工作台面上有数条 T 形槽，用于安装工件或夹具。在铣床上用压板装夹工件，所用的主要有压板、垫铁、T 形螺栓（或 T 形螺母）及螺母等，如图 4-44a 所示。压板形状各异，可适应各种不同形状工件的装夹。原理是杠杆作用，夹紧螺栓和工件的杠杆臂越短，夹

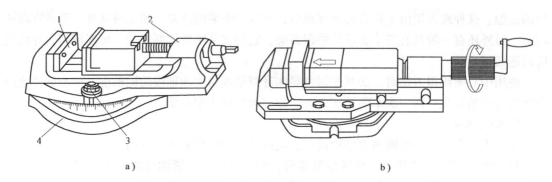

图 4-43 平口台虎钳

a) 回转式 b) 非回转式

1—钳口 2—上钳座 3—螺母 4—下钳座

持力越大。必要时可增加辅助支承。

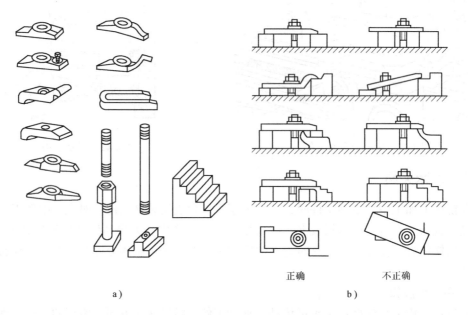

正确   不正确

a)   b)

图 4-44 压板及其夹紧方式

a) 压板 b) 搭压板的方法

使用压板时，压板的一端搭在工件上，另一端搭在垫铁上，垫铁的高度应等于或略高于工件被压紧部位的高度，压板螺栓应尽量靠近工件，这样可增大夹紧力，如图 4-44b 所示。为保证夹紧可靠，压板的数量一般不少于两块。

压板装夹工件注意事项：

1) 直接在铣床工作台面上夹紧毛坯时，应在毛坯件与工作台面间垫铜皮，以免损伤工作台面。压板压在工件已加工表面时，应在压板与工件间垫铜皮，以免压伤工件已加工表面。

2）压板的位置要放置正确，应压在工件刚性最好的部位，防止工件产生变形。如果工件夹紧部位有悬空现象，必须加垫铁或用千斤顶顶住。压紧力的作用点应靠近切削处。

3）螺栓要拧紧，保证铣削时不致因压力不够而使工件移动，损坏工件、刀具和机床。拧紧时，应轮流拧紧螺母，以免拧紧不当使工件歪斜。

4）在工件夹紧后，应检查螺栓和压板的位置是否妨碍机床与刀具的正常工作。

3. 专用铣床夹具

专用铣床夹具，如图 4-45 所示，工件以外圆柱面和一个端面在 V 形块 1 和支承套 7 上定位。转动手柄带动偏心轮 3 旋转，从而使 V 形块移动，即可夹紧或松开工件。对刀块 4 的作用是用来确定刀具的位置和方向。

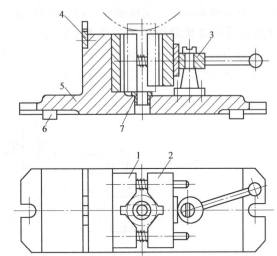

图 4-45　专用铣床夹具

1、2—V 形块　3—偏心轮　4—对刀块　5—夹具体
6—定位键　7—支承套

4.4.3　钻床夹具

在钻床上进行孔的钻、扩、铰、锪和攻螺纹加工所用的夹具，称为钻床夹具。钻床夹具用钻套引导刀具进行加工，有利于保证被加工孔对其定位基准和各孔之间的尺寸精度和位置精度，并可显著提高劳动生产率。

钻床的种类繁多，按机构形式可分为固定式、移动式、回转式、翻转式、盖板式和滑柱式等。

1. 固定式钻模

在使用过程中，钻模的位置固定不变。常用于立钻上加工较大的单孔或在摇臂钻床上加工平行孔系。如图 4-46 所示，该钻模用于钻削工件上的 ϕ10mm 孔，工件在钻模上以 ϕ68H7 孔、端面和键槽与定位法兰 3 和定位块定位。当转动夹紧螺母 8 使螺杆 2 向右移动时，借助于开口垫圈 1 将工件夹紧。松开夹紧螺母 8 时，螺杆便在弹簧 9 的作用下向左移，开口垫圈松开，并绕螺钉 10 摆动开，即可卸下工件。钻套 5 用以确定钻孔的位置并引导钻头。

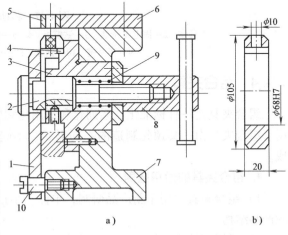

图 4-46　固定式钻模

a）固定式钻模工作图　b）零件图

1—钩形开口垫圈　2—螺杆　3—定位法兰　4—定位块
5—钻套　6—钻模板　7—夹具体　8—夹紧螺母
9—弹簧　10—螺钉

2. 移动式钻模

这类钻模主用于钻削中、小型工件同一表面上的多个孔，如图 4-47 所示，用被加工连杆的大、小头圆弧面作为定位基面，在定位套 12、13，固定 V 形块 2 及活动 V 形块 7 上定位。先通过手轮 8 推动活动 V 形块 7 压紧工件，然后转动手轮 8 带动螺钉 11 转动，压迫钢球 10，使两片半月键 9 向外张开而上锁紧。V 形块带有斜面，使工件在夹紧分力作用下与定位套贴紧。通过移动钻模，使钻头分别在两个钻套 4、5 中导入，从而加工工件上的两个孔。

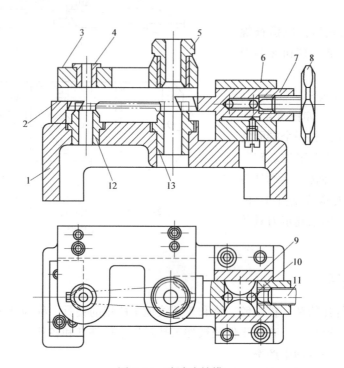

图 4-47 移动式钻模

1—夹具体 2—固定 V 形块 3—钻模板 4、5—钻套 6—支座 7—活动 V 形块 8—手轮
9—半月键 10—钢球 11—螺钉 12、13—定位套

4.4.4 组合夹具

组合夹具是一种标准化、系列化和通用化程度很高的工艺装备，目前已经得到广泛的应用。组合夹具由一套预先制造的不同形状、不同规格、不同尺寸的标准元件及部件组装而成。

1. 组合夹具的适用范围

1）组合夹具适用于新产品研制，单件、小批量生产，适用于产品品种多，生产周期短的产品结构。

2）适用于钻床、加工中心、镗床、铣床和磨床等机床设备，也可以组合成装配工装、检查的检具和焊接夹具。

2. 组合夹具的优缺点

（1）优点 使用组合夹具可节省夹具的材料费、设计费、制造费和方便库存保管；另外，其组合时间短，能够缩短生产周期，反复拆装，不受零件尺寸改动限制，可以随时更换夹具定位易磨损件。

（2）缺点　组合夹具需要经常拆卸和组装，其结构与专用夹具相比显得复杂、笨重，对于定型产品大批量生产时，组合夹具的生产效率不如专用夹具生产效率高。

3. 组合夹具的分类

常见组合夹具的类型有槽系和孔系组合夹具。

1）孔系组合夹具可根据零件的加工要求，用孔系组合夹具元件即可快速地组装成机床夹具，如图 4-48 所示。该系列元件结构简单，以孔定位，螺栓联接，定位精度高，刚性好，组装方便。法兰盘在孔系组合夹具上装夹，如图 4-49 所示。

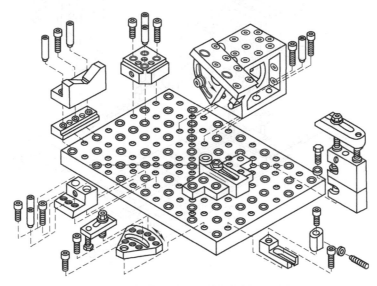

图 4-48　孔系组合夹具

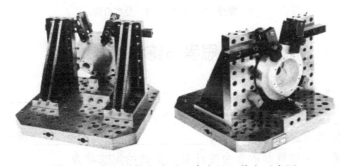

图 4-49　典型零件在孔系组合夹具上装夹示意图

2）槽系组合夹具的夹具元件是靠基础板定位基准槽、键来连接各元件而组合成的夹具，所有元件可以拆卸、反复组装和重复使用。元件按其用途可分为基础件、支承件、定位件、导向件、压紧件、紧固件、分度合件和其他件八大类进行组合，如图 4-50 所示。

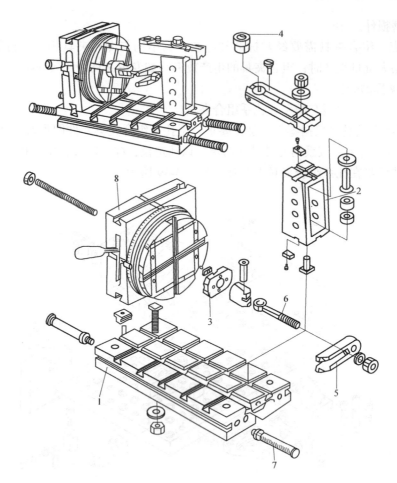

图 4-50 回转式钻床夹具（槽系组合夹具）

1—长方形基础板 2—方形支撑件 3—菱形定位盘 4—快换钻套 5—叉形压板
6—螺栓 7—手柄件 8—分度合件

思考与练习

1）按夹具的通用特性夹具可分为 _____、_____、_____、_____、_____ 和 _____ 等六大类。

2）按夹具夹紧动力源可将夹具分为 _____ 和 _____ 两大类。

3）按照加工要求应该限制的自由度没有被限制的定位称为 _____。

4）根据基准功用不同，分为 _____ 和 _____ 两大类。

5）工艺基准是在工艺过程中所采用的基准。包括 _____、_____、_____ 和 _____。

6）可调支承用于工件定位过程中支承钉 _____ 需调整的场合。

7）浮动支承是指在工件定位过程中，能随着工件定位基准位置的变化而 _____ 调节的支承。

8）常用的定位元件有 _____、_____ 和 _____。

9）定位销分为短销和长销两种，短销限制＿＿＿＿个自由度，而长销限制＿＿＿＿个自由度。

10）V 形块分为＿＿＿＿＿＿、＿＿＿＿＿＿和＿＿＿＿＿＿等三种结构形式。

11）＿＿＿＿＿＿和＿＿＿＿＿＿不重合而造成的加工误差，称为基准不重合误差。

12）加紧装置通常由＿＿＿＿＿＿、＿＿＿＿＿＿和＿＿＿＿＿＿组成。

13）三爪自定心卡盘用于装夹截面为＿＿＿＿＿＿、＿＿＿＿＿＿和＿＿＿＿＿＿的工件。

14）简述粗基准的选择原则。

15）简述夹紧装置必须具备的基本要求。

16）简述夹紧力方向和作用点的选择原则。

17）简述压板装夹工件时的注意事项。

18）简述组合夹具的适用范围。

第5章 机械加工工艺

在机械加工过程中，制订机械加工工艺是机械制造企业工艺技术人员的一项主要工作内容。由于零件的结构形状、几何精度、技术条件和生产数量等要求不同，机械加工工艺人员必须从工厂现有的生产条件和零件的生产数量出发，根据零件的具体要求，在保证加工质量、提高生产效率和降低生产成本的前提下，对零件上的各加工表面选择适宜的加工方法，合理地安排加工顺序，科学地拟订加工工艺过程，才能获得合格的机械零件。

5.1 机械加工工艺概述

工艺是指产品的制造方法。机械加工工艺过程是采用机械加工方法，直接改变毛坯形状、尺寸、表面粗糙度以及力学物理性能，使之成为合格零件的全部过程。

5.1.1 生产过程和工艺过程

生产过程指的是将原材料（或半成品）转变为成品的全部过程。生产过程包含：

1) 原材料、半成品和成品的运输和保存。

2) 生产和技术准备工作，如产品的开发和设计、工艺及工艺装备的设计与制造、各种生产资料的准备以及生产组织。

3) 毛坯制造阶段（铸、锻、型材和粉末冶金）。

4) 零件加工阶段（机加工、冲压、焊接、铆接和热处理等车间）。

5) 装配阶段（装配车间）。

6) 试验调整阶段（试验车间或工段）。

7) 涂装、包装。

8) 出厂（入库）。

工艺过程指的是在生产过程中，直接改变生产对象的形状、尺寸、表面间相互位置和性质（力学性能、物理性能、化学性能），使其成为成品（或半成品）的过程。它是生产过程的主要组成部分。

机械制造工艺过程又可分为毛坯制造工艺过程、机械加工工艺过程、机械装配工艺过程等。本书仅介绍机械加工工艺过程。

5.1.2 机械加工工艺过程的组成

在机械加工工艺过程中，针对零件的结构特点和技术要求，要采用不同的加工方法和装备，按照一定的顺序进行加工，才能完成由毛坯到成品的过程。组成机械加工工艺过程的基本单元是工序。工序又分为安装、工位、工步和走刀等。

1. 工序

工序是指由一个（或一组）工人在一个工作地对同一个或同时对几个工件所连续完成的那一部分工艺过程。划分工序的依据是工人、工作地点、工作对象是否发生变化和工作是否连续。例如：加工阶梯轴，如图 5-1 所示。若生产批量较小时，其工序划分见表 5-1；当生产批量较大时，其工序划分见表 5-2。

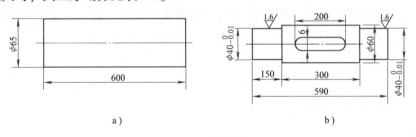

a)   b)

图 5-1 阶梯轴

a) 毛坯图 b) 零件图

表 5-1 阶梯轴加工工艺过程（生产批量较小时）

工 序 号	工 序 内 容	设 备
1	车端面、钻中心孔	车床
2	车外圆	车床
3	粗、精铣键槽	立式铣床
4	磨外圆	磨床
5	去毛刺	钳工台

表 5-2 阶梯轴加工工艺过程（生产批量较大时）

工 序 号	工 序 内 容	设 备
1	车一端端面、钻中心孔	车床
2	车另一端端面、钻中心孔	车床
3	车外圆	车床
4	粗、精铣键槽	立式铣床
5	磨外圆	磨床
6	去毛刺	钳工台

可见同一个零件由于生产批量不同，工艺也有所不同。工序是制定劳动定额、定员、安排计划及成本核算的基本单元。同一道工序，可以采用不同刀具和切削用量来加工。

2. 安装

在一道工序中，工件（或装配单元）经一次装夹后所完成的那一部分工序称为安装。它是工序的一部分。

在一道工序中，工件在加工位置上可能只装夹一次，也可能装夹若干次。例如，轴类零件，用三爪卡盘装夹后加工完一端，调头，再装夹，再加工另一端。该轴的加工共有两次安装。但是多一次安装，就多一次安装误差，而且增加了安装工件的辅助时间，所以，应尽量减少装夹次数。

3. 工位

为了完成一定的工序内容，一次安装工件后，工件与夹具或设备的可动部分一起相对刀具或设备的固定部分所占据的每一个位置称为工位。为了减少由于多次安装带来的误差和时间损失，加工中常采用回转工作台、回转夹具或移动夹具，使工件在一次安装中，先后处于几个不同的位置进行加工，称为多工位加工。图 5-2 是利用回转工作台，在一次安装中依次完成装卸工件、钻孔、扩孔、铰孔四个工位加工。采用多工位加工方法，既可以减少安装次数、提高加工精度、减轻工人的劳动强度，又可以使各工位的加工与工件的装卸同时进行，提高劳动生产率。

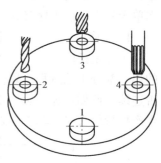

图 5-2　多工位加工

工位 1—装卸工件　　工位 2—钻孔
工位 3—扩孔　　　　工位 4—铰孔

5.1.3　生产类型及工艺特征

1. 工步

工步是指在一道工序中，在工件的加工表面、切削刀具、切削速度及进给量不变的条件下所连续完成的那部分工艺过程。一道工序可以由一个工步组成，也可以由几个工步组成。图 5-3 是在工件上钻四个 $\phi 15\text{mm}$ 的孔，用一个钻套顺次进行加工，属于同一个工步。如转塔车床或加工中心加工过程中，当更换不同刀具时，虽然加工表面不变，但也属于不同工步。

为了提高生产率，同时对一个零件的几个表面进行加工，称为复合工步，如图 5-4 所示。

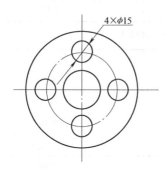

图 5-3　钻四个相同孔的工步

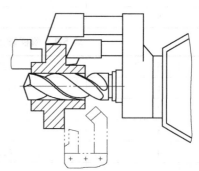

图 5-4　复合工步

2. 走刀

由于余量较大或其他原因，在切削用量不变的条件下，用同一把刀具对金属表面进行多次加工。刀具对工件的每次加工称为一次走刀。

5.1.4　生产纲领及生产类型

1. 生产纲领

生产纲领是指企业在计划期内应当生产的产品产量和进度计划。计划期通常为一年，所以生产纲领也称为年产量。

对于零件而言，产品的产量除了制造机器所需要的数量之外，还要包括一定的备品和废品，因此零件的生产纲领应按下式计算：

$$N = Qn(1 + a\%)(1 + b\%) \tag{5-1}$$

式中　N——零件的年产量（件/年）；

$\quad\quad Q$——产品的年产量（台/年）；

$\quad\quad n$——每台产品中该零件的数量（件/台）；

$\quad\quad a$——该零件的备品率（%）；

$\quad\quad b$——该零件的废品率（%）。

2. 生产类型

生产类型是指企业生产专业化程度的分类。人们按照产品的生产纲领、投入生产的批量，生产类型分为单件生产、批量生产和大量生产三种类型。

（1）单件生产　单个生产不同结构和尺寸的产品，很少重复甚至不重复，这种生产称为单件生产。如新产品试制、维修车间的配件制造和重型机械制造等都属此种生产类型。其特点是生产的产品种类较多，而同一产品的产量很小，工作地点的加工对象经常改变。

（2）批量生产　一年中分批轮流制造几种不同的产品，每种产品均有一定的数量，工作地点的加工对象周期性地重复，这种生产称为成批生产。如一些通用机械厂、某些农业机械厂、陶瓷机械厂、造纸机械厂、烟草机械厂等的生产即属这种生产类型。其特点是产品的种类较少，有一定的生产数量，加工对象周期性地改变，加工过程周期性地重复。

（3）大量生产　同一产品的生产数量很大，大多数工作地点经常按一定节奏重复进行某一零件的某一工序的加工，这种生产称为大量生产。如自行车制造和一些链条厂、轴承厂等专业化生产即属此种生产类型。其特点是同一产品的产量大，工作地点较少改变，加工过程重复。

同一产品（或零件）每批投入生产的数量称为批量。根据批量的大小又可分为大批量生产、中批量生产和小批量生产。小批量生产的工艺特征接近单件生产，大批量生产的工艺特征接近大量生产。

根据前面公式计算的零件生产纲领，确定生产类型可参考表5-3。不同生产类型的制造工艺有不同特征，各种生产类型的工艺特征见表5-4。

表5-3　生产类型和生产纲领的关系

生产类型	生产纲领（件/年或台/年）		
	重型（30kg以上）	中型（4~30kg）	轻型（4kg以下）
单件生产	5 以下	10 以下	100 以下

（续）

生产类型		生产纲领（件/年或台/年）		
		重型（30kg以上）	中型（4～30kg）	轻型（4kg以下）
批量生产	小批量生产	5～100	10～200	100～500
	中批量生产	100～300	200～500	500～5000
	大批量生产	300～1000	500～5000	5000～50000
大量生产		1000以上	5000以上	50000以上

表5-4　各种生产类型的工艺特点

工艺特点	单件生产	批量生产	大量生产
零件互换性	无需互换、互配零件可成对制造，广泛用修配法装配	大部分零件有互换性，少数用修配法装配	全部零件有互换性，某些要求精度高的配合，采用分组装配
毛坯的制造方法及加工余量	铸件用木模手工造型，锻件用自由锻	铸件用金属模造型，部分锻件用模锻	铸件广泛用金属模机器造型，锻件用模锻
机床设备及其布置形式	采用通用机床；按机床类别和规格采用"机群式"排列	部分采用通用机床，部分专用机床；按零件加工分"工段"排列	广泛采用生产率高的专用机床和自动机床；按流水线形式排列
夹具	很少用专用夹具，由划线和试切法达到设计要求	广泛采用专用夹具，部分用划线法进行加工	广泛用专用夹具，用调整法达到精度要求
工艺装备	采用通用刀具和万能量具	较多采用专用刀具和专用量具	广泛采用高生产率的刀具和量具
对工人技术要求	需要技术熟练的工人	各工种需要一定熟练程度的技术工人	对机床调整工人技术要求高，对机床操作工人技术要求低
工艺文件	只有简单的工艺过程卡	有详细的工艺过程卡或工艺卡，零件的关键工序有详细的工序卡	有工艺过程卡、工艺卡和工序卡等详细的工艺文件

5.2　机械加工工艺规程

　　工艺规程是指把产品或零部件的制造过程和操作方法等按一定的格式用文件的形式固定下来，成为指导生产的规定性文件。它是指导生产准备、生产计划、生产组织、工人操作及技术检验等工作的主要依据。在生产中只有严格遵守既定的工艺规程，才能稳定生产，保证产品质量、生产率与较低的成本。

5.2.1　机械加工工艺规程的作用

　　机械加工工艺规程是机械制造工厂最主要的技术文件，是工厂规章制度的重要组成部分，其作用如下：

1. 工艺规程是指导生产的主要技术文件

工艺规程是在结合生产具体情况，总结实践经验的基础上，依据科学的理论和必要的工艺实验后制订的，它反映了加工过程中的客观规律，工人必须按照工艺规程进行生产，才能保证产品质量，才能提高生产效率。

2. 工艺规程是组织和管理生产的基本依据

工厂进行新产品试制或产品投产时，必须按照工艺规程提供的数据进行技术准备和生产准备，以便合理编制生产计划，合理调度原材料、毛坯和设备，及时设计制造工艺装备，科学地进行经济核算和技术考核。

3. 工艺规程是新建、扩建和改建工厂的原始资料

根据工艺规程，可以确定生产所需的机械设备、技术工人、基建面积以及生产资源等。

4. 工艺规程是进行技术交流，开展技术革新的基本资料

典型和标准的工艺规程能缩短生产的准备时间，提高经济效益。先进的工艺规程必须广泛吸取合理化建议，不断交流工作经验，才能适应科学技术的不断发展。工艺规程是开展技术革新和技术交流必不可少的技术语言和基本资料。

5.2.2 机械加工工艺规程的类型

参阅 JB/Z 338.5《工艺管理导则 工艺规程设计》中规定，工艺规程的类型分为专用工艺规程和通用工艺规程。专用工艺规程是针对每一个产品和零件所设计的工艺规程；通用工艺规程包括：典型工艺规程、成组工艺规程和标准工艺规程。典型工艺规程是指为一组结构相似的零部件所设计的通用工艺规程；成组工艺规程是指按成组技术原理将零件分类成组，针对每一组零件所设计的通用工艺规程；标准工艺规程是指已纳入国家标准或工厂标准的工艺规程。

为了适应工业发展的需要，加强科学管理和便于交流，参阅 JB/Z 187.3—88《工艺规程格式》，按照规定，属于机械加工工艺规程的有机械加工工艺过程卡片、机械加工工序卡片、标准零件或典型零件工艺过程卡片、机械加工工序操作指导卡片、检验卡片等。装配工艺规程有工艺过程卡片和工序卡片。

1. 机械加工工艺过程卡片

该卡片主要列出零件加工所经过的整个工艺路线、以及工装设备和工时等内容，多作为生产管理使用。

常用的机械加工工艺过程卡片见表5-5。

2. 机械加工工艺卡片

该卡片是以工序为单位详细说明整个工序规程的工艺文件，卡片中反映各道工序的具体内容及加工要求、工步的内容及安装次数、切削用量、采用的设备及工装，用来指导工人生产及掌握整个零件加工过程的一种主要技术文件，在成批生产或小批量生产的重要零件加工中广泛地使用。机械加工工序卡片的格式见表5-6。

3. 机械加工工序卡

工序卡是以工序卡片中的每道工序而制订的。该卡片中详细记载了该工序的工步加工的具体内容与要求及所需的工艺资料，包括定位基准、工件安装方法、工序尺寸及极限偏差、切削用量的选择、工时定额等，并配有工序图，是能具体指导工人操作的工艺文件，适用于大批量生产的零件及成批生产中的重要零件。机械工序卡的格式见表5-7。

表 5-5　机械加工工艺过程卡

机械加工工艺过程卡片		产品型号		零（部）件图号			
		产品名称		零（部）件名称		共　页	第　页
材料牌号		毛坯种类		毛坯外形尺寸		每毛坯可制件数	每台件数	备注

工序号	工序名称	工序内容	车间	工段	设备	工艺装备	工时	
							准终	单件
						设计（日期）	审核（日期）	（标准化日期）	（会签日期）
标记	处数	更改文件号	签字	日期	标记	处数	更改文件号	签字	日期				

表 5-6　机械加工工序卡

机械加工工艺卡片		产品型号		零（部）件图号			
		产品名称		零（部）件名称		共 页	第 页
材料牌号		毛坯种类		毛坯外形尺寸		每毛坯可制件数	每台件数	备注

工序	装夹	工步	工序内容	同时加工零件数	切削用量				设备名称及编号	工艺装备名称及编号			技术等级	时间定额	
					背吃刀量（mm）	切割速度（m/min）	第分钟转数或往复次数	进给量（mm或mm/双行程）		夹具	刀具	量具		单件	准终
						设计（日期）		审核（日期）		（标准化日期）		（会签日期）			
标记	处数	更改文件号	签字	日期	标记	处数	更改文件号	签字	日期						

表 5-7　机械加工工序卡

机械加工工序	产品型号		零（部）件图号			
	产品名称		零（部）件名称		共　页	第　页
工序简图			车间	工序号	工序名称	材料牌号
			毛坯种类	毛坯外形尺寸	每毛坯可制件数	每台件数
			设备名称	设备型号	设备编号	同时加工件数
			夹具编号	夹具名称		
					切削液	
			工位器具编号	工位器具名称	工序工时	
					准终	单件

工序号	工步内容	工艺装备	主轴转速（r/min）	切削速度（m/min）	进给量（mm/r）	切削深度（mm）	进给次数	工步工时	
								机动	辅助
			设计（日期）	审核（日期）	（标准化日期）	（会签日期）			

标记	处数	更改文件号	签字	日期	标记	处数	更改文件号	签字	日期

4. 制订机械加工工艺规程的原则、原始资料及步骤

制订机械加工工艺规程的原则如下：

1）所制订的工艺规程要能保证加工质量，能够稳定可靠地达到产品的全部设计要求，在此前提下，还应力求保证低成本、低消耗。

2）所制订的工艺规程应立足于生产的实际条件，并具有先进性，尽量采用新工艺、新技术和新材料。

3）所制订的工艺规程随着实践的检验和工艺技术的发展与设备的更新，应能不断地修订完善。

制订机械加工工艺规程所需的原始资料如下：

1）零件图、必要的产品、部件装配图、毛坯图和产品验收的质量标准。

2）产品的生产纲领和生产类型。

3）工厂（车间）现有的生产条件。

4）有关的标准、手册和图表等技术资料。

制订机械加工工艺规程的步骤如下：

1）分析研究部件装配图，审查零件图。

2）选择毛坯。

3）拟订工艺路线。

4）确定各工序采用的设备和工装。

5）确定各工序加工余量、计算工序尺寸和公差。

6）确定各工序切削用量和时间定额。

7）确定各主要工序的技术检验要求及检验方法。

8）填写工艺文件。

5.3 零件的加工工艺分析

零件图是制定工艺规程的最基本的原始资料之一。对零件图的分析是至关重要的，将直接影响所制订的工艺规程的科学性、合理性和经济性。

5.3.1 零件的技术要求分析

零件的技术要求分析是制订工艺规程的重要环节。了解零件的主要技术要求，找出生产合格产品的关键技术问题。零件的技术要求主要包括以下几个方面：

1）被加工表面的尺寸精度、形状精度和相互位置精度。

2）表面粗糙度和表面质量要求。

3）热处理要求和其他方面的要求，如动平衡、镀铬处理和去磁等。

分析零件的技术要求时，还要结合零件在产品中的作用，在保证使用性能的前提下是否经济合理，在现有生产条件下是否能够实现。对出现遗漏和错误之处，与技术人员及时协商修改。

5.3.2 零件的结构及其工艺性分析

零件的结构工艺性是指所设计的零件在不同类型的生产条件下，零件毛坯的制造、零件的加工和产品的装配所具备的可行性和经济性。零件的结构对机械加工工艺过程的影响很大，不同结构的两个零件尽管都能满足使用要求，但它们的加工方法和制造成本却可能有很大的差别。所谓具有良好的结构工艺性，应是在不同生产类型的生产条件下，对零件毛坯的制造、零件的加工和产品的装配，都能以较高的生产率和最低的成本、采用较经济的方法进行并能满足使用性能的结构。在制订机械加工工艺规程时，主要对零件切削加工工艺性进行分析。

在常规工艺条件下，零件结构工艺性分析的实例见表5-8。

表 5-8 零件结构工艺性分析实例

序 号	零件结构			
	工艺性不好		工艺性好	
1	孔离箱壁太近：（1）钻头在圆角处易引偏；（2）箱壁高度尺寸大，需加长钻头方能钻孔			（1）加长箱耳，不需加长钻头可钻孔 （2）只要使用上允许，将箱耳设计在某一端，则不需加长箱耳，即可方便加工

（续）

序 号	零件结构			
	工艺性不好		工 艺 性 好	
2	车螺纹时，螺纹根部易打刀；工人操作紧张，且不能清根			留有退刀槽，可使螺纹清根，操作相对容易，可避免打刀
3	插键槽时，底部无退刀空间，易打刀			留出有退刀空间，避免打刀
4	键槽底与左孔母线齐平，插键槽时易划伤左孔表面			左孔尺寸稍大，可避免划伤左孔表面，操作方便
5	小齿轮无法加工，插齿无退刀槽			大齿轮可滚齿或插齿，小齿轮可以插齿加工
6	两端轴径需磨削加工，因砂轮圆角而不能清根			留有退刀槽，磨削时可以清根
7	斜面钻孔，钻头易引偏			只要结构允许，留出平台，可直接钻孔
8	锥面需磨削加工，磨削时易碰伤圆柱面，并且不能清根			可方便地对锥面进行磨削加工
9	加工面设计在箱体内，加工时调整刀具不方便，观察也困难			加工面设计在箱体外部，加工方便

（续）

序 号	零件结构			
	工艺性不好		工艺性好	
10	加工面高度不同，需两次调整刀具加工，影响生产率			加工面在同一高度，一次调整刀具，可加工两个平面
11	三个空刀槽的宽度有三种尺寸，需用三把不同尺寸刀具加工			同一个宽度尺寸的空刀槽，使用一把刀具即可加工
12	同一端面上的螺纹孔，尺寸相近，由于需更换刀具，因此加工不方便，而且装配也不方便			尺寸相近的螺纹孔，该为同一尺寸螺纹孔，方便加工和装配
13	加工面加工时间长，并且零件尺寸越大，平面度误差越大			加工面减小，节省工时，减少刀具损耗。并且容易保证平面度要求
14	外圆和内孔有同轴度要求，由于外圆需在两次装夹下加工，同轴度不易保证			可在一次装夹下加工外圆和内孔，同轴度要求易得到保证
15	内壁孔出口处有阶梯面，钻孔时易钻偏或钻头折断			内壁孔出口处平整，钻孔方便，易保证孔中心位置度
16	加工 B 面时以 A 面为定位基准，由于 A 面较小定位不可靠			附加定位基准，加工时保证 A、B 面平行，加工后，将附加定位基准去掉

（续）

序　号	零件结构			
	工艺性不好		工艺性好	
17	键槽设置在阶梯轴90°方向上需两次装夹加工			将阶梯轴的两个键槽设计在同一方向上，一次装夹即可对两个键槽加工
18	钻孔过深，加工时间长，钻头耗损大，并且钻头易偏斜			钻孔的一端留空，钻孔时间短，钻头寿命长，不易引偏

5.4　毛坯的选择

工件是由毛坯按照其技术要求经过各种加工而最后形成的。工件加工过程中的材料消耗、工序数量、加工工时，以及零件的机械强度、金属纤维组织和内部缺陷等都与毛坯的选择有很大关系。因此，选择毛坯种类和制造方法时应全面考虑机械加工成本和毛坯制造成本，以达到降低零件生产总成本，提高质量的目的。

5.4.1　毛坯的种类

毛坯的种类很多，同一种毛坯制造方法也多种多样，机械加工中常用的毛坯种类如下：

1. 铸件

形状复杂的毛坯，如箱体、机架、底座、床身等宜采用铸件。生产铸件的主要方法有手工砂型铸造（主要应用于单件小批生产及笨重而复杂的大型零件的毛坯制造）、金属模机器造型（主要适用于大批大量生产中小尺寸铸件，铸件材料多为非铁金属）、离心铸造（主要用于空心回转体零件毛坯的生产，毛坯尺寸不能太大如各种套筒、涡轮、齿轮和滑动轴承等）、熔模铸造（适用于各种类型生产各种材料和形状复杂的中小铸件生产如刀具、风动工具、自行车零件、叶轮和叶片等）、压力铸造（主要应用于形状复杂、尺寸较小的非铁金属铸件，如喇叭、汽车化油器以及电器和仪表、纺织机械零件的大量生产）。

2. 锻件

锻件毛坯由于能获得纤维组织结构的连续性和均匀分布，从而可提高零件的强度，所以适用于强度要求较高、形状比较简单的零件的毛坯。铸造方法可分为自由锻造和模锻。自由锻造的锻造精度低，生产率低，适合于单件、小批量生产及大型件的锻造。模锻锻造精度高，质量好，生产率高，适合于批量生产。

3. 型材

型材的品种规格很多。常用的型材的断面有圆形、方形、长方形、六角形，以及管材、板材和带料等。

4. 焊接件

将型钢或钢板焊接（熔化焊，接触焊、钎焊）成所需的结构件，其优点是结构重量轻、制造周期短，但焊接结构抗振差，焊接的零件热变形大，且须经时效处理后才能进行机械加工。

5. 冲压件

用冲压的方法制成的工件或毛坯。冲压件的精度较高（尺寸误差为 0.05~0.50mm，表面粗糙度 $R_a 1.25~5\mu m$），冲压的生产率也较高，适用加工形状复杂、批量较大的中小尺寸板料零件。

6. 冷挤压件

冷挤压零件的精度可达 IT7~IT6，表面粗糙度 $R_a 0.16~2.5\mu m$。可挤压的金属材料为碳钢、低合金钢、高速钢、轴承钢、不锈钢以及非铁金属（铜、铝及其合金），适用于批量大、形状简单、尺寸小的零件或半成品的加工。不少精度要求较高的仪表、航空发动机的小零件经挤压后，不需要再经过切削加工便可使用。

7. 粉末冶金件

以金属粉末为原料，用压制成形和高温烧结来制造金属制品和金属材料，其尺寸精度可达 IT6，表面粗糙度为 $R_a 0.08~0.63\mu m$，成形后无须切削，材料损失少，工艺设备较简单，适用于大批量生产。但金属粉末生产成本高，结构复杂的零件以及零件的薄壁、锐角等成形困难。

5.4.2 毛坯的选用原则

在确定毛坯时，应考虑以下因素：

1. 零件的材料及其力学性能

当零件的材料选定以后，毛坯的类型就可基本确定。例如，材料为铸铁的零件，应选择铸造毛坯；而对于重要的钢质零件，力学性能要求高时，可选择锻造毛坯。

2. 零件的结构和尺寸

形状复杂的毛坯常采用铸件，但对于形状复杂的薄壁件，一般不能采用砂型铸造。对于一般用途的阶梯轴，如果各段直径相差不大、力学性能要求不高时，可选择棒料做毛坯，如果各段直径相差较大，为了节省材料，应选择锻件。

3. 生产类型

当零件的生产批量较大时，应采用精度和生产率都比较高的毛坯制造方法，这时毛坯制造增加的费用可由材料消耗减少的费用以及机械加工减少的费用来补偿。

4. 生产条件

选择毛坯类型时，要结合具体生产条件，如现场毛坯制造的实际水平和能力、外协的可能性等。

5. 充分考虑利用新技术、新工艺和新材料的可能性

为了节约材料和能源，减少机械加工余量，提高经济效益，只要有可能，就必须尽量采用精密铸造、精密锻造、冷挤压、粉末冶金和工程塑料等新工艺、新技术和新材料。

5.5 机械加工工艺路线的拟订

工艺路线的拟订是制订工艺规程的关键，它不仅影响零件的加工质量和效率，而且影响加工规程的合理性、科学性和经济性。拟定工艺路线时，在首先选择好定位基准后，主要考虑以下几方面的问题。

5.5.1　表面加工方法的选择

机械零件的表面由外表面、内表面、平面和成形面等组成。表面加工方法的选择，就是为零件上每一个有质量要求的表面选择一套合理的加工方法。在选择时，一般先根据表面精度和粗糙度要求选择最终加工方法，然后再确定精加工前前期工序的加工方法。选择加工方法，既要保证零件表面的质量，又要保证较高的生产率，主要应考虑以下因素：

（1）保证加工表面的加工精度和表面粗糙度的加工要求　加工时，不要盲目采用高的加工精度和小的表面粗糙度的加工方法，以免增加生产成本，浪费设备资源。

（2）考虑生产率和经济性　大批量生产时，应采用生产率高、质量稳定的专用设备和专用工艺装备加工。单件小批生产时，则只能采用通用设备和工艺装备以及一般的加工方法。例如，对于IT7级精度的孔，采用镗、铰、拉和磨削等都可达到要求。但箱体上的孔一般不宜采用拉或磨削，大孔时宜选择镗削，小孔时则宜选择铰孔。

（3）工件材料的性质　例如，淬火钢精加工应采用磨床加工，但非铁金属的精加工为避免磨削时堵塞砂轮，则应采用金刚镗或高速精细车削等。

还应考虑现有设备情况和技术条件以及充分利用新工艺、新技术的可能性。应充分利用现有设备和工艺手段，节约资源，发挥职工的创造性，挖掘潜力；同时应重视新技术、新工艺，设法提高生产的工艺水平，创造经济效益。

表5-9、表5-10和表5-11分别摘录了外表面、内表面和平面的加工方法和经济精度及典型的加工方案，以供学习过程中参考。

表5-9　外表面加工方案

加 工 方 案	经济精度公差等级	表面粗糙度/μm	适 用 范 围
粗车	11～12	12.5～50	适用除淬火钢以外金属材料
粗车→半精车	8～10	3.2～6.3	
粗车→半精车→精车	7～8	0.8～1.6	
粗车→半精车→精车→滚压（或抛光）	6～7	0.0025～0.2	
粗车→半精车→磨削	6～8	0.40～0.80	除不宜用于非铁金属外，主要适用于淬火钢件的加工
粗车→半精车→粗磨→精磨	5～6	0.10～0.40	
粗车→半精车→粗磨→精磨→超精加工	5～6	0.0128～0.10	
粗车→半精车→精车→金刚石车	5～6	0.0128～0.40	主要用于非铁金属
粗车→半精车→粗磨→精磨→超精磨	～5	<0.025	主要用于钢和铸铁精加工
粗车→半精车→粗磨→精磨→研磨	～5	<0.1	

表5-10　内表面加工方案

加 工 方 案	经济精度公差等级	表面粗糙度/μm	适 用 范 围
钻	11～12	12.5～25	加工非淬火钢，孔径＜20mm（加工非铁金属稍差）
钻→铰	8～9	1.6～3.2	
钻→粗铰→精铰	7～8	0.8～1.6	

（续）

加工方案	经济精度 公差等级	表面粗糙度/μm	适用范围
钻→扩	11	6.3～12.5	加工非淬火钢，孔径＞20mm（加工非铁金属稍差）
钻→扩→铰	8～9	1.6～3.2	
钻→扩→粗铰→精铰	7	0.8～1.6	
钻→扩→机铰→手铰	6～7	0.1～0.4	
钻→（扩）→拉（或推）	7～9	0.1～1.6	大批量生产中小零件通孔
粗镗（扩）	11～12	6.3～12.5	适用于非淬火钢的各种金属，毛坯上已有铸出或锻出的孔
粗镗（扩）→半精镗（精扩）	9～10	1.6～3.2	
粗镗（扩）→半精镗（精扩）→精镗（铰）	7～8	0.8～1.6	
粗镗（扩）→半精镗（精扩）→精镗（铰）→浮动镗	6～7	0.4～0.8	
粗镗（扩）→半精镗→磨	7～8	0.2～0.8	主要用于淬火钢，也可用于非淬火钢，不宜用于非铁金属
粗镗（扩）→半精镗→粗磨→精磨	6～7	0.1～0.2	
钻→（扩）→粗铰→精铰→珩磨	6～7	0.025～0.20	精度要求很高的孔
钻→（扩）→拉→珩磨			
以研磨代替上述方案中的珩磨	5～6	＜0.1	
钻（粗镗）→扩（半精镗）→精镗→金刚镗→脉冲滚压	6～7	0.1	大批量生产，非铁金属零件中小孔，铸铁箱体上的孔

表 5-11 平面加工方案

加工方案	经济精度公差等级	表面粗糙度/μm	适用范围
粗车→半精车	8～9	3.2～6.3	适用于工件的端面加工
粗车→半精车→精车	6～8	0.8～1.6	
粗车→半精车→磨削	6～7	0.2～0.8	
粗刨（或粗铣）→精刨（或精铣）	7～9	1.6～6.3	适用于非淬硬平面
粗刨（或粗铣）→精刨（或精铣）→宽刃精刨	6～7	0.2～0.8	
粗刨（或粗铣）→精刨（或精铣）→刮研	5～6	0.1～0.8	
粗刨（或粗铣）→精刨（或精铣）→磨削	6～7	0.2～0.8	适用于精度要求较高的平面
粗刨（或粗铣）→精刨（或精铣）→粗磨→精磨	5～6	0.025～0.4	
粗铣→拉	6～9	0.2～0.8	适用于大量生产中加工较小平面
粗铣→精铣→磨→研磨→抛光	～5	＜0.1	适用于高精度平面的加工

5.5.2 加工阶段的划分

为了保证零件的加工质量和合理地使用设备、人力，零件往往不可能在一个工序内完成全部加工工作，而通常将整个加工过程划分为粗加工、半精加工和精加工三个阶段。

粗加工阶段的任务是高效地切除各加工表面的大部分余量，使毛坯在形状和尺寸上接近成品；半精加工阶段的任务是消除粗加工留下的误差，为主要表面的精加工做准备，并完成一些次要表面的加工；精加工阶段的任务是从工件上切除少量余量，保证各主要表面达到图样规定的质量要求。另外，对零件上精度和表面粗糙度要求特别高的表面还应在精加工后增加光整加工，称为光整加工阶段。

工艺过程划分加工阶段的主要原因如下：

（1）保证加工质量 工件粗加工时切除的金属层较厚，会产生较大的切削力和切削热，所需的夹紧力也较大，因而工件会产生较大的弹性变形和热变形；另外，粗加工后由于内应力重新分布，也会使工件产生较大的变形。划分阶段后，粗加工造成的误差将通过半精加工和精加工予以纠正。

（2）合理使用设备 粗加工时可使用功率大、刚度好而精度较低的高效率机床，以提高生产率。而精加工则可使用高精度机床，以保证加工精度要求。这样有利于充分发挥机床各自的性能特点。

（3）及时发现毛坯缺陷 由于粗加工切除了各表面的大部分余量，毛坯的缺陷如气孔、砂眼、余量不足等可及早被发现，及时修补或报废，从而避免继续加工而造成的浪费。

（4）避免损伤已加工表面 将精加工安排在最后，可以保护精加工表面在加工过程中少受损伤或不受损伤。

（5）便于安排热处理工序 可使冷、热工序配合得更好，避免因热处理带来的变形。如，粗加工后残余应力大，可安排失效处理，消除残余应力；热处理引起的变形也可在精加工中消除。

应指出的是，加工阶段的划分不是绝对的。例如，对那些加工质量不高、刚性较好、毛坯精度较高和加工余量小的工件，也可不划分或少划分加工阶段；对于一些刚性好的重型零件，由于装夹、运输费时，也常在一次装夹中完成粗、精加工。为了弥补不划分加工阶段引起的缺陷，可在粗加工之后松开工件，让工件的变形得到恢复，稍留间隔后用较小的夹紧力重新夹紧工件再进行精加工。

5.5.3 工序的集中与分散

为了便于组织生产，常将工艺路线划分为若干工序，划分的原则可采用工序集中或工序分散原则。

1. 工序集中

工序集中就是将工件的加工集中在少数几道工序内完成。每道工序的加工内容较多。工序集中又可分为：采用技术措施集中的机械集中，如采用多刀、多刃和多轴或数控机床加工等；采用人为组织措施集中的组织集中，如普通车床的顺序加工。

工序集中的特点如下：

1）有利于采用高效率的专用设备和工艺装备，生产效率高。

2）工件装夹次数少，易于保证各表面间的相互位置精度，缩短辅助时间。

3）工序数目少，设备数量少、操作工人数量和生产面积都可减少，还可简化生产计划和组织工作。

4）由于采用复杂的专用设备和工艺装备，使得投资大；设备和工艺装备的调整、维修较为困难，生产准备工作量大，转换新产品较麻烦。

2. 工序分散

工序分散则是将工件的加工分散在较多的工序内完成。每道工序的加工内容很少，有时甚至每道工序只有一个工步。

工艺分散的特点如下：

1）工序数目多、设备数量多，也相应增加了操作工人和生产占地面积。

2）可以选用最合理的切削用量。

3）设备和工艺装备简单、调整方便和工人便于掌握，容易适应产品的变换。

4）通常采用专用机床加工，不易改变生产对象，适应性差。

3. 工序集中与工序分散的选择

工序集中与工序分散各有利弊，如何选择，应根据企业的生产规模、产品的生产类型、现有的生产条件、零件的结构特点和技术要求、各工序的生产节拍，进行综合分析后选定。

一般说来，单件小批生产采用组织集中，以便简化生产组织工作；大批大量生产可采用较复杂的机械集中；对于结构简单的产品，可采用工序分散的原则；批量生产应尽可能采用高效机床，使工序适当集中。对于重型零件，为了减少装卸运输工作量，工序应适当集中；而对于刚性较差且精度高的精密工件，则工序应适当分散。随着科学技术的进步，先进制造技术的发展，目前的发展趋势是倾向于工序集中。

5.5.4　加工顺序的安排

加工顺序是指工序的排列次序。它对保证加工质量、降低生产成本起着重要的作用。机械加工工序的安排通常应遵循先基准后其他、先主后次、先粗后精、先面后孔的原则。

1. 机械加工顺序的安排原则

切削工序安排的总原则是前期工序必须为后续工序创造条件，作好基准准备。具体原则如下：

（1）先基准后其他　零件开始加工，总是先加工精基准，然后再用精基准定位加工其他表面。例如，对于箱体零件，一般是以主要孔为粗基准加工平面，再以平面为精基准加工孔系；对于轴类零件，一般是以外圆为粗基准加工中心孔，再以中心孔为精基准加工外圆、端面等其他表面。如果有几个精基准，则应该按照基准转换的顺序和逐步提高加工精度的原则来安排基面和主要表面的加工。

（2）先主后次　零件的主要表面一般都是加工精度或表面质量要求比较高的表面，它们的加工质量好坏对整个零件的质量影响很大，其加工工序往往也比较多，因此应先安排主要表面的加工，再将其他表面加工适当安排在它们中间穿插进行。通常将装配基面、工作表面等视为主要表面，而将键槽、紧固用的光孔和螺纹孔等视为次要表面。

（3）先粗后精　零件切削加工时应先安排各表面的粗加工，中间根据需要依次安排半精加工，最后安排精加工和光整加工。对于精度要求较高的工件，为了减小因粗加工引起的变形对精加工的影响，通常粗、精加工不应连续进行，而应分阶段、间隔适当时间进行。

（4）先面后孔　对于箱体、支架和连杆等工件，应先加工平面后加工孔。因为平面的轮廓平整、面积大，先加工平面再以平面定位加工孔，既能保证加工时孔有稳定可靠的定位基准，又有利于保证孔与平面间的位置精度要求。

2. 热处理的安排

热处理工序在工艺路线中的安排，主要取决于零件的材料和热处理的目的。根据热处理的目的，一般分为以下几种：

（1）预备热处理　预备热处理的目的是消除毛坯制造过程中产生的内应力、改善金属材料的切削加工性能、为最终热处理做准备。属于预备热处理的有调质、退火、正火等，一般安排在粗加工前后。安排在粗加工前，可改善材料的切削加工性能；安排在粗加工后，有利于消除残余内应力。

（2）最终热处理　最终热处理的目的是提高金属材料的力学性能，如提高零件的硬度和耐磨性等。属于最终热处理的有淬火—回火、渗碳淬火—回火、渗氮等，对于仅仅要求改善力学性能的工件，有时正火、调质等也作为最终热处理。最终热处理一般应安排在粗加工、半精加工之后和精加工的前后。变形较大的热处理，如渗碳淬火、调质等，应安排在精加工前进行，以便在精加工时纠正热处理的变形；变形较小的热处理，如渗氮等，则可安排在精加工之后进行。

（3）时效处理　时效处理的目的是消除内应力、减少工件变形。时效处理分自然时效、人工时效和冰冷处理三大类。自然时效是指将铸件在露天放置几个月或几年；人工时效是指将铸件以 $50 \sim 100\,℃/h$ 的速度加热到 $500 \sim 550\,℃$，保温 $6 \sim 8$ 小时，然后以 $20 \sim 50\,℃/h$ 的速度随炉冷却；冰冷处理是指将零件置于 $0 \sim -80\,℃$ 之间的某种气体中停留 $1 \sim 2$ 小时。时效处理一般安排在粗加工之后、精加工之前；对于精度要求较高的零件可在半精加工之后再安排一次时效处理；冰冷处理一般安排在回火处理之后或者精加工之后或者工艺过程的最后。

（4）表面处理　为了表面防腐或表面装饰，有时需要对表面进行涂镀或发蓝等处理。涂镀是指在金属、非金属基体上沉积一层所需的金属或合金的过程。发蓝处理是一种钢铁的氰化处理，是指将钢件放入一定温度的碱性溶液中，使零件表面生成 $0.6 \sim 0.8\,\mu m$ 致密而牢固的 Fe_3O_4 氧化膜的过程，依处理条件的不同，该氧化膜呈现亮蓝色直至亮黑色，所以又称为煮黑处理。这种表面处理通常安排在工艺过程的最后。

3. 辅助工序的安排

辅助工序包括工件的检验、去毛刺、清洗、去磁和防锈等。辅助工序也是机械加工的必要工序，安排不当或遗漏，会给后续工序和装配带来困难，影响产品质量甚至机器的使用性能。例如，未去毛刺的零件装配到产品中会影响装配精度或危及工人安全，机器运行一段时间后，毛刺变成碎屑后混入润滑油中，将影响机器的使用寿命；用磁力夹紧过的零件如果不安排去磁，则可能将微细切屑带入产品中，也必然会严重影响机器的使用寿命，甚至还可能造成不必要的事故。因此，必须十分重视辅助工序的安排。

检验是最主要的辅助工序，它对保证产品质量有重要的作用。检验工序应安排在：

1）粗加工阶段结束后。

2）转换车间的前后，特别是进入热处理工序的前后。

3）重要工序之前或加工工时较长的工序前后。

4）特种性能检验，如磁力探伤、密封性检验等之前。

5）全部加工工序结束之后。

5.6　加工余量的确定

5.6.1　加工余量的基本概念

加工余量是指加工过程中从加工表面切除的材料层的厚度。它又分为工序加工余量和总余量。余量有单面余量和双面余量之分。单面余量是指平面上的余量，非对称的单边余量。双面余量是指回转表面上的余量，对称的双边余量。

1. 工序余量

工序余量是指某一表面在某一道工序中所切除的材料层的厚度，它取决于相邻两工序的工序尺寸之差。

（1）单边余量　对于外表面，如图 5-5a 所示。

$$Z_b = a - b \tag{5-2}$$

对于内表面，如图 5-5b 所示。

$$Z_b = b - a \tag{5-3}$$

式中　Z_b——本工序的加工余量（mm）；

a——前道工序的基本尺寸（mm）；

b——本道工序的基本尺寸（mm）。

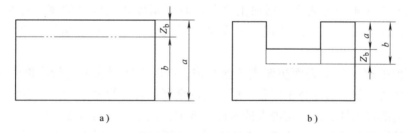

a)   b)

图 5-5　单边加上余量

a）外表面加工余量　b）内表面加工余量

（2）双边余量　对于轴，如图 5-6a 所示。

$$2Z_b = d_a - d_b \tag{5-4}$$

对于孔，如图 5-6b 所示。

$$2Z_b = d_b - d_a \tag{5-5}$$

式中　$2Z_b$——直径上的加工余量（mm）；

d_a——前道工序的加工表面的直径（mm）；

d_b——本道工序的加工表面的直径（mm）。

2. 总余量

总余量是指零件从毛坯变为成品的整个加工过程中某一表面所切除材料层的总厚度，即

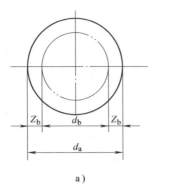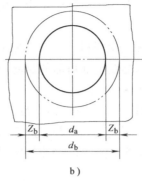

a) b)

图 5-6 单边加工余量

a）轴加工余量 b）孔加工余量

零件上同一表面毛坯尺寸与零件尺寸之差。总加工余量等于各工序加工余量之和，即

$$Z_{总} = Z_1 + Z_2 + \cdots + Z_i + \cdots + Z_n \tag{5-6}$$

式中 $Z_{总}$——总余量（mm）；

$\quad\quad Z_i$——第 i 道工序（或工步）余量（mm）；

$\quad\quad n$——总工序数。

5.6.2 影响加工余量的因素

加工余量的大小对于工件的加工质量和生产率均有较大的影响。为切除前道工序在加工时留下的各种缺陷和误差的材料层，又考虑到本工序可能产生的安装误差而不致使工件报废，必须保证一定数值的最小工序余量。为了合理确定加工余量，首先必须了解影响加工余量的因素。影响加工余量的主要因素如下。

（1）上道工序公差 本道工序的余量必须大于等于上工序的尺寸公差。为了能将上道工序留下的表面粗糙度和缺陷层切除，本道工序的加工余量应包括上道工序的公差。

（2）上道工序的形状和位置公差 当工件上有些形状和位置偏差不包括在公差的范围内时，这些误差必须在本道工序纠正，加工余量也应包含它。

（3）上道工序的表面粗糙度和表面缺陷 本工序必须将上道工序留下的表面粗糙度和缺陷层切除。

（4）本道工序的安装误差 安装误差包括定位误差和夹紧误差，这些误差会使工件在加工时的位置发生偏移，所以必须考虑安装误差，并在工序中消除。安装误差和位置误差在空间是有不同方向的，二者对加工余量的影响应该按矢量和考虑。

5.6.3 加工余量的确定方法

确定加工余量的方法有三种，分别是查表修正法、经验估算法和分析计算法。

1. 查表修正法

根据有关手册提供的加工余量数据，再结合生产实际情况加以修正后确定加工余量。本方法比较可靠，目前广泛采用。

2. 经验估算法

根据工艺人员本身积累的经验确定加工余量。一般为了防止余量过小而产生废品，所估计的余量总是偏大。常用于单件、小批量生产。

3. 分析计算法

根据理论公式和经验资料，对影响加工余量的各因素进行分析、计算来确定加工余量。这种方法较合理，但需要全面可靠的试验资料，计算也较复杂。一般只在材料十分贵重或少数大批、大量生产中采用。

确定加工余量时，一般应先确定最终工序的加工余量，然后依次逆推确定各工序的加工余量。各工序的加工余量之和就是总加工余量。这样，毛坯的尺寸就可确定。

对于单件小批生产中加工的中小型零件，其单边机械加工余量参考数据见表5-12和表5-13。

表5-12 总加工余量 （mm）

毛坯类型	手工造型铸件	自由锻件	模锻件	圆钢料
总加工余量	3.5 ~ 7	2.5 ~ 7	1.5 ~ 3	1.5 ~ 2.5

表5-13 工序余量 （mm）

加工方法	粗车	半精车	高速精车	低速精车	磨削	研磨
工序余量	1 ~ 1.5	0.8 ~ 1	0.4 ~ 0.5	0.1 ~ 0.15	0.15 ~ 0.25	0.003 ~ 0.025

5.7　工艺尺寸链

5.7.1　工序尺寸及其公差的确定

工件上的设计尺寸一般都要经过几道工序的加工才能得到，每道工序所应保证的尺寸称为工序尺寸。编制工艺规程的一个重要工作就是要确定每道工序的工序尺寸及公差。在确定工序尺寸及公差时，存在工序基准与设计基准重合和不重合两种情况。

1. 基准重合时工序尺寸及其公差的计算

当工序基准、定位基准或测量基准与设计基准重合，表面多次加工时，工序尺寸及其公差的计算相对来说比较简单。其计算顺序是：先确定各工序的加工方法，然后确定该加工方法所要求的加工余量及其所能达到的精度，再由最后一道工序逐个向前推算，即由零件图上的设计尺寸开始，一直推算到毛坯图上的尺寸。工序尺寸的公差都按各工序的经济精度确定，并按"入体原则"确定上、下偏差。

例　某主轴箱体主轴孔的设计要求为$\phi100H7$，$R_a = 0.8\mu m$。其加工工艺路线为：毛坯→粗镗→半精镗→精镗→浮动镗。试确定各工序尺寸及其公差。

解　从机械工艺手册查得各工序的加工余量和所能达到的精度，具体数值见表5-13中的第二、三列，计算结果见表5-14中的第四、五列。

2. 基准不重合时工序尺寸及其公差的计算

加工过程中，工件的尺寸是不断变化的，由毛坯尺寸到工序尺寸，最后达到满足零件性能要求的设计尺寸。一方面，由于加工的需要，在工序图以及工艺卡上要标注一些专供加工用的工艺尺寸，工艺尺寸往往不是直接采用零件图上的尺寸，而是需要另行计算；另一方面，当零件加工时，有时需要多次转换基准，因而引起工序基准、定位基准或测量基准与设计基准不重合。这时，需要利用工艺尺寸链原理来进行工序尺寸及其公差的计算。

表 5-14　主轴孔工序尺寸及公差的计算

工序名称	工序余量/mm	工序的经济精度	工序基本尺寸/mm	工序尺寸及公差
浮动镗	0.1	H7 ($^{+0.035}_{0}$)	100	$\phi100^{+0.035}_{0}$ mm, $R_a = 0.8\mu$m
精镗	0.5	H9 ($^{+0.087}_{0}$)	$100 - 0.1 = 99.9$	$\phi99.9^{+0.087}_{0}$ mm, $R_a = 1.6\mu$m
半精镗	2.4	H11 ($^{+0.22}_{0}$)	$99.9 - 0.5 = 99.4$	$\phi99.4^{+0.22}_{0}$ mm, $R_a = 6.3\mu$m
粗镗	5	H13 ($^{+0.54}_{0}$)	$99.4 - 2.4 = 97$	$\phi97^{+0.54}_{0}$ mm, $R_a = 12.5\mu$m
毛坯孔	8	(±1.2)	$97 - 5 = 92$	$\phi92$mm ± 1.2mm

5.7.2　尺寸链的概念

1. 尺寸链的定义

在机器的装配或零件的加工过程中，一组相互联系的尺寸，按一定的顺序首尾相接排列的封闭尺寸组合称为尺寸链。尺寸链特点是其封闭性和关联性。组成尺寸链的尺寸数（环数）不能少于三个。由单个零件在工艺过程中的有关工艺尺寸所组成的尺寸链，称为工艺尺寸链。

2. 尺寸链的组成

组成尺寸链的每一个尺寸，称作一个环。按各环的性质不同，又可将环分成组成环和封闭环。封闭环是指加工过程中间接获得的环或装配过程中最后自然形成的环。一个尺寸链中，封闭环有且仅有一个。

组成环是指对封闭环有影响的全部环。组成环按其对封闭环的影响不同又可分为增环和减环。如果某一组成环的变化引起封闭环同向变化，则该环属于增环；反之，如果某一组成环的变化引起封闭环异向变化，则该环属于减环。

一般用回路法来判定增减环。方法是：对于一个尺寸链，在封闭环旁画一箭头（方向任选），然后沿箭头所指方向绕尺寸链一圈。并给各组成环标上与绕行方向相同的箭头。凡与封闭环箭头同向的为减环，反向的为增环。在尺寸链中，如图5-7所示，A_0 是封闭环，A_1、A_2 是减环，A_3、A_4 是增环。

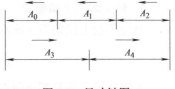

图 5-7　尺寸链图

3. 尺寸链的种类

尺寸链按不同分类方法有不同的类别，按各尺寸在空间的分布形式分为直线尺寸链、角度尺寸链、平面尺寸链、空间尺寸链；按其独立性分独立尺寸链和并联尺寸链；按在生产过程中所处阶段分装配尺寸链、零件设计尺寸链与工艺尺寸链。

4. 尺寸链的计算

（1）正计算　已知各组成环尺寸求封闭环尺寸。其计算结果是唯一的。产品设计的校验常用这种形式。

（2）反计算　已知封闭环尺寸求各组成环尺寸。由于组成环通常有若干个，所以反计算形式需将封闭环的公差值按照尺寸大小和精度要求合理地分配给各组成环。产品设计常用此形式。

（3）中间计算　已知封闭环尺寸和部分组成环尺寸，求某一组成环尺寸。该方法应用最广，常用于加工过程中基准不重合时计算工序尺寸。尺寸链多属这种计算形式。

5.7.3　尺寸链的计算方法

工艺尺寸链的计算方法有两种，即极值法和概率法，本书介绍生产中常用的极值法。

1. 封闭环的基本尺寸

封闭环的基本尺寸等于组成环环尺寸的代数和，即

$$A_\Sigma = \sum_{i=1}^{m} \overrightarrow{A_i} - \sum_{j=m+1}^{n-1} \overleftarrow{A_j} \tag{5-7}$$

式中　A_Σ——封闭环的基本尺寸（mm）；

$\overrightarrow{A_i}$——增环的基本尺寸（mm）；

$\overleftarrow{A_j}$——减环的基本尺寸（mm）；

m——增环的环数；

n——包括封闭环在内的尺寸链的总环数。

2. 封闭环的极限尺寸

封闭环的最大极限尺寸等于所有增环的最大极限尺寸之和减去所有减环的最小极限尺寸之和；封闭环的最小极限尺寸等于所有增环的最小极限尺寸之和减去所有减环的最大极限尺寸之和。故极值法也称为极大极小法。即

$$A_{\Sigma max} = \sum_{i=1}^{m} \overrightarrow{A_{imax}} - \sum_{j=m+1}^{n-1} \overleftarrow{A_{jmin}} \tag{5-8}$$

$$A_{\Sigma min} = \sum_{i=1}^{m} \overrightarrow{A_{imin}} - \sum_{j=m+1}^{n-1} \overleftarrow{A_{jmax}} \tag{5-9}$$

3. 封闭环的上偏差 $B_s(A_\Sigma)$ 与下偏差 $B_x(A_\Sigma)$

封闭环的上偏差等于所有增环的上偏差之和减去所有减环的下偏差之和，即

$$B_s(A_\Sigma) = \sum_{i=1}^{m} B_s(\overrightarrow{A_i}) - \sum_{j=m+1}^{n-1} B_x(\overleftarrow{A_j}) \tag{5-10}$$

封闭环的下偏差等于所有增环的下偏差之和减去所有减环的上偏差之和，即

$$B_x(A_\Sigma) = \sum_{i=1}^{m} B_x(\overrightarrow{A_i}) - \sum_{j=m+1}^{n-1} B_s(\overleftarrow{A_j}) \tag{5-11}$$

4. 封闭环的公差 $T(A_\Sigma)$

封闭环的公差等于所有组成环公差之和，即

$$T(A_\Sigma) = \sum_{i=1}^{n-1} T(A_i) \tag{5-12}$$

5. 计算封闭环的竖式

封闭环还可列竖式进行解算。解算时应用口诀：增环上下偏差照抄；减环上下偏差对调、反号。见表 5-15。

表 5-15 计算封闭环的竖式

环 的 类 型		基 本 尺 寸	上 偏 差 ES	下 偏 差 EI
增环	$\overrightarrow{A_1}$	$+A_1$	ES_{A_1}	EI_{A_1}
	$\overrightarrow{A_2}$	$+A_2$	ES_{A_2}	EI_{A_2}
减环	$\overleftarrow{A_3}$	$-A_3$	$-EI_{A_3}$	$-ES_{A_3}$
	$\overleftarrow{A_4}$	$-A_4$	$-EI_{A_4}$	$-ES_{A_4}$
封闭环	A_Σ	A_Σ	ES_{A_Σ}	EI_{A_Σ}

具体计算过程请参照后面的实例。

5.7.4 尺寸链的应用

应用工艺尺寸链解决实际问题的关键是要找出工艺尺寸之间的内在联系，正确找出封闭环和组成环。当确定了尺寸链的封闭环和组成环后，就能运用尺寸链的计算公式进行具体计算。下面，通过两个实例分析工艺尺寸链的建立和计算方法。

例 5-1 轴承套加工，如图 5-8 所示，加工时要保证尺寸 6 ± 0.1mm，但该尺寸不便测量，只能通过测量尺寸 A 来间接保证，试求工序尺寸 A 及其上、下偏差。

解：图 5-8a 中尺寸 6 ± 0.1mm 是间接得到的即为封闭环。工艺尺寸链图，如图 5-8b 所示，其中尺寸 A、26 ± 0.05mm 为增环，尺寸 $36_{-0.05}^{0}$ mm 为减环。

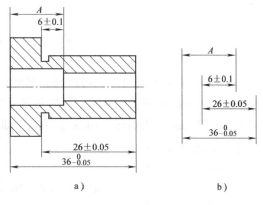

图 5-8 轴承套零件图和尺寸链图
a) 零件图 b) 尺寸链图

由式 (5-7) 得

$$6mm = A + 26mm - 36mm$$

$$A = 16mm$$

由式 (5-10) 得

$$0.1mm = ES_A + 0.05mm - (-0.05mm)$$

$$ES_A = 0mm$$

由式 (5-11) 得

$$-0.1mm = EI_A + (-0.05mm) - 0mm$$

$$EI_A = -0.05mm$$

因此得

$$A = 16_{-0.05}^{0} \text{mm}$$

例 5-2 齿轮内孔键槽加工，如图 5-9 所示，孔需淬火后磨削，故键槽深度的最终尺寸不能直接获得，因其设计基准内孔要继续加工，所以插键槽时的深度只能作为加工中间的工序尺寸，拟订工艺规程时应将它计算出来。有关内孔及键槽的加工顺序是：

1）镗内孔至 $\phi 39.6_{0}^{+0.10} \text{mm}$。

2）插键槽至尺寸 A。

3）热处理。

4）磨内孔至 $\phi 40_{0}^{+0.05} \text{mm}$，同时间接获得键槽深度尺寸 $43.6_{0}^{+0.34} \text{mm}$。

试确定工序尺寸 A 及其公差（为简单起见，不考虑处理后内孔的变形误差。）

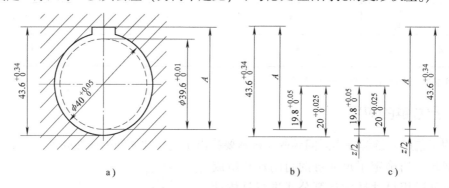

图 5-9　内孔及键槽的工艺尺寸链

a）零件图　b）四环尺寸链　c）分解后尺寸链

由图 5-9a 的有关尺寸，可以建立起图 5-9b 所示的四环尺寸链。在该尺寸链中，设计尺寸 $43.6_{0}^{+0.34} \text{mm}$ 是间接保证的，所以是尺寸链的封闭环。A 和 $20_{0}^{+0.025} \text{mm}$（即 $\phi 40_{0}^{+0.05} \text{mm}$ 的半径 $20_{0}^{+0.025} \text{mm}$）为增环，$19.8_{0}^{+0.05} \text{mm}$（即 $\phi 39.6_{0}^{+0.10} \text{mm}$ 的半径）为减环。利用尺寸链的基本公式进行计算：

由式（5-7）得

$$A = (43.6 - 20 + 19.8) \text{mm} = 43.4 \text{mm}$$

由式（5-10）得

$$\text{ES}_A = (0.34 - 0.025) \text{mm} = 0.315 \text{mm}$$

由式（5-11）得

$$\text{EI}_A = (0 + 0.05) \text{mm} = 0.05 \text{mm}$$

$$A = 43.4_{+0.050}^{+0.315} \text{mm} = 43.45_{0}^{+0.265} \text{mm}$$

5.8　机械加工生产率和技术经济分析

制订机械加工工艺规程，前提是必须保证产品质量要求，提高劳动生产率和降低成本，即做到高产、优质和低消耗。要达到这一目的，制订工艺规程时，还必须对工艺过程认真开展技术和经济分析，有效地采取提高机械加工生产率的工艺措施。

5.8.1　时间定额

机械加工生产率是指工人在单位时间内生产的合格产品的数量，或者指制造单件产品所消耗的劳动时间。它是劳动生产率的指标。机械加工生产率通常通过时间定额来衡量。

时间定额是指在一定的生产条件下，规定每个工人完成单件合格产品或某项工作所必需的时间。时间定额是安排生产计划、核算生产成本的重要依据，也是设计、扩建工厂或车间时计算设备和工人数量的依据。完成零件一道工序的时间定额称为单件时间。它由下列部分组成：

1. 基本时间（T_j）

它是指直接改变生产对象的尺寸、形状、相对位置与表面质量或材料性质等工艺过程所消耗的时间。对机械加工而言，就是切除金属所耗费的时间（包括刀具切入、切出的时间）。时间定额中的基本时间可以根据切削用量和行程长度来计算。

2. 辅助时间（T_f）

它是指为实现工艺过程所必须进行的各种辅助动作消耗的时间。它包括装卸工件，开、停机床，改变切削用量，试切和测量工件，进刀和退刀具等所需的时间。

基本时间与辅助时间之和称为作业时间。它是直接用于制造产品或零、部件所消耗的时间。

3. 布置工作场地时间（T_b）

它是指为使加工正常进行，工人管理工作场地和调整机床等（如更换、调整刀具，润滑机床，清理切屑，收拾工具等）所需时间。一般按操作时间的 2% ~ 7%（以百分率 α 表示）计算。

4. 休息和生理需要时间（T_x）

它是指工人在工作班内为恢复体力和满足生理需要等消耗的时间。一般按操作时间的 2% ~ 4%（以百分率 β 表示）计算。

以上四部分时间的总和称为单件时间 T_d，即

$$T_d = T_j + T_f + T_b + T_x \tag{5-13}$$

5. 准备与终结时间（T_e）

简称为准终时间，指工人在加工一批产品、零件进行准备和结束工作所消耗的时间。加工开始前，通常都要熟悉工艺文件，领取毛坯、材料、工艺装备，调整机床，安装工刀具和夹具，选定切削用量等；加工结束后，需送交产品，拆下、归还工艺装备。准终时间对一批工件来说只消耗一次，零件批量越大，分摊到每个工件上的准终时间 T_e/n 就越小，其中 n 为批量。因此，单件或成批生产的单件计算时间 T_c 应为

$$T_c = T_d + T_e/n \tag{5-14}$$

大批、大量生产中，由于 n 的数值很大，$T_e/n \approx 0$，即可忽略不计，所以大批、大量生产的单件计算时间 T_c 应为

$$T_c = T_d \tag{5-15}$$

5.8.2　提高机械加工生产率的工艺措施

劳动生产率是一个综合技术经济指标，它与产品设计、生产组织、生产管理和工艺设计

都有密切关系。这里讨论提高机械加工生产率的问题，主要从工艺技术的角度，研究如何通过减少时间定额，寻求提高生产率的工艺途径。

1. 缩短基本时间

（1）提高切削用量 增大切削速度、进给量和切削深度都可以缩短基本时间，这是机械加工中广泛采用的提高生产率的有效方法。近年来国外出现了聚晶金钢石和聚晶立方氮化硼等新型刀具材料，切削普通钢材的速度可达900m/min；加工HRC60以上的淬火钢、高镍合金钢，在980℃时仍能保持其红硬性，切削速度可在900m/min以上。高速滚齿机的切削速度可达65～75m/min，目前最高滚切速度已超过300m/min。磨削方面，近年的发展趋势是在不影响加工精度的条件下，尽量采用强力磨削，提高金属切除率，磨削速度已超过60m/s以上；而高速磨削速度已达到180m/s以上。

（2）减少或重合切削行程长度 利用几把刀具或复合刀具对工件的同一表面或几个表面同时进行加工，或者利用宽刃刀具、成形刀具作横向进给同时加工多个表面，实现复合工步，都能减少每把刀的切削行程长度或使切削行程长度部分或全部重合，减少基本时间。

（3）采用多件加工 多件加工可分顺序多件加工、平行多件加工和平行顺序多件加工三种形式。

顺序多件加工是指工件按进给方向一个接一个地顺序装夹，减少了刀具的切入、切出时间，即减少了基本时间。这种形式的加工常见于滚齿、插齿、龙门刨、平面磨和铣削加工中。

平行多件加工是指工件平行排列，一次进给可同时加工n个工件，加工所需基本时间和加工一个工件相同，所以分摊到每个工件的基本时间就减少到原来的$1/n$，其中n为同时加工的工件数。这种方式常见于铣削和平面磨削中。

平行顺序多件加工是上述两种形式的综合，常用于工件较小、批量较大的情况，如立轴平面磨削和立轴铣削加工中。

2. 缩短辅助时间

缩短辅助时间的方法通常是使辅助操作实现机械化和自动化，或使辅助时间与基本时间重合。具体措施有：

（1）采用先进高效的机床夹具 这不仅可以保证加工质量，而且大大减少了装卸和找正工件的时间。

（2）采用多工位连续加工 即在批量和大量生产中，采用回转工作台和转位夹具，在不影响切削加工的情况下装卸工件，使辅助时间与基本时间重合。该方法在铣削平面和磨削平面中得到广泛的应用，可显著地提高生产率。

（3）采用主动测量或数字显示自动测量装置 零件在加工中需多次停机测量，尤其是精密零件或重型零件更是如此，这样不仅降低了生产率，不易保证加工精度，还增加了工人的劳动强度，主动测量的自动测量装置能在加工中测量工件的实际尺寸，并能用测量的结果控制机床进行自动补偿调整。该方法在内、外圆磨床上采用，已取得了显著的效果。

（4）采用两个相同夹具交替工作的方法 当一个夹具安装好工件进行加工时，另一个夹具同时进行工件装卸，这样也可以使辅助时间与基本时间重合。该方法常用于批量生产中。

3. 缩短布置工作场地时间

布置工作场地时间，主要消耗在更换刀具和调整刀具的工作上。因此，缩短布置工作场地时间主要是减少换刀次数、换刀时间和调整刀具的时间。减少换刀次数就是要提高刀具或砂轮的耐用度，而减少换刀和调刀时间是通过改进刀具的装夹和调整方法，采用对刀辅具来实现的。例如，采用各种机外对刀的快换刀夹具、专用对刀样板或样件以及自动换刀装置等。目前，在车削和铣削中已广泛采用机械夹固的可转位硬质合金刀片，既能减少换刀次数，又减少了刀具的装卸、对刀和刃磨时间，从而大大提高了生产效率。

4. 缩短准备与终结时间

缩短准备与终结时间的主要方法是扩大零件的批量和减少调整机床、刀具和夹具的时间。

5.8.3　工艺过程的技术经济分析

制订机械加工工艺规程时，通常应提出几种方案。这些方案应都能满足零件的设计要求，但成本则会有所不同。为了选取最佳方案，需要进行技术经济分析。

1. 生产成本和工艺成本

制造一个零件或一件产品所必需的一切费用的总和，称为该零件或产品的生产成本。生产成本实际上包括与工艺过程有关的费用和与工艺过程无关的费用两类。因此，对不同的工艺方案进行经济分析和评价时，只需分析、评价与工艺过程直接相关的生产费用，即所谓工艺成本。

在进行经济分析时，应首先统计出每一方案的工艺成本，再对各方案的工艺成本进行比较，以其中成本最低、见效最快的为最佳方案。

工艺成本由两部分构成，即可变成本（V）和不变成本（S）。

可变成本（V）是指与生产纲领 N 直接有关，并随生产纲领成正比例变化的费用。它包括工件材料（或毛坯）费用、操作工人工资、机床电费、通用机床的折旧费和维修费、通用工艺装备的折旧费和维修费等。

不变成本（S）是指与生产纲领 N 无直接关系，不随生产纲领的变化而变化的费用。它包括调整工人的工资、专用机床的折旧费和维修费和专用工艺装备的折旧费和维修费等。

零件加工的全年工艺成本（E）为

$$E = VN + S \tag{5-16}$$

此式为直线方程，其坐标关系，如图 5-10 所示，可以看出，E 与 N 是线性关系，即全年工艺成本与生产纲领成正比，直线的斜率为工件的可变费用，直线的起点为工件的不变费用，当生产纲领产生 ΔN 的变化时，则年工艺成本的变化为 ΔE。

单件工艺成本 E_d 可由式 5-16 变换得到，即：

$$E_d = V + S/N \tag{5-17}$$

由图 5-11 可知，E_d 与 N 呈双曲线关系，当 N 增大时，E_d 逐渐减小，极限值接近可变费用。

2. 不同工艺方案的经济性比较

在进行不同工艺方案的经济分析时，常对零件或产品的全年工艺成本进行比较，这是因为全年工艺成本与生产纲领呈线性关系，容易比较。设两种不同方案分别为Ⅰ和Ⅱ，它们的全年工艺成本分别为：

$$E_1 = V_1 N + S_1$$
$$E_2 = V_2 N + S_2$$

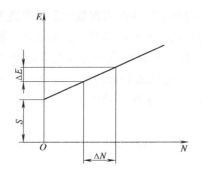

图 5-10　全年工艺成本

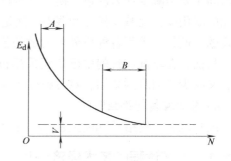

图 5-11　单件工艺成本

两种方案比较时，往往一种方案的可变费用较大时，另一种方案的不变费用就会较大。如果某方案的可变费用和不变费用均较大，那么该方案在经济上是不可取的。

现在同一坐标图上分别画出方案Ⅰ和Ⅱ全年的工艺成本与年产量的关系，如图 5-12 所示。由图可知，两条直线相交于 $N = N_K$ 处，N_K 称为临界产量，在此年产量时，两种工艺路线的全年工艺成本相等。由 $V_1 N_K + S_1 = V_2 N_K + S_2$ 可得：

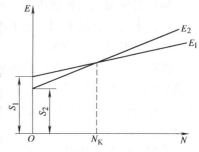

图 5-12　两种工艺
方案全年工艺成本的比较

$$N_K = (S_1 - S_2)/(V_2 - V_1)$$

当 $N < N_K$ 时，宜采用采用方案Ⅱ，即年产量小时，宜采用不变费用较少的方案；当 $N > N_K$ 时，则宜采用采用方案Ⅰ，即年产量大时，宜采用可变费用较少的方案。

如果需要比较的工艺方案中基本投资差额较大，还应考虑不同方案的基本投资差额的回收期。投资回收期必须满足以下要求：

1）小于采用设备和工艺装备的使用年限。

2）小于该产品由于结构性能或市场需求等因素所决定的生产年限。

3）小于国家规定的标准回收期，即新设备的回收期应小于 4~6 年，新夹具的回收期应小于 2~3 年。

思考与练习

1）机械制造工艺过程分为_____、_____和_____等。

2）工序分为_____、_____、_____和_____等。

3）生产纲领是指企业在计划期内应当生产的_____和_____。计划期通常为____年，所以生产纲领也称为_____。

4）生产类型分为_____、_____和_____生产三种类型。

5）_____是指导生产的主要技术文件。

6）机械零件的表面由_____、_____、_____和_____等组成。

7）通常将整个加工过程划分为_____、_____和_____三个阶段。

8）机械加工顺序的安排原则为_____、_____、_____和_____。

9）时效处理的目的是_____、_____。

10）确定加工余量的方法分别是_____、_____和_____。

11）简述划分工序的依据。

12）零件的技术要求主要包括哪几个方面？

13）简述毛坯的选用原则。

14）简述工艺过程划分加工阶段的主要原因。

15）简述工序集中的特点。

16）简述检验工序安排原则。

17）简述增减环的判定方法。

18）什么是时间定额？

19）简述提高机械加工生产率的工艺措施。

20）什么是生产成本？

第6章 典型表面的机械加工方法

要点提示：

1）了解车削加工的特点。

2）掌握典型车削加工方法。

3）了解铣削加工特点。

4）掌握典型铣削的加工方法。

5）了解刨削和磨削加工的特点。

6）了解典型刨削和磨削的加工方法。

典型表面的加工方法是机械加工方法的基础，机械零件的形状虽然多种多样，但都是由一些基本的表面组合而成。典型表面主要包括外圆表面、内孔表面、内外螺纹、平面和成形表面。

6.1 车削加工

6.1.1 车削加工概述

在车削加工中，工件表面的形状、尺寸与位置关系是通过刀具相对于工件的运动形成的。工件表面的成形运动有主运动和进给运动。主运动和进给运动是实现切削加工的基本运动，可以由刀具完成，也可以由工件完成，还可以由刀具和工件共同完成。同时，主运动和进给运动可以只限于直线或回转运动，也可以是由两种运动组成的复合运动。典型的车刀和加工表面，如图 6-1 所示。

1. 车工安全操作规程

为了确保人身和设备安全，要求机床操作者在车削加工时，必须严格遵守车床操作规程。

1）工作前必须穿戴劳动防护用品，长发要塞进帽子内。

2）开车前要认真检查机床电器开关闸把手是否放在安全可靠位置。

3）机床运转前，各手柄必须推到正确的位置上，然后低速运转 3～5min，确认正常后，才能开始工作。

4）两人共用一台车床时，只能一人操纵，并且注意他人的安全。

5）卡盘扳手使用完毕后，必须及时取下，否则不能起动机床。

6）工作时要精力集中，不允许擅自离开车床或做与车削加工无关的事。

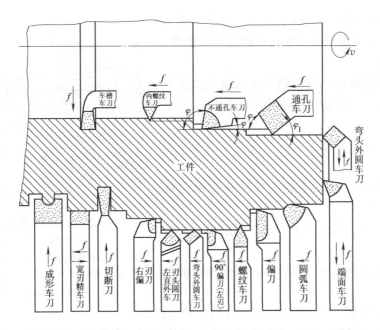

图 6-1 典型车刀和加工表面

7）工件和刀具装夹要牢固可靠，床面上不准放工夹量具及其他物件。

8）高速切削应采用断屑刀具，带好防护眼镜。当铁屑飞溅时要设置防护铁丝网，要保护自己和不伤害他人。

9）不准用嘴去吹不通孔铁屑；不准用砂布缠绕手上研磨内孔；不准戴手套操作；不准用手直接捡拿铁屑；不准用手触摸正在旋转的卡盘。

10）当在车床上使用锉刀时，必须使用带柄的锉刀，锉时注意右手在前，左手在后。

11）卡盘、花盘必须有保险装置。车偏心零件时应加配重平衡，严禁高速切削。

12）装夹工件、调整卡盘、校正和测量工件时，必须先停车，并将刀架移到安全位置方可进行。

13）机床运转时，头部不要离工件太近，手和身体不能靠近正在旋转的工件。

14）加工较长零件时，要用跟刀架或中心架。毛坯料从主轴后伸出的长度不得超过200mm，并应加上醒目标志。

15）刀具、量具及工具要放置在固定位置，便于操作时使用，用后放回原处。主轴箱盖上不应放置任何物品。

16）不允许在卡盘及床身导轨上敲击或校直工件，床面上不准放置工具或工件。装夹、找正较重工件时，应用木板防护床面。下班时，若工件不卸下，应用千斤顶支撑。

17）卸卡盘时，床面上应垫上木板，以保护导轨、床身。

18）工作结束后，要及时切断电源，清除切屑，保养机床，清扫环境及整理工作场地。

2. 车床的操作

（1）启动 打开电源总开关，按床鞍上的启动按钮，向上提操纵杆，主轴正转，操纵杆处于中间、向下位置，则主轴停转或反转。如主轴长时间停止运动，要按停止按钮，使电动机停止转动。

（2）主轴变速 改变主轴变速手柄的位置可以得到各种不同的转速。变速时若发现变速手柄转不动或不到位，是由于变速齿轮没有进入啮合位置。转动卡盘，改变变速齿轮的啮合位置，即可转动手柄。

（3）改变进给量　进给量大小的改变要依照进给箱铭牌所示，通过改变进给箱手柄位置来实现。

（4）床鞍部分的操纵　各部件具体位置如图6-2所示。

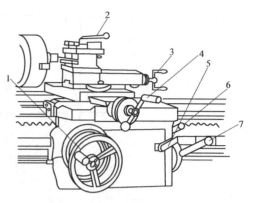

图6-2　车床溜板箱手柄位置图
1—床鞍手轮　2—刀架手柄
3—小滑板手柄　4—中滑板手柄
5—开合螺母手柄　6—机动进给手柄
7—主轴操纵手柄

1）床鞍手轮。摇动手轮1可使床鞍纵向移动。

2）刀架手柄。转动刀架手柄2可旋松、旋转或旋紧刀架。

3）小滑板手柄。转动手柄3可以使小滑板纵向移动。

4）中滑板手柄。转动手柄4可使中滑板横向移动。

5）开合螺母手柄。丝杠将它转到"合"的位置可以车螺纹（此时机动进给手柄6处在中间位置），将它转至"开"的位置，开合螺母脱离旋合。

6）机动进给手柄。纵向自动进给时将机动进给手柄6下压，横向自动进给时将手柄上提，手动进给时处于中间位置。

7）主轴操纵手柄。操纵手柄7向上、居中或向下，主轴分别为正转、停转和反转。

8）机动进给手柄。主轴箱左下角的手柄用于改变床鞍或中滑板的运动方向。

（5）移动尾座和尾座套筒　各部件具体位置如图6-3所示。

1）移动尾座。向下转动手柄2，松开尾座，可调整其前后位置，以适应支撑不同长度工件的需要。调整完毕后，向上转动手柄2，将尾座锁紧在床面上。

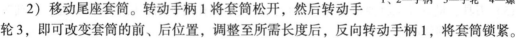

图6-3　尾座及尾座套筒
1、2—手柄　3—手轮　4—螺母

2）移动尾座套筒。转动手柄1将套筒松开，然后转动手轮3，即可改变套筒的前、后位置，调整至所需长度后，反向转动手柄1，将套筒锁紧。

3. 车刀的刃磨

（1）车刀的刃磨步骤　车刀刃磨方法有机械刃磨和手工刃磨两种。90°硬质合金车刀刃磨步骤如下：

1）在氧化铝砂轮（粒度 $24^\#~36^\#$）上将刀面上的焊渣磨掉，并把车刀底平面磨平。

2）在氧化铝砂轮（粒度 $24^\#~36^\#$）上粗磨刀杆上的主后刀面和副后刀面，其后角要比刀头上后角大2°~3°。

3）在碳化硅砂轮上粗磨刀头上的主后刀面和副后刀面，其后角比正常后角大2°~3°，如图6-4所示。

4）磨断屑槽。刃磨时刀尖向下磨或向上磨，如图6-5所示，刃磨断屑槽的部位时，应考虑留出刀头倒棱的宽度（及相当于走刀量大小距离）。

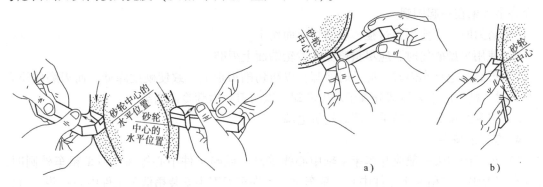

图 6-4　粗磨主后刀面和副后刀面

图 6-5　磨断屑槽示意图
a）刀尖向下　b）刀尖向上

5）精磨刀头上主后刀面和副后刀面，使其符合要求，如图 6-6 所示。

6）磨副倒棱。刃磨时，用力要轻微，使主切削刃的后端向刀尖方向摆动。刃磨时可采用直磨法和横磨法，如图 6-7 所示。为了保证切削刃的质量，最好采用直磨法。

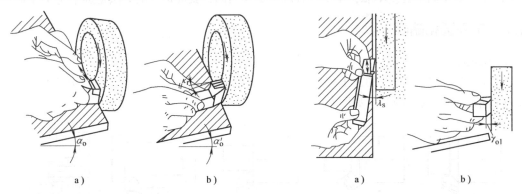

图 6-6　精磨主后刀面和副后刀面
a）精磨主后刀面　b）精磨副后刀面

图 6-7　磨副倒棱示意图
a）直磨法　b）横磨法

7）磨过渡刃。刃磨高速钢车刀时，一定要注意刀体部分的冷却，防止因磨削温度过高造成车刀退火；刃磨硬质合金车刀一般不用冷却，若刀柄太热可将刀柄浸在水中冷却，绝不允许将高温刀体沾水，以防止刀头断裂。

8）手工刃磨。在砂轮上刃磨后的车刀，其切削刃有时不够平滑光洁。若使用这样的车刀会影响工件的表面粗糙度，降低车刀的使用寿命。硬质合金车刀还容易产生崩刃现象。不平滑光洁的切削刃可使用油石手工刃磨切削。刃磨时，手持油石在切削刃上来回移动，如图 6-8 所示。

(2) 刃磨时的注意事项

1）刃磨时须戴防护镜。

2）新装的砂轮必需经过严格检查，经试转合格后才能使用。

3）砂轮磨削表面需经常修整。

4）磨刀时，操作者应尽量避免正对砂轮，站在砂

图 6-8　油石刃磨车刀

轮侧面为宜，可防止砂粒飞入眼中，也可避免砂轮破损伤人。一台砂轮机只能一个人操作，不允许多人聚在一起围观。

5）磨刀时，不要用力过猛，以防打滑而伤手。

6）使用平型砂轮时，应尽量避免在砂轮端面上刃磨。

7）刃磨高速钢车刀时，应及时冷却，以防切削刃退火，致使硬度降低。而刃磨硬质合金车刀时，则不能把刀体部分置于水中冷却，以防刀片因骤冷而崩裂。

8）刃磨结束后，应随手关闭砂轮机电源。

4. 车刀的安装

1）车刀的刀尖一般应与车床主轴中心线等高，或与工件中心等高。但是粗车外圆时，允许车刀刀尖安装稍高于工件中心；精车时，允许车刀刀尖安装稍低于工件中心一些。刀尖高或低的调整量应在工件直径的1%之内。

2）车刀伸出方刀架的长度，宜短不宜长，一般不超过车刀厚度的2倍。

3）调整车刀高度用的垫片要平整，垫片数量应为2～3片，不宜过多，否则加工中容易引起车刀振动，影响切削。

4）车刀要紧固得稳妥牢靠，至少要有两个螺栓紧固，紧固螺栓的方法是逐个轮换拧紧。

6.1.2 车外圆和端面

1. 车外圆

将工件车成圆柱形表面的加工称为车外圆。车外圆根据技术要求不同，可分为粗车、半精车和精车。常见的外圆车削如图6-9所示。

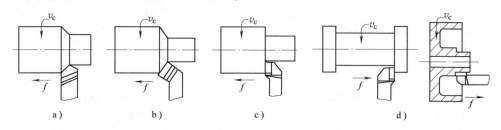

图6-9 车外圆

a）尖刀车外圆　b）弯头刀车外圆　c）右偏刀车外圆　d）左偏刀车外圆

（1）外圆车刀　外圆车刀主要有尖刀、弯头刀、右偏刀和左偏刀几种。尖刀主要用于粗车外圆和车削没有台阶或台阶不大的外圆；45°弯头车刀可车端面，还可用于45°倒角；右偏刀主要用来车削带直角台阶的外圆和倒角。由于车削时径向力小，常用于车细长轴；左偏刀主要用于需要从左向右进刀、车削右边有直角台阶的外圆，以及右偏刀无法车削的外圆。

（2）工件的装夹方法

1）用三爪自定心卡盘装夹工件。如图6-10a所示，其优点是自动定心和工件可沿轴向移动，适用于棒料和圆盘形中小型零件装夹。三个爪同时向轴心线靠拢，安装精度可达0.05～0.15mm。

2）用四爪单动卡盘装夹工件。如图6-10b所示，其优点是四个方向夹持工件，适宜夹持外形不规则的工件，也适宜夹持圆形和棒料，车削外圆和端面，但必须用划线盘找正。

3）用"一夹一顶"装夹工件。如图6-10c所示，一端用卡盘夹持，一端由顶尖支承的装夹方法。

4）用"双顶尖"装夹工件。如图 6-10d 所示，工件两端由顶尖支承，然后由拨盘或三爪自定心卡盘与鸡心夹头配合装夹工件，该方法装卸工件迅速、准确。

（3）车外圆操作　移动床鞍至工件右端，用中滑板控制背吃刀量，摇动手柄或自动进给作纵向移动车削外圆，如图 6-9 所示。依次进给车削完毕，横向退出车刀，再纵向移动床鞍至工件右端进行下一次车削，直至符合要求为止。

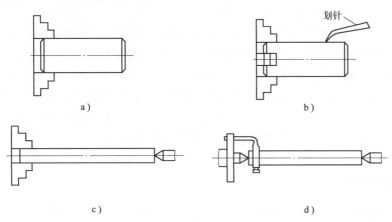

图 6-10　轴类零件的装夹方法

a）三爪自定心卡盘装夹　b）四爪单动卡盘装夹　c）用"一夹一顶"装夹　d）用"双顶尖"装夹

（4）刻度盘的计算和应用　车削工件时，为了获得准确的外圆尺寸，必须正确掌握好车削加工的背吃刀量，车外圆的背吃刀量是通过调节中滑板横向进给丝杠获得的。摇动横向进刀手柄，若刻度盘转一周，丝杠也转一周，带动螺母及中滑板和刀架沿横向移动一个丝杠导程。

$$刀架横向移动距离 = 丝杠导程/刻度盘总格数$$

小滑板的刻度盘可以用来控制车刀短距离的纵向移动，其刻度原理与中滑板的刻度盘相同。

转动中滑板丝杠时，由于丝杠与螺母之间的配合存在间隙，滑板会产生空行程（即丝杠带动刻度盘已转动，而滑板并未立即移动）。所以使用刻度盘时要反向转动适当角度，消除配合间隙，然后再慢慢转动刻度盘到所需的格数，如图 6-11a 所示。如果多转动了几个格，不允许直接退回，如图 6-11b 所示，必须向相反方向退回全部空行程，再转到所需要的刻度位置，如图 6-11c 所示。

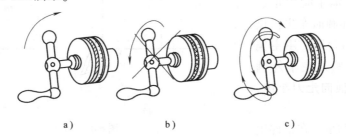

图 6-11　消除刻度盘空行程的方法

a）刻度盘产生空行程　b）不消除空行程（错误）　c）反向退回消除全部空行程（正确）

用中滑板刻度盘指示的背吃刀量，横向进刀，直径上被切除的材料层是背吃刀量的二倍。所以中滑板刻度控制的背吃刀量不能超过此时剩余加工余量的 1/2。而小滑板刻度盘的刻度值，则直接表示工件长度方向的切除量。

（5）试切和测量　为了保证工件的加工尺寸精度，只靠刻度盘是不行的，需要进行，试切 1～3mm，退刀进行测量，调整背吃刀量后进行加工。外圆测量一般采用游标卡尺或外径千分尺。

2. 车端面和台阶

（1）车端面　车削加工时，端面常用来作轴向定位和测量的基准，一般都先将端面车出。端面车削时，开动机床使工件旋转，移动小滑板或床鞍，控制背吃刀量，然后锁紧床鞍。摇动中滑板手柄作横向进给。用弯头刀车端面时，可采用较大背吃刀量，如图 6-12a 所示，切削顺利，表面光洁，大小平面均可车削，应用较多；用 90°右偏刀从外向中心进给车端面，如图 6-12b 所示，适宜车削尺寸较小的端面或一般的台阶面；用 90°右偏刀从中心向外进给车端面，如图 6-12c 所示，适宜车削中心带孔的端面或一般的台阶端面；用左偏刀车端面时，如图 6-12d 所示，刀头强度好，适宜车削较大的端面，尤其是铸铁、锻件的大端面。车刀安装时，刀尖要对准工件中心，否则车削后工件端面中心处留有凸头，车削到中心处容易造成刀尖崩碎。

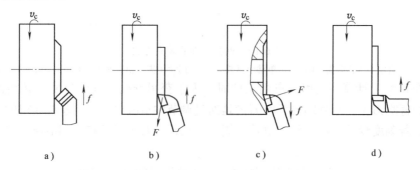

图 6-12　车端面

a）弯头刀车端面　b）90°右偏刀从外向中心进给车端面　c）90°右偏刀从中心向外进给车端面　d）左偏刀车端面

粗车时，一般选 $a_p = 2 \sim 5 \text{mm}$，$f = 0.3 \sim 0.7 \text{mm/r}$；精车时，一般选 $a_p = 0.2 \sim 1 \text{mm}$，$f = 0.1 \sim 0.3 \text{mm/r}$。车端面时的切削速度随着工件直径的减小而减小，计算时必须按端面的最大直径计算。

（2）车台阶　尺寸小于 5mm 的低台阶，加工时用正装的 90°偏刀在车外圆时车出；尺寸大于 5mm 的高台阶，用主偏角大于 90°的右偏刀在车外圆时，分层、多次横向走刀车出，如图 6-13 所示。

台阶长度的测量，在单件生产时，用钢直尺测量，用刀尖划

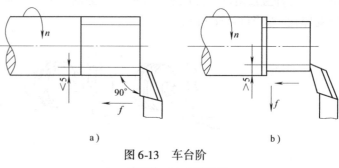

图 6-13　车台阶

a）一次进给　b）二次进给

线来确定；成批生产时，用样板控制台阶的长度。准确长度可用游标卡尺或深度尺测得，进给长度可用床鞍刻度盘或小滑板刻度盘控制。如果批量生产或台阶较多，可用行程挡块来控

制进给长度。

6.1.3 车槽与切断

1. 车槽

车削回转体工件表面及轴肩部分的沟槽，称为车沟槽。常见的沟槽有外沟槽、越程槽、外圆端面沟槽和圆弧沟槽等，如图 6-14 所示。在工件上车削 5mm 以下窄槽时，主切削刃的宽度等于槽宽，在横向进给中一次车出；车削宽度大于 5mm 的宽槽时，先沿纵向分段粗车，再精车出槽深和槽宽，如图 6-15 所示。车削 45°外沟槽时，可用 45°沟槽专用车刀，车削时把小滑板转过 45°，用小滑板进给车削成形，车圆弧沟槽时，把车刀的刀头磨成相应的圆弧切削刃。

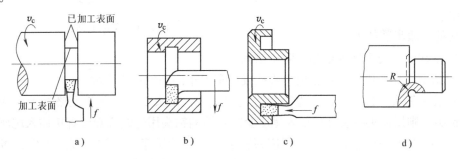

图 6-14 车槽

a) 车外槽 b) 车内槽 c) 车端面槽 d) 车圆弧沟槽

精度要求低的沟槽可用钢直尺测量；精度要求高的沟槽，通常用千分尺、样板和游标卡尺测量。

2. 切断

在车削加工中，把棒料或工件切成两段（或数段）的加工方法称为切断。一般采用正向切断法，即车床主轴正转，车刀横向进给进行车削。

（1）切断刀 按材料分为高速钢和硬质合金切断刀两种。按结构分为整体式、焊接式、机械夹固式和弹性切断刀。高速钢切断刀前面通常采用较大的圆弧面，以便排屑畅通。切钢

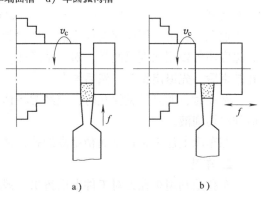

图 6-15 车直沟槽

a) 车窄沟槽 b) 车宽沟槽

料时，前角为 20°～30°；切铸铁时，前角 5°～10°；副偏角为 1°30′，副后角为 2°左右；后角为 8°～12°，刃倾角为 3°，刀头宽度为 3～5mm。刀头太宽容易引起振动并浪费材料，过窄刀头则容易折断。

（2）切断的注意事项：

1）切断时刀尖必须与工件中心线等高，否则容易折断。

2）切断处应靠近卡盘，以增加工件刚性，减小切削时的振动。

3）切断刀底部要垫平，以保证刀具工作角度的正确性，否则影响切断，严重时刀具折断。

4）减小刀架各滑动部分的间隙，提高刀架刚度，减少切削过程中的变形与振动。

5）切断时切削速度要低，采用缓慢均匀的手动进给，防止进给量太大造成刀具折断。

6.1.4 钻孔与车孔

在车床上，孔加工可用钻孔和车孔等方法。钻孔使用刀具为钻头，车孔用车孔刀加工。

1. 钻孔

在实体材料上加工孔时，先用中心钻钻出中心孔，用钻头钻孔，然后可以进行扩孔和铰孔，车床上钻孔，如图 6-16 所示。扩孔、铰孔与钻孔相似，钻头和铰刀装在尾座的套筒内由手动进给。

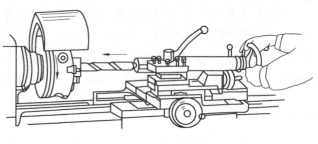

图 6-16　车床上钻孔

钻孔的一般步骤如下：

（1）车端面　便于钻头定心，防止钻偏。

（2）钻中心孔　用中心钻钻出中心孔或用车刀车出小的定心凹坑。

（3）装夹钻头　选择与钻孔直径相对应的钻头，钻头工作部分长度略长于孔深。如果是直柄钻头，则用钻夹头装夹后插入尾座套筒；锥柄钻头用过渡锥套或直接插入尾座套筒。

（4）调整尾座纵向位置　松开尾座锁紧装置，移动尾座直至钻头接近工件，将尾座锁紧在床身上。此时要考虑加工时套筒伸出不要太长，以保证尾座的刚性。

（5）钻孔　钻孔是封闭式切削，散热困难，容易导致钻头过热，所以，钻孔的切削速度不宜高，通常取 $v_c = 0.3 \sim 0.6 \text{m/s}$。开始钻削时进给要慢一些，然后以正常进给量进给。钻不通孔时，可利用尾座套筒上的刻度控制深度，亦可在钻头上做深度标记来控制孔深。孔的深度还可以用深度尺测量。对于钻通孔，快要钻通时应减缓进给速度，以防钻头折断。钻孔结束后，先退出钻头，然后停车。

钻孔时，尤其是钻深孔时，应经常将钻头退出，以利于排屑和冷却钻头。钻削钢材时，应加注切削液。

在车床上加工直径小而精度高的孔，常采用钻→扩→铰的方法。

2. 车孔

车孔是利用车孔刀对工件上已铸出、锻出或钻出的孔作进一步加工。车孔主要用来加工直径较大的孔，可以粗加工、半精加工和精加工。车孔还可以纠正原来孔轴线的偏斜，提高孔的位置精度。常见的车孔包括车通孔、不通孔、台阶孔和内沟槽等，如图 6-17 所示。

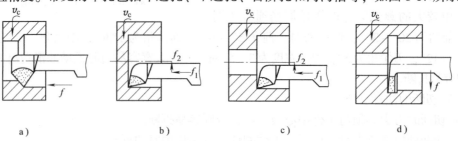

图 6-17　车孔

a）车通孔　b）车不通孔　c）车台阶孔　d）车内沟槽

（1）车孔刀的安装　车孔刀的刀尖应对准工件中心线，刀柄与工件轴心线保持基本平行，保证车削过程中刀杆不与孔壁相碰。车孔前，车孔刀可在孔内试走，保证车孔顺利进行；刀杆的伸出长度要尽可能短些，一般比被加工孔长 5~10mm，以利于提高内孔车刀的刚度和防止产生振动。

（2）车通孔　车通孔基本与车外圆相同，但是，退刀方向与车外圆相反，退刀的时候应特别防止刀具刮伤已加工表面。精车和粗车时都要进行试切削和测量。

（3）车不通孔　先用比孔径小 2mm 的钻头钻孔，钻孔深度应小于孔深（从麻花钻的顶尖量起）；然后用不通孔车刀车底平面和粗车成形，留适当精车余量，然后再精车内孔及底平面至尺寸。

（4）车台阶孔　车直径较小的台阶孔时，要先粗车小孔，再粗、精车大孔；车直径大的台阶孔时，通常先粗车大孔和小孔，然后，再精车大孔和小孔；车孔径大小相差较大的台阶孔时，最好用主偏角小于 90° 的内孔车刀先进行粗车，然后用内偏刀精车至尺寸，以防振动和扎刀。

控制车孔长度的方法是粗车时用刀柄上的刻痕作记号或安放限位铜片，以及用床鞍刻度盘的刻度来控制；精车时需用钢直尺、深度尺等量具复测长度直至符合要求。

台阶孔的测量方法是当孔的内径精度不高时，可以用内卡钳测量；一般精度要求时，用游标卡尺测量；当精度要求很高时，用内径百分表或塞规测量。台阶孔的长度和不通孔的深度测量是当精度不高时，可直接用钢直尺测量；有精度要求时，用深度尺或游标卡尺测量。

6.1.5　车锥面

圆锥面多用于配合面，分为外圆锥面（或锥体）和内圆锥面（或锥孔）。圆锥面装卸方便，经多次装卸后，仍能保持精确的定心精度；圆锥面配合的同轴度较高，又能做无间隙配合。锥体可直接用角度表示，如 30°、45° 和 60° 等；也可用锥度表示，如 1:5、1:10 和 1:20等。特殊用途锥体可根据需要专门制作，如 7:24、莫氏锥度等。

常用的车削锥面方法如下：

1. 转动小滑板法

松开小滑板和转盘之间的紧固螺钉，使小滑板转过半个圆锥角，即 α，如图 6-18 所示。将螺钉紧固后，转动小滑板手柄，沿斜向进给，便可车出锥面。转动小滑板法操作简单，调整范围广，主要适用于单件、小批量生产，特别适用于工件长度较短、圆锥角较大的圆锥面。

2. 偏移尾座法

将尾座带动顶尖横向偏移距离 S，使得安装在两顶尖间的工件回转轴线与主轴轴线成半锥角 α，这样车刀做纵向进给就形成了锥角为 2α 的圆锥角，如图 6-19 所示。

尾座的偏移量 $S = L\sin\alpha$

当 α 很小时　$S = L\tan\alpha = L(D - d)/2l$

偏移尾座法适于车削较长的圆锥面，并能自动进给，表面粗糙度值较小的工件。由于受到尾座偏

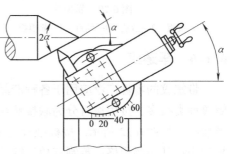

图 6-18　转动小滑板法

移量的限制，一般只能加工小锥度圆锥，也不能加工内圆锥。

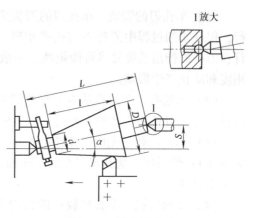

图 6-19 偏移尾座法

3. 靠模法

靠模装置的底座固定在床身的后面，底座上装有锥度靠模板。松开紧固螺钉，靠模板可以绕定位销钉旋转，与工件的轴线成一定角度的斜角。靠模上的滑块可以沿靠模滑动，而滑块通过连接板与中滑板连接在一起。中滑板上的丝杠与螺母脱开，其手柄不再调节刀架横向位置，而是将小滑板转过90°，用小滑板上的丝杠调节刀具横向位置以调整所需的背吃刀量。

如果工件的锥角为 α，将靠模调节为 $\alpha/2$ 的斜角，当床鞍作纵向进给时，滑块就沿着靠模滑动，从而使车刀的运动平行于靠模，车出所需的锥面，如图 6-20 所示。靠模法调整锥度准确、方便，表面质量好，生产率高，因而适合于大批量生产。

4. 宽刃刀车削法

宽刃刀车削法是利用主切削刃横向进给直接车出锥面，如图 6-21 所示。此时，切削刃的长度要大于圆锥母线长度，切削刃与工件回转中心线成半锥角 α，这种加工方法方便、迅速，能加工任意角度的内、外圆锥面。车床上的倒角实际就是宽刃刀车削法车圆锥。这种方法适合加工短圆锥面（≤20mm），要求切削加工系统要有较高的刚度，适用于批量生产。

圆锥的测量通常采用角度样板、圆锥量规、游标万能角度尺或正弦规。

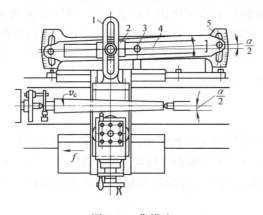

图 6-20 靠模法

1—连接板 2—滑块 3—销钉 4—靠模板 5—底座

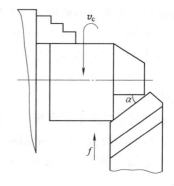

图 6-21 宽刃刀车削法

6.1.6 车螺纹

带螺纹的零件广泛应用于各种产品中，用车削的方法加工螺纹是常用的螺纹加工方法。螺纹种类很多，按用途可分为联接螺纹和传动螺纹；按牙型分为三角形螺纹、梯形螺纹和矩形螺纹，如图 6-22 所示。按标准分为米制和英制螺纹。三角形螺纹牙型角为 60°，用螺距或导程表示其主要规格；英制三角形螺纹的牙型角为 55°，用每英寸牙数作为主要规格。各种螺纹都有左旋、右旋、单线和多线之分，其中米制三角形螺纹应用最广，称为普通螺纹。

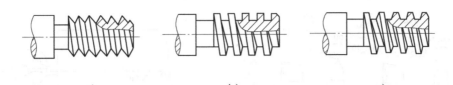

图 6-22　螺纹

a）三角形螺纹　b）矩形螺纹　c）梯形螺纹

1. 车螺纹常用术语

车螺纹常用术语有牙型角 α、牙型高度 h_1、导程 P_h、螺距 P、公称直径、螺纹大径（d 和 D）、螺纹小径（d_1 和 D_1）、螺纹中径（d_2 和 D_2）、螺旋升角 ψ、左旋和右旋螺纹等，如图 6-23 所示。

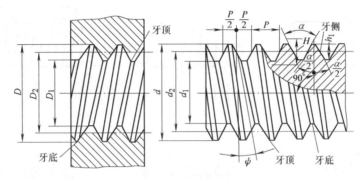

图 6-23　螺纹各部分名称

三角形螺纹的尺寸计算公式如下：

$$d_2 = D_2 = 0.6495P \tag{6-1}$$

$$d_1 = d - 2h_3 \tag{6-2}$$

$$D_1 = d - 1.0825P \tag{6-3}$$

$$h_3 = 0.6134P \tag{6-4}$$

$$H = 0.8660P \tag{6-5}$$

$$h_1 = 0.5413P \tag{6-6}$$

2. 螺纹车刀及其安装

螺纹牙型角要靠螺纹车刀的刀尖角保证，即螺纹牙型角等于螺纹车刀的刀尖角。粗车螺纹或螺纹精度要求不高时，其前角 γ_o 为 $5° \sim 20°$，如图 6-24a 所示；精车时，前角 $\gamma_o = 0°$，以保证牙型角正确，否则将产生形状误差，如图 6-24b 所示。螺纹车刀的后角一般为 $5° \sim 10°$，车削螺纹由于受螺旋升角的影响，进刀方向一侧的后角应比另一侧大些。刀具安装时，要保证刀尖与工件轴线等高，刀尖中分角线与工件轴线垂直，以保证车出的螺纹牙型两边对称，可用角度样板对刀，如图 6-25 所示。

3. 车削螺纹的步骤

以车削外螺纹为例，其操作步骤，如图 6-26 所示。

1）开车，使车刀与工件轻微接触，记下刻度盘读数，向右退出车刀。

2）合上开合螺母，在工件表面上车出一条螺旋线，横向退出车刀，停车。

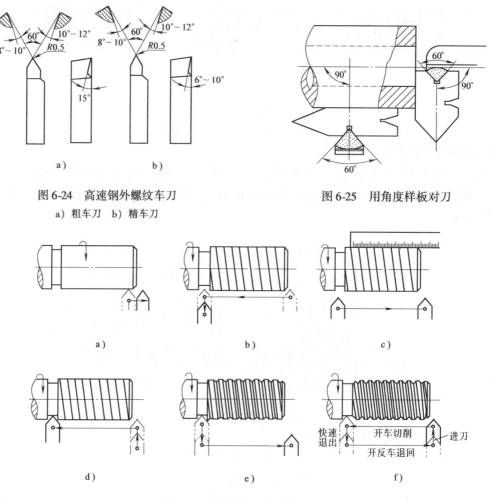

图 6-24　高速钢外螺纹车刀　　　　　图 6-25　用角度样板对刀
a）粗车刀　b）精车刀

图 6-26　车削外螺纹的操作方法

a）对刀　b）车螺纹第一刀　c）检查螺距　d）调整背吃刀量　e）退刀　f）完整切削路线

3）开反车使刀具退到工件右端，停车，用钢直尺检查螺距是否正确。

4）利用刻度盘调整背吃刀量，开车切削。

5）车刀将行至终了时，应做好退刀停车准备，先快速退刀，然后停车，再开反车退回刀架。

6）再次横向进刀，继续切削。

普通螺纹综合测量采用螺纹量规。螺纹量规分环规（测外螺纹）和塞规（测内螺纹）两种，通端拧进，止端拧不进为合格螺纹。

单项测量时，测量大径采用游标卡尺或千分尺，方法如外圆直径测量；测量外螺纹中径采用螺纹千分尺测量或三针测量。

6.1.7　车成形面和滚花

1. 车成形面

有些零件的表面是复杂的曲面形状，如手柄、球面等，具有这些特征的表面形状称为成形面，也称为特形面。

车成形面的方法主要有三种如下：

（1）双手控制法　双手控制法是用右手握小滑板手柄，左手握中滑板手柄，通过双手的合成运动，车出所要的成形面。这种车削成形面的方法，一般使用圆头车刀，加工中需要经多次测量和车削。由于手动进给不均匀，在工件的形状基本确定后还要用锉刀仔细修整、用细锉刀修光，最后用砂纸抛光。成形面的形状一般用样板检验，适用于单件、小批生产。

（2）成形刀法　成形刀法是利用切削刃的形状与成形面母线形状相吻合的成形刀进行车削的，如图 6-27 所示。车削时，车刀只作横向进给运动，由于切削刃与工件接触长度较长，容易引起振动，因此，采用较小的进给量、较低的切削速度，并要使用足够的切削液，同时要求机床要有足够的刚性。该方法操作简单、生产率高，但刀具刃磨、制造比较困难，适于成批生产中加工轴向尺寸较小的成形面。在大批大量生产中的自动机床上也常采用。

（3）靠模法　在车床上用靠模法车成形面的原理与靠模车锥面的原理相同，只是将锥度靠板换成带有曲面槽的靠模，并将滑块改为滚柱，如图 6-28 所示。在床身上安装支架 7 和靠模板 6，滚柱 8 通过连接板 5 与中滑板 1 连接，并将中滑板丝杠拆出。当床鞍 9 作纵向移动时，滚柱 8 沿着靠模板 6 的曲面槽移动，使车刀刀尖作相应的曲线运动，这样就车出了工件 4 的成形面。使用这种方法时，应将小滑板转过 90°，以代替中滑板进给。

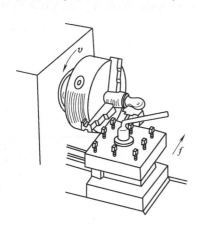

图 6-27　成形刀法车成形面

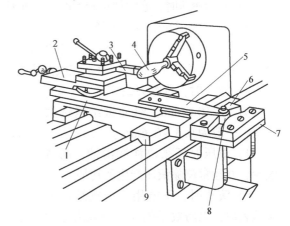

图 6-28　靠模法车成形面

1—中滑板　2—小刀架　3—车刀　4—工件
5—连接板　6—靠模板　7—支架　8—滚柱　9—床鞍

这种方法生产率高，可自动进给，可获得较高的尺寸精度和较小的表面粗糙度（$R_a3.2 \sim 1.6\mu m$），适宜于大批量生产中车削轴向尺寸较长、曲率较小的成形面。

2. 滚花

有些工具和机械零件的把手部分，为了增加摩擦力或使表面美观，常在车床上对这些部位的外圆表面滚压出各种不同的花纹，称为滚花，如车床的刻度盘、铰杠等。滚花的花纹一般有直纹、斜纹和网纹三种，如图 6-29 所示。

（1）滚花刀　滚花刀有单轮、双轮和六轮三

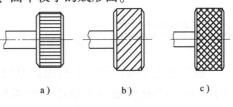

a)　　　b)　　　c)

图 6-29　花纹的种类

a) 直纹　b) 斜纹　c) 网纹

种，如图 6-30 所示。单轮滚花刀通常用于滚压直花纹和斜花纹；双轮和六轮滚花刀用于滚压网纹。双轮滚刀由节距相同的一个左旋和一个右旋滚花刀组成。六轮滚花刀按节距大小分为三组，安装在同一个特制的刀杆上，分粗、中、细三种，使用时，根据不同需要进行选择。

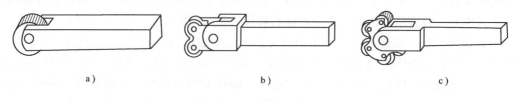

a)   b)   c)

图 6-30　滚花刀
a）单轮　b）双轮　c）六轮

（2）滚花操作步骤：

1）装夹工件，留出一定长度（比加工长度长 5 ~ 20mm），车外圆和端面。

2）根据图样选择滚花刀，滚花达图样要求。

（3）滚花的注意事项：

1）开始滚压时，必须使用较大的压力进刀，使工件刻出较深的花纹，否则易产生乱纹。

2）为了减小开始滚压的径向压力，可以使滚轮表面 1/3 ~ 1/2 的宽度与工件接触，如图 6-31 所示。这样便于滚花刀压入工件表面。在停车检查花纹符合要求后，即可纵向机动进给。如此反复滚压 1 ~ 3 次，直至花纹凸出为止。

3）滚花时，背吃刀量应选低一些，一般为 5 ~ 10m/min。纵向进给量选大一些，一般为 0.3 ~ 0.6m/r。

4）滚压时还须浇注润滑油，润滑滚轮，并经常清除滚压产生的切屑。

5）滚花时，不能用手或棉纱接触滚压表面，以防铰手伤人，可采用毛刷去除切屑。

6）加工带有滚花表面的薄壁工件时，应先滚花，再钻孔和镗孔等。

7）滚直花纹时，滚花刀的齿纹必须与工件轴线平行，否则滚压出的花纹不平直。

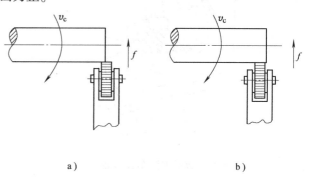

a)   b)

图 6-31　滚花刀的横向进给位置
a）正确　b）错误

6.2　铣削加工

铣削加工是指在铣床上利用铣刀的旋转运动和工件相对铣刀的移动（或转动）来加工工件，得到图样所要求的精度（包括尺寸、形状和位置精度）和表面粗糙度的加工方法。铣削可达到的尺寸精度为 IT9 ~ IT6，表面粗糙度为 R_a12.5 ~ 1.6μm。铣削的加工范围，如图 6-32 所示。

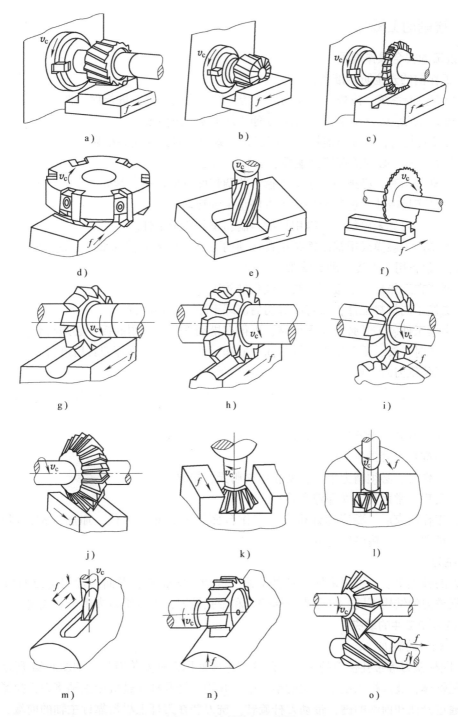

图 6-32 铣削的加工范围

a) 圆柱形铣刀铣平面 b) 面铣刀铣台阶面 c) 三面刃铣刀铣直槽 d) 面铣刀铣平面 e) 立铣刀铣平面

f) 锯片铣刀切断 g) 凸半圆弧铣刀铣凹圆弧面 h) 凹半圆弧铣刀铣凸圆弧面 i) 齿轮铣刀铣齿轮

j) 角度铣刀铣 V 形槽 k) 燕尾槽铣刀铣燕尾槽 l) T 形槽铣刀铣 T 形槽

m) 键槽铣刀铣键槽 n) 半圆键槽铣刀铣半圆键槽 o) 角度铣刀铣螺旋槽

6.2.1 铣削加工概述

1. 铣工的安全操作规程

1) 工作前的安全防护准备：

① 检查供油系统，按规定加注润滑油脂，检查手柄位置，进行保护性空运转。

② 长头发的应戴好安全帽。高速切削时必须装防护挡板。

③ 刀具安装前，做好质地检查，镶嵌式、紧固式刀具要安装牢靠。

④ 各类刀具，必须清理好接触面、安装面和定位面。

2) 自动进给时，必须脱开手动手柄，并调整好行程挡块，紧固。

3) 先停车后变速。进给未停，不得停止主轴转动。

4) 机床、刀具未停稳，不得用异物强制刹车和测量工件。

5) 严禁用手触摸或用棉纱擦拭正在转动的刀具和机床的传动部位，消除铁屑时，只允许用毛刷，禁止用手直接清理或嘴吹。

6) 严禁在工作台面上敲打、校直或乱堆放工件。

7) 更换不同材料工件，须将原有切屑清理干净，分别放置。

8) 夹紧工件、工具必须牢固可靠，不得有松动现象，所用的扳手必须符合标准规格。

9) 工作时，头、手不得接近铣削面，取卸工件时，必须移开刀具后进行。

10) 拆装铣刀时，台面应垫木板，禁止用手去托刀盘。

11) 装铣刀，使用扳手拧紧螺母时，要注意扳手开口选用适当，用力不可过猛，防止滑倒。

12) 对刀时必须慢速进刀，刀接近工件时，需用手动进刀。

13) 不准带手套操作机床。

14) 工作时，必须精力集中，禁止串岗聊天，擅离机床。

15) 发现异常声音，立即停车检查。

16) 工作结束后，要清理好机床，工作台面锁紧或安全到位，加油维护，切断电源，收好工、量和刀具，搞好场地卫生。

2. 铣刀

铣刀的种类繁多，可用来加工各种平面、沟槽、斜面和成形面。常用铣刀如图 6-33 所示。根据铣刀的结构不同，可分为带柄铣刀和带孔铣刀，带柄铣刀多用于立式铣床。

3. 铣刀和工件的装夹

（1）铣刀的装夹

1) 圆柱铣刀等带孔铣刀的装夹。卧式铣床多使用刀杆安装刀具，如图 6-34 所示。刀杆的一端尾锥体，装入机床主轴前端的锥孔中，并用拉杆螺杆穿过机床主轴将刀杆拉紧。主轴的动力通过锥面和前端的键，带动刀杆旋转。铣刀装在刀杆上尽量靠近主轴的前端，以减少刀杆的变形。

2) 立铣刀的装夹。对于直径为 3～20mm 的直柄立铣刀，可使用弹簧夹头装夹。弹簧夹头可装入机床的主轴孔中，如图 6-35a 所示。对于直径为 10～50mm 的锥柄铣刀，可借助过渡套筒装入机床主轴孔中，如图 6-35b 所示。

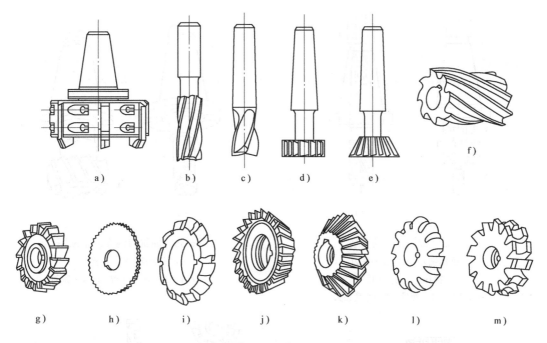

图 6-33　铣刀

a）硬质合金镶齿面铣刀　b）立铣刀　c）键槽铣刀　d）T 形键槽铣刀　e）燕尾槽铣刀　f）圆柱铣刀

g）三面刃铣刀　h）锯片铣刀　i）模数铣刀　j）单角铣刀　k）双角铣刀　l）凸圆弧铣刀　m）凹圆弧铣刀

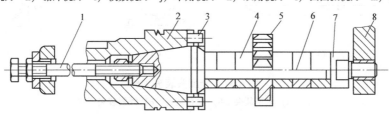

图 6-34　刀杆安装铣刀示意图

1—拉杆螺杆　2—主轴　3—端面键　4—套筒　5—铣刀　6—刀杆　7—螺母　8—支架

3）面铣刀的装夹

面铣刀一般中间带有圆孔，先将铣刀装在短刀轴上，再将刀轴装入机床的主轴柄用拉杆螺钉拉紧，如图 6-36 所示。

（2）工件的装夹

1）在机用台虎钳上装夹。对尺寸不大的非回转体零件多采用机用台虎钳装夹。

2）用压板螺栓装夹。工件的尺寸较大或形状比较复杂时，常用压板螺栓装夹。

3）V 形块与压板螺栓。当在回转体表面上铣削时，需将工件定位在 V 形块上，用螺栓压板压紧后铣削。

4）用分度头装夹。装夹有分度要求的工件（如花键、齿轮等），既可以用分度头上的卡盘装夹工件，也可以用分度头上的顶尖与尾座顶尖一起装夹轴类零件。由于分度头主轴可以在垂直面从 −6°～90°内扳转，因此分度头可以分别在垂直、水平和倾斜位置上装夹工件，如图 6-37 所示。

铣削加工还可以采用回转工作台、专用夹具和组合夹具等。

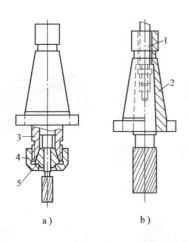

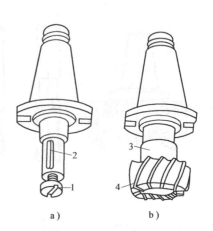

图 6-35 带柄铣刀的安装

a）锥柄铣刀 b）直柄铣刀

1—拉杆 2—过渡套

3—夹头体 4—螺母 5—弹簧夹头

图 6-36 面铣刀的安装示意图

a）安装前 b）安装后

1—螺钉 2—键 3—垫套 4—铣刀

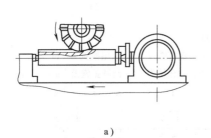

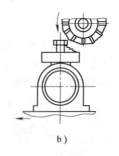

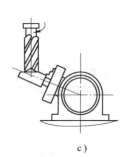

图 6-37 分度头装夹工件

a）水平装夹 b）垂直装夹 c）倾斜装夹

6.2.2 铣平面及垂直面

1. 铣平面

铣平面可以在卧式和立式铣床上加工。铣削加工分顺铣和逆铣。顺铣是指铣刀旋转方向与工件进给方向一致，逆铣是指铣刀旋转方向与工件进给方向相反，如图 6-38 所示。顺铣时，由于铣削力与工作台的运动方向一致，会拉动工作台，其拉动距离等于工作台丝杠螺母的间隙，会造成铣刀、工件、夹具甚至铣床的损坏，因此，一般情况下应采用逆铣加工。

（1）工件的装夹过程

1）工件用机用平口台虎钳装夹，装夹时，应在钳口垫上铜皮，以防毛坯损伤钳口。

2）选择合适的垫铁垫在工件的下面。垫铁应无毛刺，两面平行；如用两块，则高度应一致；工件应高出钳口，保证铣削时铣刀不碰钳口。

3）工件基本夹紧后用锤子轻轻敲击工件，

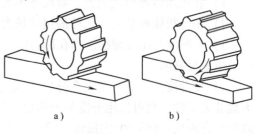

图 6-38 顺铣和逆铣

a）顺铣 b）逆铣

让工件紧贴垫铁后再夹紧。

（2）铣平面的操作

1）摇动升降手柄，调整工件在高度方向与铣刀的相对位置，将升降台锁紧。

2）开动铣床，使主轴旋转，高速钢铣刀的切削速度约 25m/min。

3）摇横向手柄，使工件接近铣刀。当铣刀轻微切削工件后，摇纵向手柄将工件退出。

4）摇横向手柄，利用手轮刻度控制铣削深度，并锁紧横向工作台。粗铣深度为 4 ~ 5mm，铣削前应检查毛坯尺寸，根据加工余量多少而定。余量多则分数次铣削。精铣余量约 0.5mm。

5）纵向进给铣平面，一般在开始铣削时用手动进给，使铣刀慢慢切入工件，然后再机动进给。进给速度粗铣时可快些，精铣时为得到较小的表面粗糙度值，进给速度可慢些。铣削终了时，摇手柄使铣刀全部离开工件，以防止在加工面上留下刀痕。

在立式铣床上用面铣刀铣平面时，用面铣刀铣出的平面是与工作台平行的。如果使用可以回转的立铣头，在铣平面前应将主轴轴心调整刀与工作台面垂直的位置，否则会使铣出的表面成为凹面。

2. 铣垂直面和平行面

在机用平口台虎钳上加工垂直面和平行面之前，应把百分表固定在铣床的主轴上，松开平口台虎钳的压紧螺栓，利用工作台面的纵向移动和升降运动，使固定钳口与工作台面移动的方向平行，钳口与工作台面垂直。调整好后，紧固平口台虎钳螺栓。

（1）铣垂直面　将已铣好的面作基准，紧靠在固定钳口上，在活动钳口上垫一圆棒，工件的底面贴平行垫铁，然后夹紧机用平口台虎钳，如图 6-39a 所示。这样铣出的面就能与基准面垂直。垂直度误差可用 90°直角尺透光检查。面积大而厚度薄的工件，可装夹在角铁上铣削，此时工件的基准面应紧密地贴于角铁上，用 C 形夹夹紧，如图 6-39b 所示。当用端铣法铣削时，应注意使切削力指向角铁，否则容易引起振动，如图 6-39c 所示。

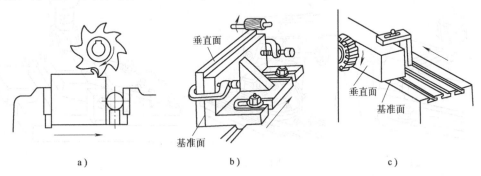

a)　　　　　　　　　　b)　　　　　　　　　　c)

图 6-39　铣垂直面

a) 机用平口台虎钳装夹铣削　b) 角铁装夹铣削　c) 工作台面上定位铣削

（2）铣平行面　铣平行面的装夹方法是将已加工面与机用平口台虎钳的水平导轨均匀贴合，如工件较薄，未超过钳口高度，则可在工件下面垫平行垫铁。基本夹紧后用铜锤在工件上轻轻敲击，使工件基准面与垫铁贴平，然后用力夹紧机用平口台虎钳。

铣削的方法基本上与铣平面的方法相同。平行度误差可用千分尺测量，也可将基准面放在平板上用百分表测量。百分表最大和最小读数之差为平行度误差。

6.2.3　铣台阶面

台阶面可用三面刃盘铣刀在立式铣床上铣削，如图 6-40a 所示；也可用大直径的立铣刀在立式铣床上铣削，如图 6-40b 所示；在成批生产中，则用组合铣刀在卧式铣床上同时铣削几个台阶面，如图 6-40c 所示。

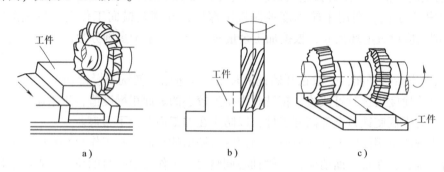

图 6-40　铣台阶面

a）三面刃盘铣刀铣削　b）立铣刀铣削　c）组合铣刀铣削

6.2.4　铣斜面

铣斜面通常有三种方法如下：

1. 把工件倾斜成所需的角度铣斜面

（1）把工件装夹在机用平口台虎钳中根据划线铣斜面　铣斜面前先在工件上划线，然后按线找正并夹紧后，用圆柱铣刀或面铣刀铣斜面，如图 6-41a 所示。该方法适用于单件小批生产中加工小型工件。

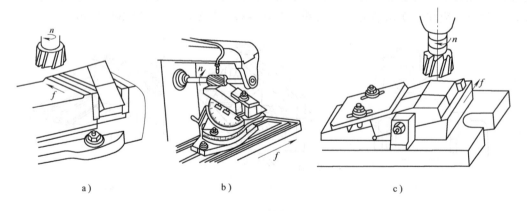

图 6-41　铣斜面

a）平口钳装夹铣斜面　b）万能转台装夹铣斜面　c）专用夹具装夹铣斜面

（2）把工件装夹在万能转台上铣斜面　万能转台除能绕垂直轴转动外，还能绕水平轴转成所需的角度，从而铣削出各种所需的角度，如图 6-41b 所示。还可以铣削较大工件的斜面。

（3）用专用夹具铣斜面　工件倾斜的角度由夹具确定，如图 6-41c 所示。不需要调节，定位可靠，生产率高，适用于大批量生产。

2. 把铣刀转成所需角度铣斜面

通常在装有立铣头的卧式铣床上或在立式铣床上使用。转动立铣头，把主轴倾斜一定的角度，工作台横向进给即可实现斜面的铣削，如图 6-42 所示。

3. 用角度铣刀铣斜面

尺寸较小的斜面可以用角度铣刀铣出，如图 6-43 所示。角度铣刀是其切削刃于轴心线倾斜成某一固定的角度，选用合适的角度铣刀，即可铣出相应的斜面。由于角度铣刀刀齿的强度低，容屑槽小，所以使用时应选较小的切削用量。

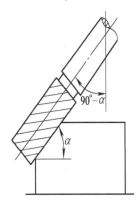

图 6-42　把铣刀转成所需角度铣斜面

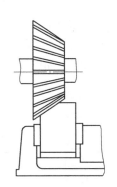

图 6-43　用角度铣刀铣斜面

6.2.5　铣槽

在铣床上可以加工各种形状沟槽，常见的沟槽形状有直角槽、V 形槽、T 形槽、燕尾槽和键槽等。

1. 铣刀

铣刀的选择取决于键槽的形式。封闭式键槽，通常采用键槽铣刀加工，如果采用立铣刀加工，则需在键槽两端预钻出落刀孔；对于半封闭式键槽，可直接用立铣刀或键槽铣刀加工；对敞开式键槽，一般采用盘铣刀或三面刃盘铣刀加工。

2. 工件的装夹

（1）在机用平口台虎钳上装夹　该方法装卸方便，但直径的变化影响键槽的对称度和铣削深度，而且装夹时容易损坏轴类工件原有的尺寸精度，适于单件生产。

（2）用 V 形块和压板螺栓装夹　该方法工件的中心线始终在 V 形块的几何中心上，与工件的直径变化无关，如图 6-44a 所示。铣削时只要对刀准确，便可保证同一批所有工件的对称度。对于长径比较大的、直径在 20~60mm 的工件，可直接装夹在铣床的 T 形槽上，此时 T 形槽槽口倒角相当于一个 V 形槽，如图 6-44b 所示。

（3）用分度头顶尖装夹　该方法键槽的对称度不易受到轴径变化的影响，是一种比较精确的装夹方法，如图 6-44c 所示。

3. 铣 T 形槽的步骤

（1）铣直槽　在卧式铣床上用三面刃盘铣刀、在立式铣床上用立铣刀铣直槽，如图 6-45a 所示。

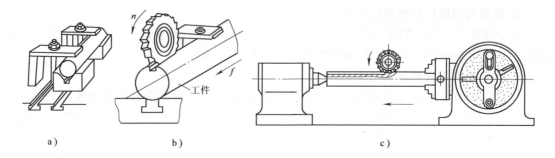

图 6-44　铣槽的装夹方法

a) 机用平口台虎钳装夹　b) 用 V 形块和压板螺栓装夹　c) 分度头装夹

（2）铣 T 形槽　将 T 形槽铣刀安装在立铣头上铣削。要在铣削开始时调好刀具的高度和与直角沟槽的对称度，如图 6-45b 所示。

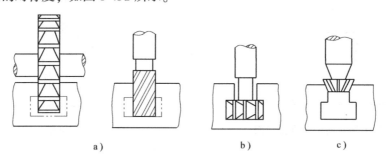

图 6-45　铣 T 形槽

a) 铣直槽　b) 铣 T 形槽　c) 铣倒角

（3）铣倒角　在铣床上用单角铣刀铣倒角，注意直角槽的对称度，如图 6-45c 所示。

4. 铣燕尾槽的步骤

铣燕尾槽的步骤，如图 6-46 所示。

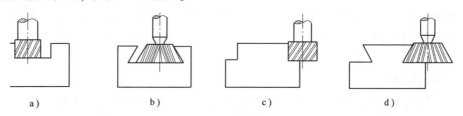

图 6-46　铣燕尾槽

a、b) 燕尾槽的铣削方法　c、d) 燕尾块的铣削方法

6.3　刨削加工

在刨床上用刨刀对工件进行切削加工的方法称为刨削。刨削主要加工水平面、垂直面、台阶面、斜面和各种沟槽等，刨削的加工范围，如图 6-47 所示。牛头刨床的主运动为刨刀的往复直线运动，进给运动为刨刀每次退回后，工件的间歇和横向的水平移动。牛头刨床的加工精度一般为 IT10 ~ IT8，表面粗糙度为 $R_a 6.3 ~ 1.6 \mu m$。刨床的结构简单，调整方便，

加工成本低，但生产率低。刨刀的结构简单、刃磨和安装方便，故刨削通用性好，在单件生产和修配工作中得到了广泛的应用。

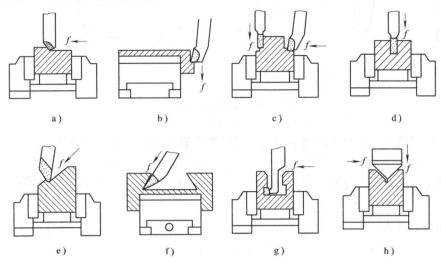

图 6-47　刨削的加工范围

a) 刨平面　b) 刨垂直面　c) 刨台阶面　d) 刨直角沟槽　e) 刨斜面
f) 刨燕尾槽　g) 刨 T 形槽　h) 刨 V 形槽

6.3.1　刨削加工概述

1. 刨工安全操作规程

1）穿好工作服扎紧袖口，长发需放进帽子内，不准穿凉鞋进入工作场地。

2）检查机床和工作场地有无障碍物。

3）检查机床各部位是否正常。

4）按机床润滑图表加油，空转 1~2 分钟，待正常后方可进行工作。

5）精力要集中，不得离开工作岗位，必须离开时应停车关灯。

6）严禁戴手套操作。

7）机床开动时，不准变速，不准用手摸工件和刀头，不准测量工件。

8）吊运工件时，注意安全起落，钢丝绳要牢固，禁止用三角带或麻绳吊运工件。

9）工件必须夹牢，机床刨削时，禁止从纵向查看工件。

10）随时注意机床各部位是否正常，如有不正常声音，应立即停车检查。

11）将工、夹、量具擦净放好，关好总电源，擦净机床，清除铁屑，清扫工作场地。

12）如发生工伤、设备事故，应保持现场，并报告有关部门。

2. 刨刀及刨刀的装夹

（1）刨刀　刨刀的结构、几何角度与车刀相似，但由于刨削过程中有冲击力，刀具易损坏，所以刨刀截面通常比车刀大。为了避免刨刀扎入工件，刨刀刀杆常做成弯头的。刨刀的种类很多，常用的刨刀种类及应用，如图 6-48 所示。平面刨刀用来刨平面；偏刀用来刨垂直面或斜面；角度偏刀用来刨燕尾槽；弯刀用来刨 T 形槽及侧面槽；切槽刀用来刨沟槽或切断工件。此外还有成形刀，用来刨削特殊形状的表面。

（2）刨刀的装夹　安装刨刀时，将转盘对准零线，以便准确控制切削深度，如图 6-49

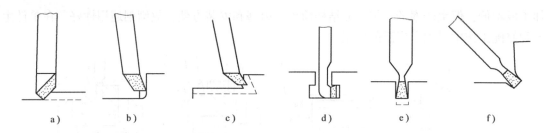

图 6-48　常用的刨刀及应用

a) 平面刨刀　b) 偏刀　c) 角度偏刀　d) 切刀　e) 弯刀　f) 切槽刀

所示。刀架下端应与转盘底侧基本相对，以增加刀架的刚度。直刨刀的伸出长度一般为刀杆厚度的 1.5 ~ 2 倍，夹紧刨刀时，应使刀尖离开工件表面，防止破坏刀具和擦伤工件表面。装刀和卸刀时，必须一手扶刀，一手用扳手夹紧或放松。

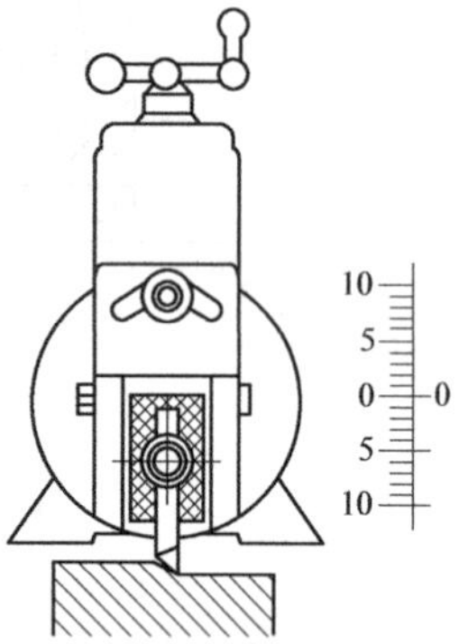

3. 工件的装夹

（1）用机用平口台虎钳装夹　需划线找正后，夹紧。适用于装夹小型工件。

（2）在工作台上装夹　可根据工件的外形尺寸采用不同的装夹工具，采用压板和压紧螺栓装夹工件、撑板装夹薄板件和 V 形块装夹圆形工件，将工件装在角铁上，用 C 形铁装夹工件，如图 6-50 所示。

（3）用专用夹具装夹　可迅速准确地装夹工件，适用于批量生产。

在刨床上也经常使用组合夹具装夹工件，适应单件小批生产和满足加工要求。

图 6-49　刨平面时刀架、刀座及刨刀的位置

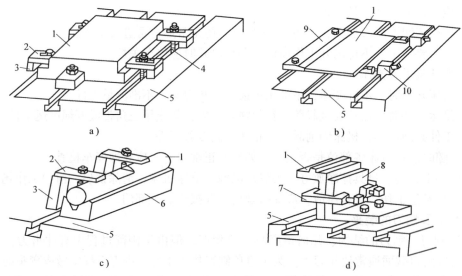

图 6-50　工作台上装夹工件

a) 压板和压紧螺栓装夹　b) 撑板装夹薄板件　c) V 形块装夹

d) 工件装在角铁上，用 C 形铁装夹工件

1—工件　2—压板　3—垫铁　4—压紧螺栓　5—工作台

6—V 形块　7—C 形铁　8—角铁　9—固定支承板　10—活动支承板

6.3.2　典型刨削加工

1. 刨平面

刨水平面时，刀架和刀座均处于中间位置上。刨平面的步骤如下：

1）根据工件加工表面形状选择和装夹刨刀。粗刨时，用平面刨刀；精刨时，用圆头刨刀。

2）根据工件大小和形状确定工件装夹方法，并夹紧工件。

3）调整刨刀的行程长度和起始位置及往复次数。

4）调整进给量，如工件余量较大时，可分几次刨削。

当工件表面质量要求较高时，粗刨后，还要进行精刨。精刨的切削深度和进给量要比粗刨小，切削速度可高些。为使工件表面光整，在刨刀返回时，可用手掀起刀座上的抬刀板，使刀尖不与工件摩擦。刨削时一般不使用切削液。

在牛头刨床上加工工件的切削用量：切削速度 0.2～0.5m/s；进给量 0.33～1mm/往复行程；切削深度 0.5～2mm。

2. 刨垂直面和斜面

装夹工件时，使用90°角尺或按划线校正，以保证加工面与工作台面垂直，并与刨削方向平行，此外，工件的待加工面应伸出工作台面或对准 T 形槽，如图 6-51a 所示。

刨垂直面或台阶面时，应使用偏刀，刀架转盘的刻线应准确对准零线，以便刨刀能沿垂直方向移动。刀座上端偏离加工面一个合适的角度（一般 10°～15°），以便返回行程时减少刨刀与工件的摩擦，并避免划伤已加工表面，如图 6-51b 所示。

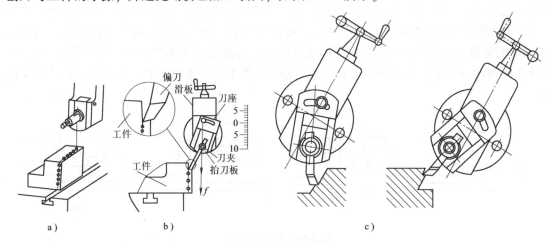

图 6-51　刨垂直面和斜面

a）刨垂直面　b）偏刀刨斜面　c）正夹斜刨刨斜面

刨斜面常用正夹斜刨，即通过倾斜刨刀架进行刨削，刀架转盘扳转的角度应等于工件斜面与铅垂线之间的夹角，从而使滑板的手动进给方向与斜面平行，如图 6-51c 所示。其他和刨水平面相同，在牛头刨床上刨斜面只能手动进给。

3. 刨 T 形槽

划线后，加工步骤，如图 6-52 所示。

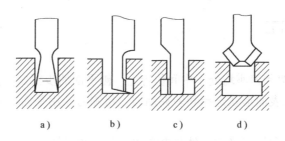

图 6-52　刨 T 形槽步骤

a) 切槽刀刨直槽　b) 右弯刀刨槽右侧　c) 左弯刀刨槽左侧　d) 倒角刀倒角

4. 刨燕尾槽

刨燕尾槽和 V 形槽的方法是刨直槽和刨内、外斜槽的综合，但需要左、右偏刀。刨燕尾槽的步骤，如图 6-53 所示。

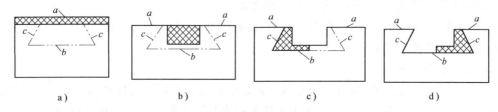

图 6-53　刨燕尾槽步骤

5. 刨矩形工件

矩形工件（如平整垫铁）要求相对两面互相平行、相邻两面互相垂直。这类工件一般可以铣削，也可以刨削。但工件采用机用平口台虎钳装夹时，无论是铣削，还是刨削，精加工 1~4 个面的步骤要按照一定顺序进行，通常先刨出一个较大的平面 1 为基准面，然后将该基准面贴紧平口钳钳口一面，把圆棒或斜垫放在基准面对面的钳口中，刨削第 2 个平面，再刨削和第 2 个平面相对的第 4 个面，最后刨削和第 1 个面相对的第 3 个平面，如图 6-54 所示。

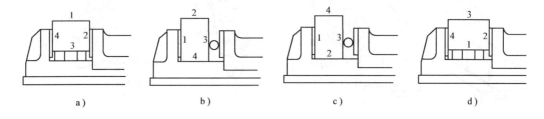

图 6-54　刨矩形工件

6.4　磨削加工

磨削加工是指在磨床上用磨具对工件进行切削加工的方法。磨具包括砂轮、油石、砂瓦、砂布和研磨膏等。其中常用的是砂轮。磨削加工应用非常广泛，可用来加工内外圆柱面、内外圆锥面、台阶面、端面、平面、螺纹、齿轮、花键和磨削刀具等，还可加工高硬度材料，如图 6-55 所示。

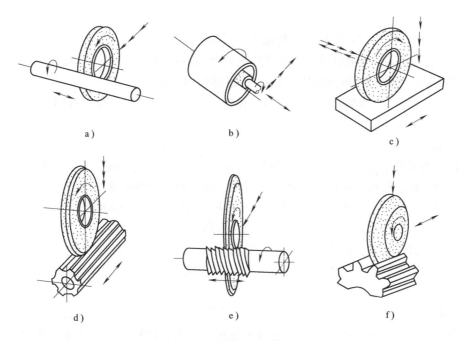

图 6-55 磨削的加工范围

a）外圆磨削 b）内圆磨削 c）平面磨削 d）花键磨削 e）螺纹磨削 f）齿形磨削

6.4.1 磨削加工概述

1. 磨工的安全操作规程

1）要穿好工作服，袖口要扎紧，衬衫要系入裤内。长头发要放入帽内。

2）开车前要确认砂轮罩、行程挡块完好紧固，砂轮与工件有一定的间隙，油路系统正常，主轴等转动件润滑良好，各操作手柄正确，正常后才能开车。开车后空转 1 ~ 2 分钟，待运转正常后，才能工作。

3）根据工件的长短调整行程挡块，工件装夹要请教师检查后才能开车。

4）多人使用磨床时，只能一人操作，注意他人安全。操作或未操作者不许站在旋转砂轮可能飞出的方向。

5）平面磁力磨削工件时，检查工件是否牢固，磨削高而狭窄的工件时，周围要用挡块，而且挡块高度不低于工件的 2/3，待工件吸牢后才能开车。

6）外圆磨削时，工作应放在顶尖上。砂轮启动进刀时要轻要慢，不许进刀过大，以防径向力过大造成工件飞出，引发事故。

7）无心磨削前，要检查托架是否装对。在砂轮未停止转动时，严禁用手或棒拨动工件。

8）干磨和修整砂轮时，要戴好防护眼镜和口罩。湿磨时，机床停机前要先关冷却液，并让砂轮空转 1 ~ 2 分钟进行脱水，然后再关机。

9）装拆工件、测量工件和调整机床都必须停车。

10）电器故障须由电工人员检修。

11）加工结束后，打扫机床及场地清洁卫生，清点工具，做到文明生产。

2. 磨削的特点

1）砂轮的表面有很多磨粒，每个磨粒相当于一个切削刃，而且硬度高，属于多刃、微刃切削。

2）加工精度高，一般安排在半精加工之后进行。

3）磨削速度高，一般砂轮的磨削速度大约微 2000~3000m/min 高速磨削砂轮线速度可达 60~250m/s，因此磨削时的温度较高，一般都使用冷却液。

4）加工范围广，磨削可以加工碳钢、铸铁等，还可以加工难加工材料，如淬火钢、硬质合金等。

3. 砂轮

砂轮是磨削的主要工具，它是由许多细小的磨粒用结合剂粘接而成的一种多孔物体。砂轮的特性由磨粒、粒度、结合剂、硬度、组织、形状和尺寸等因素决定。

（1）磨料　磨料是砂轮的主要成分，直接担负切削工作。磨削时经受强烈摩擦、挤压和高温的作用，所以磨粒具有高硬度、高耐热性和一定的韧性，在切削过程中受力破碎后还能形成尖锐的棱角，即自锐性。磨料分天然磨料和人造磨料。天然磨料有刚玉和金刚石等。目前制造的砂轮主要选用人造磨料，如棕刚玉（A）、白刚玉（WA）、黑碳化硅（C）和绿碳化硅（GC）。

（2）粒度　粒度表示磨粒的大小程度，用磨粒所能通过的筛网号表示，粒度号越大，颗粒越小。粗颗粒用于粗加工，细颗粒用于精加工。磨软材料时，为防止砂轮表面被堵塞，用粗磨粒；磨削脆、硬材料时，用细磨粒。

（3）结合剂　结合剂的作用是将磨粒粘接在一起，使之成为具有一定形状和强度的砂轮。常用的结合剂由陶瓷结合剂（V）、树脂结合剂（B）和橡胶结合剂（R）三种。除切断用砂轮外，大多数砂轮都采用陶瓷结合剂。

（4）硬度　砂轮的硬度是指砂轮上的磨粒在磨削力的作用下，从砂轮表面上脱落的难易程度。磨粒易脱落，表面砂轮硬度低；反之，则表明砂轮硬度高。工件材料越硬，磨削时，砂轮硬度应选得软些。工件材料越软，砂轮的硬度应选得硬些。

（5）组织　砂轮的组织表示砂轮结构的松紧程度。它是指磨粒、结合剂和气孔三者所占体积的比例。砂轮组织分为紧密、中等和疏松三大类，共16级（0~15），级数越大，砂轮越松。常用的是5、6级。

（6）形状和尺寸　为了适应磨削各种形状和尺寸的工件，砂轮可以做成各种不同的形状和尺寸。由平形、筒形、碗形、薄形和碟形等砂轮，如图6-56所示。

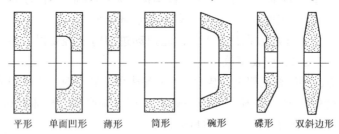

平形　单面凹形　薄形　筒形　碗形　碟形　双斜边形

图6-56　砂轮形状

4. 砂轮的安装与修整

砂轮因在高速下工作，安装前必须经过外观检查，不应有裂纹，并经过平衡试验。砂轮的安装方法，如图6-57所示。大砂轮通过台阶法兰盘固定，如图6-57a所示；不太大的砂轮用法兰盘直接装在主轴上，如图6-57b所示；小砂轮用螺母紧固在主轴上，如图6-57c所示；

更小的砂轮可粘固在轴上，如图 6-57d 所示。

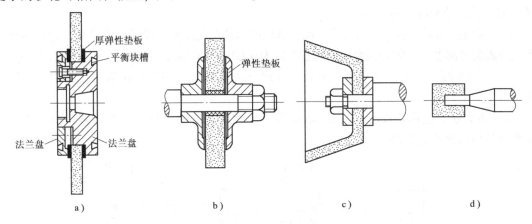

图 6-57　砂轮的装夹方法

a) 台阶法兰盘固定　b) 法兰盘直接装在主轴上　c) 用螺母紧固　d) 粘接

砂轮工作一定时间后，磨粒逐渐变钝，砂轮工作表面空隙被堵塞，砂轮的正确几何形状被破坏。这时必须进行修整，将砂轮表面一层变钝了的磨粒切除，以恢复砂轮的切削能力及正确的几何形状。砂轮修整一般利用金刚石工具进行，如图 6-58 所示。

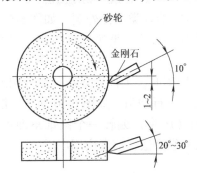

图 6-58　砂轮的修整

6.4.2　典型磨削加工

1. 磨外圆

外圆磨削的精度可达 IT7 ~ IT6，表面粗糙度 $R_a 0.4 ~ 0.2 \mu m$。

（1）磨外圆工件的装夹　磨外圆时，一般都以两端中心孔作为装夹定位基准，或者被装夹在卡盘上。磨床上使用的顶尖都不随工件转动，这样可减少安装误差，提高加工精度，安装适用于有中心孔的轴类零件。无中心孔的圆柱形零件多采用三爪自定心卡盘装夹，不对称或形状不规则的工件则采用四爪单动卡盘或花盘装夹。另外，空心件常安装在心轴上磨削外圆。带中心孔零件的安装，如图 6-59 所示。

（2）磨削用量

1）砂轮圆周速度：一般为 30 ~ 35m/s。

2）工件的圆周速度：一般为 5 ~ 30m/min。

3）纵向进给量和纵向进给速度。工件每转一圈，砂轮在纵向的移动距离叫纵向进给量。

纵向进给进量度大小与砂轮宽度有关，一般为（0.2～0.8）Bmm/r，B 为砂轮宽度。粗磨时，取大值，精磨时，可取小值。

4）横向进给量。台面往返行程一次，砂轮横向移动的距离，即横向进给量，也即砂轮切入工件表面的深度，一般外圆磨床横向进给量为 0.005～0.05mm，粗磨时，可适当取大些。

（3）磨外圆的方法　在外圆磨床上磨外圆方法有横磨法和纵磨法两种，其中以纵磨法使用最多。

1）横磨法。也称切入法，如图 6-59a 所示。适用于磨削较短的工件外圆，磨削效率较高而磨削精度没有纵磨高。

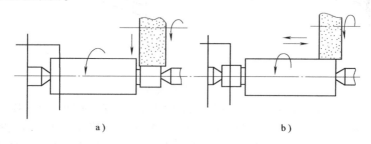

图 6-59　磨外圆的方法

a）横磨法　b）纵磨法

2）纵磨法。适用于磨削较长的轴类零件外圆，如图 6-59b 所示。在单件、小批量生产中应用较多。磨削精度较高，但磨削效率低于横磨法。

（4）磨内圆的方法　内圆磨削时，工件大多数是以外圆或端面作为定位基准，装在卡盘上进行磨削，如图 6-60 所示。磨内圆锥面时，只需将卡盘主轴（床头）偏转一个圆锥角即可。内圆磨削的方法也分为横磨法和纵磨法，前者应用广泛。

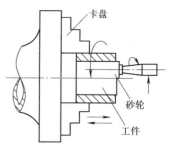

图 6-60　磨内圆

2. 磨平面

（1）磨平面的方法　平面磨床的主轴有立轴和卧轴两种，立轴是用砂轮的端面进行磨削（端磨法），卧轴是用砂轮的周边进行磨削（周磨法），如图 3-27 所示。平面磨床的工作台也分为矩形和圆形两种。周磨时，砂轮与工件接触面积小，排屑及冷却效果好，工件发热量少。因此磨削易翘曲变形的薄片零件，可获得较好的加工精度及表面质量，但磨削效率较低。端磨时，由于砂轮伸出较短，主要受轴向力，所以刚性较好，可采用较大的磨削用量。再者，砂轮与工件的接触面积大，磨削效率高。但发热量大，不易排屑和冷却，故加工质量比周磨低。

（2）工件的装夹　平面磨床上工件的装夹，需根据工件的形状、尺寸和材料等因素来决定。凡是由钢、铸铁等磁性材料，且具有两个平行平面的工件，一般采用电磁吸盘直接装夹。电磁吸盘内装线圈，通电后产生磁力，吸牢工件。对于非磁性材料（铜、铝、不锈钢等）或形状复杂的工件，应在电磁吸盘上安装精密台虎钳或简易夹具装夹工件；也可以直接在普通工作台上采用台虎钳或简易夹具来安装。

（3）磨平面的步骤

1）将工件擦拭干净，安放在电磁吸盘工作台面上，通电吸住工件。

2）调整工作台的行程，工作台面行程应调整为砂轮超出工件两端。

3）起动砂轮，并垂直下降，当与工件表面相擦出现火花时，即开动工作台进行磨削。工作台纵向进给量为 10m/min。

4）砂轮横向进给直至沿工件宽度方向加工完毕。砂轮退出工件后，再垂直进给反复磨削，达到加工要求为止。粗磨垂直进给量为 0.015 ~ 0.05mm；精磨垂直进给量 0.005 ~ 0.01mm。

5）退磁。取下工件，用千分尺测量，计算余量，工件翻转后磨削，留精磨余量，测量后，再精磨至尺寸。

3. 磨外圆锥面

磨外圆锥面与磨外圆的主要区别是工件和砂轮的相对位置不同。磨外圆锥面时，工件轴线相对于砂轮轴线偏斜一定角度。常用转动上工作台或转动头架的方法磨外圆锥面，如图 6-61 所示。

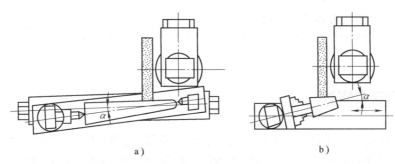

图 6-61　磨外圆锥面
a）转动上工作台磨外圆锥面　b）转动头架磨外圆锥面

思考与练习

1）磨刀时，操作者应尽量避免_____砂轮，站在砂轮_____为宜。

2）车刀要紧固的稳妥牢靠，至少要有____个螺栓紧固，紧固螺栓的方法是_____拧紧。

3）切断处应靠近_____，以增加工件刚性，减小切削时的振动。

4）螺纹按牙型分为_____、_____和_____。

5）铣刀根据结构不同，可分为_____和_____。

6）铣削加工以分_____和_____。

7）台阶面可用_____在立式铣床上铣削；也可用大直径的_____在立式铣床上铣削。

8）安装刨刀时，将_____对准零线，以便准确控制切削深度。

9）_____是磨削的主要工具。

10）简述车工操作安全规程。

11）简述铣削加工工件的装夹方法。

12）简述刨平面的步骤。

13）简述磨平面的步骤。

第7章 钳工技术

> ☞ **要点提示：**
>
> 　　1）了解钳工在机械加工行业中的作用。
> 　　2）学会使用常见的钳工工具。
> 　　3）了解常用设备和工具的使用注意事项。
> 　　4）掌握常见钳工操作技能技巧。
> 　　5）了解典型钳工加工方法的加工步骤。
> 　　6）学会灵活运用各种钳工技能。

7.1 钳工技术概述

　　钳工是指手持钳工工具，在平口台虎钳、钻床或其他辅助设备上完成零件的加工、装配和修理。目前虽然有各种先进的机械加工方法，但很多工作仍然需要采用钳工手段来完成。它是机械制造业中最主要、最普遍的职业工种之一。

　　按工作内容不同，钳工可分为普通钳工、划线钳工、装配钳工、修理钳工、工具钳工和模具钳工等。无论哪一种钳工，都应该掌握好钳工的各项操作技能，包括划线、錾削、锉削、锯削、钻削、攻（套）螺纹、研磨、弯曲、铆接、钣金下料和装配等。

7.1.1 钳工常用设备

　　钳工的工作场地是一人或多人工作的固定地点。在工作场地常用的设备有钳工工作台、平口台虎钳、砂轮机、台钻和立钻等。

1. 钳工工作台

　　钳工工作台也简称为钳台，如图7-1所示，上面装有平口台虎钳和存放钳工常用工具、夹具和量具等。它是钳工工作的主要设备，采用木料或钢材制成，高度约800～900mm，长度和宽度根据场地和工作情况而定，其上设有抽屉，用来收放工量具等。

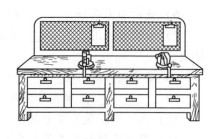

图 7-1　钳台

2. 平口台虎钳

平口台虎钳安装在钳台上，用来夹持工件，如图7-2所示，分固定式（图7-2a）和回转式（图7-2b）两种。其规格以钳口的宽度表示，有100mm、125mm和150mm等。

平口台虎钳的正确使用和维护：

1）台虎钳安装在钳台上时，必须使固定钳身的钳口工作面处于钳台边缘之外，以保证夹持长条形工件时，工件的下端不受钳台边缘的阻碍。

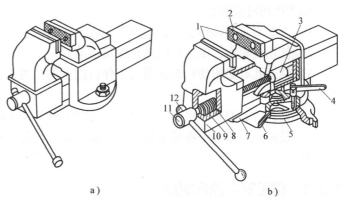

a)　　　　　　　　b)

图7-2　平口台虎钳

a) 固定式　b) 回转式

1—钳口　2—螺钉　3—螺母　4、12—手柄　5—夹紧盘
6—转盘座　7—固定钳身　8—挡圈　9—弹簧　10—活动钳身　11—丝杠

2）台虎钳必须牢固地固定在钳台上，两个夹紧螺钉必须拧紧，使工作时钳身没有松动现象。否则容易损坏平口台虎钳和影响工作质量。

3）夹紧工件时只允许依靠手的力量来扳动手柄，决不能用锤子敲击手柄或随意套上长管子来扳手柄，以免丝杠、螺母或钳身损坏。

4）在进行强力作业时，应尽量使力量朝向固定钳身，否则将额外增加丝杠和螺母的受力，以致造成螺纹的损坏。

5）不要在活动钳身的光滑平面上敲击，以免降低它与固定钳身的配合性能。

6）丝杠、螺母和其他活动表面上都要经常加油并保持清洁，有利润滑和防止生锈。

3. 砂轮机

主要用来刃磨錾子、钻头、刮刀等刀具或样冲、划针等其他工具，也可以用于磨去工件或材料上的毛刺、锐边等。它主要由砂轮、电动机和机体组成，如图7-3所示。

砂轮的质地较脆，而且转速较高，因此使用砂轮机时应遵守安全操作规程，防止产生砂轮碎裂和人身事故。工作时一般应注意以下几点：

1）砂轮的旋转方向应正确，使磨屑向下方飞离砂轮。

2）砂轮起动后转速达到正常后才能进行磨削。

3）磨削时要防止刀具或工件对砂轮发生剧烈的撞击或施加过大的压力。砂轮表面跳动严重时，应及时用修整器修整。

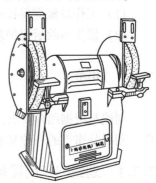

图7-3　砂轮机

4）砂轮机的搁架与砂轮间的距离，一般应保持在3mm以内，否则容易造成磨削件被轧入的事故。

5）工作者尽量不要站立在砂轮的对面，而应站在砂轮的侧面或斜侧位置。

6）禁止带手套磨削，磨削时应带防护镜。

4. 钻床

钳工常用的钻床有台式钻床、立式钻床和摇臂钻床。本书第三章已介绍。

钻床使用时应注意：

1）严禁带手套操作钻床，长发需放入工作帽中。

2）使用过程中，工作台面必须保持清洁。

3）钻通孔时必须使钻头能通过工作台面上的让刀孔，或在工件下垫上垫铁，以免钻坏工作台面。

4）钻孔时，要将工件固定牢固，以免加工时刀具旋转将工件甩出。

5）使用完钻床必须将机床外露，滑动面及工作台面擦净，并对各滑动面及注油孔加注润滑油。

7.1.2 钳工安全操作规范

1）工作时必须穿戴好防护用品，如工作服、工作帽和防护眼镜等。

2）使用带手柄的工具时，检查手柄是否牢固、完整。

3）用平口台虎钳装夹工件时，要注意夹牢，不应在平口台虎钳手柄上加套管子扳紧或用锤子敲击平口台虎钳手柄，以免损坏平口台虎钳或工件。工件应尽量放在平口台虎钳中间夹紧，锉削时不准用手触摸或嘴吹工件。

4）錾子头部不准淬火，不准有飞刺，不能沾油，錾削时要戴眼镜。

5）用手锯时锯条要上正，拉紧不能用力过大、过猛。

6）锤子必须有铁楔，抡锤的方向要避开旁人。

7）各种板牙的尺寸要合适，防止滑脱伤人。

8）使用手电钻时要检查导线是否绝缘可靠，要保证安全接地，要带绝缘手套。

9）操作钻床不准带手套，运转时不准变速，不准手摸工件和钻头。只允许一人操作。

10）正确使用夹头、套管、铁楔和钥匙，不准乱打乱砸。

11）工作场地应保持整齐、清洁，下班前擦净机床，清扫铁屑和冷却液，切断电源。

12）发生事故后保护现场，关掉电源，并向有关人员报告。

7.2 划线

划线是根据图样要求，在零件表面（毛坯面或已加工表面）准确地划出加工界线的操作。划线是钳工的一种基本操作，是零件在成形加工前的一道重要工序。

7.2.1 划线的作用和种类

1. 划线的作用

1）指导加工。通过划线可确定零件加工面的位置，明确地表示出表面的加工余量，确定孔的位置或划出加工位置的找正线。

2）通过划线及时发现毛坯的各种质量问题。当毛坯误差小时，可通过划线借料予以补救，从而提高坯件的合格率，对不能补救的毛坯不再转入下一道工序，以避免不必要的加工浪费。

3）在型材上按划线下料，可合理使用材料。

划线是一种复杂、细致而重要的工作，直接关系到产品质量的好坏。大部分的零件在加工过程中都要经过一次或多次划线。在划线前首先要看清楚图样，了解零件的作用，分析零件的加工程序和加工方法，从而确定要加工的余量和在工件表面上需划出哪些线。划线时不但要划出清晰均匀的线条，还要保证尺寸正确，一般精度要求控制在0.1~0.25mm之间。划完线之后要认真核对尺寸和划线位置，以保证划线准确。

2. 划线的种类

按加工中的作用，划线可分为加工线、证明线和找正线。加工线是按图样要求划在零件表面上作为加工界线的线；证明线是用来检查发现工件在加工后的各种差错，甚至在出现废品时作为分析原因用的线；找正线是用来找正零件加工或装配位置时所用的线。一般证明线离加工线5~10mm，当证明线与其他线容易混淆时可省略不划。

划线作业按复杂程度不同可分为平面划线和立体划线两种类型。平面划线是在毛坯或工件的一个表面上划线，如图7-4a所示。立体划线是在毛坯或工件两个以上平面上划线，如图7-4b所示。

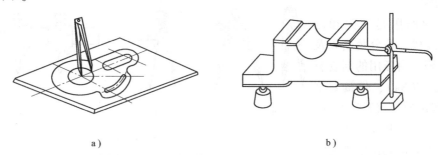

a) b)

图7-4 平面和立体划线

a) 平面划线 b) 立体划线

7.2.2 划线工具

划线常用工具有划线平台、划针、划规、划线盘、划线方箱、V形铁、千斤顶、样冲、90°角尺等。

1. 划线平台

常用划线平台，如图7-5所示。划线平台根据需要做成不同的尺寸，将工件和划线工具放在平台上面进行划线。由于划线平台的上平面和侧面往往作为划线中的基准面，所以，对上平面和侧面的平面度和直线度的等级要求很高，一般都经过刨削和刮削。为了防止和减少变形，划线平台一般用铸铁制造。在使用时不准用锤敲打工件和碰撞平台，不用时应涂防锈油，并加防护罩。

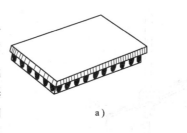

a) b)

图7-5 划线平台

a) Ⅰ型 b) Ⅱ型

如图7-5a所示，平台适于一般尺寸工件划线中使用；对于较大尺寸工件划线时，可使用如图7-5b所示的划线平台。将它的位置放正后，操作者即能在平台四周的任何位置进行划线。

2. 划针

划针是用来划线的，如图7-6所示，常与钢直尺、90°角尺等导向工具一起使用。划针一般用工具钢或弹簧钢丝制成，还可焊接硬质合金后磨锐。尖端磨成10°～20°，并淬火。

划线时尖端要贴紧导向工具移动，上端向外侧倾斜15°～20°，向划线方向倾斜45°～75°，如图7-7所示，划线时要做到一次划成，不要重复。

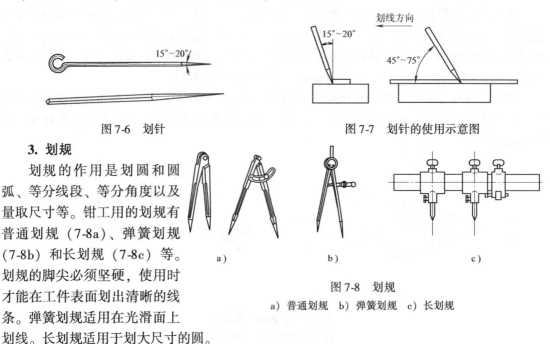

图7-6　划针　　　　　　　　　　　图7-7　划针的使用示意图

3. 划规

划规的作用是划圆和圆弧、等分线段、等分角度以及量取尺寸等。钳工用的划规有普通划规（7-8a）、弹簧划规（7-8b）和长划规（7-8c）等。划规的脚尖必须坚硬，使用时才能在工件表面划出清晰的线条。弹簧划规适用在光滑面上划线。长划规适用于划大尺寸的圆。

图7-8　划规

a）普通划规　b）弹簧划规　c）长划规

4. 划线盘

划线盘一般用于立体划线和用来校正工件位置，如图7-9所示，它由底座、立柱、划针和夹紧螺母等组成。划针的直头端用来划线，弯头端用来找正工件的位置。如图7-10所示，使用后，应将划针竖直折起，使尖端朝下，以减少所占空间和防止伤人。

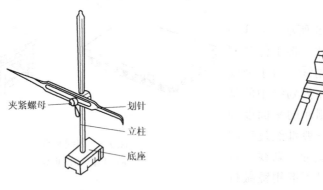

夹紧螺母　划针　立柱　底座　　　　　工件

图7-9　划线盘 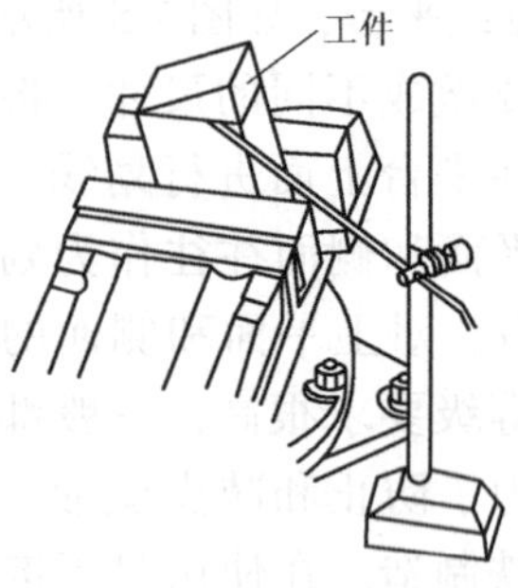　　　　　　　　　　图7-10　划线盘在划线找正示意图

5. 划线方箱

划线方箱的形状多呈空心矩形体，如图7-11a、b所示。带夹持装置划线方箱，上面配有立柱和螺杆，结合纵横两条V形槽用于夹持轴类或其他形状的工件。

方箱的相邻平面相互垂直，相对平面又互相平行，便于在工件上划垂直线、平行线和水平线。

6. V 形铁

V 形铁通常两个一起使用，在划线、找中心点时用以支撑圆柱形、筒形或圆盘类工件，如图7-12所示。

7. 千斤顶

千斤顶有尖头、平头和带 V 形槽等几种形式，如图7-13 所示。划线时一般三个为一组，将它放在工件下面作为支撑，调整它的高低，可将工件调成水平或倾斜位置，直至达到划线要求。千斤顶用于支撑不规则或异形工件非常方便。

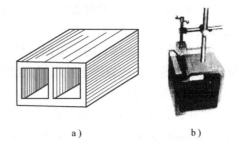

图 7-11　划线方箱

a) 长形普通方箱　b) 带夹持装置方箱

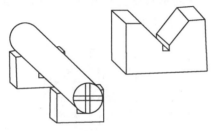

图 7-12　V 形铁

图 7-13　千斤顶

a) 尖头千斤顶　b) 带 V 形槽千斤顶

使用千斤顶注意事项：

1）千斤顶底部要擦净，工件要平稳放置。调节螺杆高低时，防止千斤顶产生移动，以防工件滑倒。

2）一般工件用 3 个千斤顶支撑，且 3 个支撑点要尽量远离工件重心。在工件较重部分用 2 个千斤顶，另 1 个千斤顶支承在较轻的部位。

8. 样冲

工件划线后，在搬运、装夹等过程中可能将线条摩擦掉，为保持划线标记，通常要用样冲在已划好的线上打上小而均布的冲眼。样冲由工具钢制成。在工厂，可用旧的丝锥、铰刀等改制而成。其尖端和锤击端经淬火硬化，尖端一般磨成 $40° \sim 60°$，如图7-14a所示，划线用样冲的尖端可磨锐些，而钻孔用样冲可磨得钝一些。

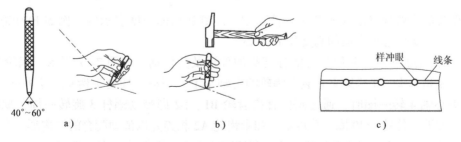

图 7-14　样冲及使用示意图

a) 样冲　b) 确定样冲位置　c) 冲眼位置

使用样冲的方法和注意事项：

1）冲眼时，将样冲斜着放在划线上，锤击前再竖直，以保证冲眼的位置准确，如图7-14b所示。

2）冲眼应打在线宽的正中间，且间距要均匀，如图7-14c所示。冲眼间距由线的长短及曲直来决定。在短直线上冲眼间距比长直线间距大些；直线上冲眼间距应比曲线小些。在线的交接处间距也应小些。

另外，在曲面凸出的部分必须冲眼，因为此处更易磨损。在用划规划圆弧的地方，要在圆心上冲眼作为划规脚尖的立脚点，以防划规滑动。

3）冲眼的深浅要适当。薄工件冲眼要浅，以防变形；软材料不需冲眼；较光滑表面冲眼要浅或不冲眼；孔的中心眼要冲深些，以便钻孔时钻头对准中心。

9. 90°角铁

90°角铁，如图7-15所示，可将工件夹在90°角铁的垂直面上进行划线，装夹时可用C型夹头或将夹头与压板配合使用。通过90°角尺对工件的垂直度进行找正，再用划线盘划线，可使划线条与原来找正的直线或平面保持垂直，如图7-16所示。

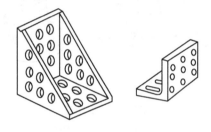 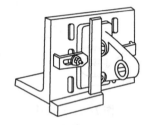

图7-15　90°角铁　　　　　　　　　　图7-16　90°角铁使用
压板夹持工件

10. 分度头

分度头是铣床用来等分圆周的附件。钳工在划线时也常用分度头对工件进行分度和划线。用分度头在轴类零件端面上划十字线、角度线，也能将一个圆周很精确地分成所需要的等分。

在分度头主轴上装有三爪卡盘。划线时，把分度头放在划线平板上，将工件夹持住。配合划线盘或高度尺，即可进行分度划线。

1）常用分度头的主要规格　一般常用的有万能分度头FW100、FW125、FW160等几种。

分度头的主要规格是以顶尖（主轴）中心线到底面的高度表示的。例如FW100，即万能分度头，顶尖中心到底面的高度为100mm。

2）分度头的传动　常用的万能分度头的外形及其传动，如图7-17所示。蜗轮2是40齿，蜗杆3是单头。工件装夹在装有蜗轮的主轴I上。当拔出插销手柄9，转动分度手柄8绕分度头心轴4转一圈时，通过圆柱直齿齿轮B1、B2即带动蜗杆3旋转一周，蜗轮转动1/40圈，亦即工件转1/40圈。分度盘6和伞齿轮A2相连并以滑动配合的结构形式套在心轴4上。分度盘上有几圈不同数目的小孔，利用这些小孔，根据计算方法算出工件在每分完一个度数后，分度手柄8需要转过的圈数和孔数。分度头的分度作用就是根据这个原理来完成的。

3）简单分度法　用上述原理，分度盘固定不动，利用分度头心轴 4 上的分度手柄 8 转动，经过蜗杆蜗轮传动进行分度。

计算公式如下：

$$n = \frac{40}{z}$$

式中　n——手柄回转圈数；

z——工件的等分数；

40——蜗轮齿数。

例 1　有一法兰圆周上需划 8 个孔，试求出每划完一个孔的位置后，手柄的回转数。

解：已知 $z = 8$，代入下式，可得

$$n = \frac{40}{z} = \frac{40}{8} = 5$$

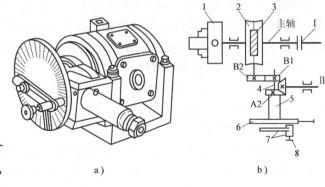

a)　　　　　　　　　　b)

图 7-17　分度头

a) 分度头外形图　b) 传动系统

1—卡盘　2—蜗轮　3—蜗杆　4—心轴　5—套筒

6—分度盘　7—分度手柄　8—插销手柄

即每划完一个孔的位置后，手柄应转 5 圈，再划另一个孔的位置。

有时，由工件等分数计算出来的手柄转数不是整转数。例如，要把一个圆周等分成 12 等份，手柄转过的转数 $n = \frac{40}{12} = 3\frac{4}{12} = 3\frac{1}{3}$。这时就要利用分度盘，根据分度盘各孔圈的孔数，将 1/3 的分子和分母同时扩大相同的倍数，使它的分母数等于某一孔圈的孔数，而扩大后的分子数就是手柄转过的孔数。若 1/3 分子分母同时扩大 10 倍，即 $\frac{1}{3} \times \frac{10}{10} = \frac{10}{30}$，则手柄转过的圈数 $3\frac{4}{12} = 3\frac{1}{3} = 3\frac{10}{30}$，即手柄在分度盘中有 30 个孔的孔圈上，转 3 转后再转 10 个孔。

分度盘的孔数见表 7-1。

表 7-1　分度盘的孔数

分度头形式	分度盘的孔数	
带一块分度盘	正面：24、25、28、30、34、37、38、39、41、42、43	
	反面：46、47、49、51、53、54、57、58、59、62、66	
带两块分度盘	第一块　正面：24、25、28、30、34、37	
	反面：38、39、41、42、43	
	第二块　正面：46、47、49、51、53、54	
	反面：57、58、59、62、66	

7.2.3　划线的方法

1. 划线前的准备

（1）工、量具的准备　根据图样要求合理选择划线的工、量具。

（2）工件的清理　清除毛坯件上的氧化铁皮、飞边、残留的泥砂污垢以及已加工工件上的毛刺、铁屑等。

（3）工件的涂色　划线时，在工件的划线部位涂上一层涂料，使划出的线条清楚。常用的涂料有石灰水和蓝油等。铸件和锻件毛坯一般采用石灰水，加入适量的牛皮胶，则附着力较强，效果较好。已加工表面一般涂蓝油（由 2～4% 龙胆紫、3～5% 虫胶漆和 91%～95% 酒精配制而成）。涂抹时，要尽可能涂得薄而均匀，以保证划线清楚，反之则容易脱落。

2. 在工件的孔中装中心塞块

在有孔的工件上划圆或等分圆周时，必须先求出孔的中心。为此，一般要在孔中装上中心塞块。对于小孔，通常是铅块敲入，较大的孔则用木料或可调节的塞块。

3. 划线基准的选择

在划线时，选择工件上的某个点、线或面作为依据，用它来确定工件的各部分尺寸、几何形状及工件上各要素的相对位置，这个依据称为划线基准。

划线应从划线基准开始。选择划线基准的基本原则是尽可能使划线基准和设计基准（设计图样上所采用的基准）重合。这样能直接量取划线尺寸，简化尺寸换算过程。

4. 找正与借料

（1）找正　找正就是利用划线工具，通过调节支撑工具，使工件有关的毛坯表面都处于合适的位置。找正时应注意：当毛坯工件上有不加工表面时，应按不加工表面找正后再划线，这样可使加工表面与不加工表面之间的尺寸均匀。当工件上有两个以上不加工表面时，应选择重要的或较大的不加工表面作为找正依据，并兼顾其他不加工表面，这样不仅可以使划线后的加工表面与不加工表面之间的尺寸比较均匀，而且可以使误差集中到次要或不明显的部位。

当工件上没有不加工表面时，可对各待加工表面自身位置找正后再划线。这样可以使各待加工表面的加工余量均匀分布，避免加工余量相差悬殊，有的过多，有的过少。

（2）借料　当毛坯的尺寸、形状或位置误差和缺陷难以用找正划线的方法得以补救时，就需要利用借料的方法来解决。

借料就是通过试划和调整，使各待加工表面的余量互相借用，合理分配，从而保证各待加工表面都有足够的加工余量，使误差和缺陷在加工后可排除。

借料时，首先应确定毛坯的误差程度，从而决定借料的方向和大小。然后从基准开始逐一划线。若发现某一待加工表面的余量不足时，应再次借料，重新划线，直至各待加工表面都有允许的最小加工余量为止。

5. 打样冲眼

1）冲眼位置要正确，冲尖应对准线条，不可偏斜。

2）大小要适度，薄板和已加工表面上冲眼应小些、浅一些。粗糙工件表面及孔中心冲眼应大些、深些。

3）在直线上冲眼，间隔应大些；在交叉点、过渡点及曲线上冲眼，间隔应打得密些。

4）冲眼不对时，应及时修正。

6. 划线的基本步骤

1）读图，分析工件上的划线部位。

2）选定划线基准。

3）检查工件的误差情况，对工件表面涂色。

4）选用合理的划线工具。

5）正确摆放工件。

6）划线。

7）对照图样检查划线是否正确。

8）在划线线条上打样冲眼。

7.3 錾削

錾削是钳工基本技能中比较重要的基本操作。錾削加工主要用于不便于机械加工的场合，如去毛坯上的凸缘、毛刺、分割材料、錾削平面及沟槽等。

7.3.1 錾削工具

錾削常用的工具有锤子（也称榔头）和錾子。

1. 锤子

在錾削时是借锤子的锤击力而使錾子切入金属的，锤子是錾削工作中不可缺少的工具，而且还是钳工装、拆零件时的重要工具。

锤子一般分为软锤和硬锤两种。软锤有铜锤，铝锤、木锤、硬橡皮锤等。软锤一般用在装配、拆卸过程中。硬锤由碳钢淬硬制成。钳工所用的硬锤有圆头和方头两种，如图 7-18 所示。圆头锤一般在錾削、装、拆零件时使用，方头锤一般在打样冲眼时使用。

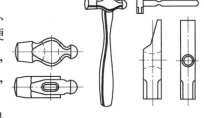

图 7-18 硬锤

各种锤子均由锤头和锤柄两部分组成。锤子的规格是根据锤头的重量来确定的。钳工所用的硬锤，有 0.25kg、0.5kg、0.75kg、1kg 等。锤柄的材料选用坚硬的木材，如胡桃木、檀木等。其长度应根据不同规格的锤头选用，如 0.5kg 的锤子，柄长一般为 350mm。

2. 錾子

錾子是錾切中所使用的主要工具。钳工常用的錾子有扁錾、尖錾和油槽錾三种类型，如图 7-19 所示。

扁錾的切削部分扁平，刃口略带弧形。用来錾削凸缘、毛刺和分割材料，应用最广泛。尖錾的切削刃较短，切削刃两端侧面略带倒锥，防止在錾削沟槽时，錾子被槽卡住。主要用于錾削沟槽和分割曲形板料。油槽錾的切削刃很短并呈圆弧形。錾子斜面制成弯曲形，便于在曲面上錾削沟槽，主要用于錾削油槽。

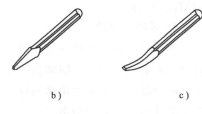

图 7-19 錾子
a）扁錾 b）尖錾 c）油槽錾

7.3.2 錾削的方法

1. 錾子的握法

錾切时有三种不同的握錾方法：正握法，如图 7-20a 所示，錾切较大平面和在平口台虎钳上錾切工件时常采用这种握法；反握法，如图 7-20b 所示，錾切工件的侧面和进行较小加工余量錾切时，常采用这种握法；立握法，如图 7-20c 所示，由上向下錾切板料和小平面时，多使用这种握法。

2. 锤子的握法

锤子的握法分紧握锤和松握锤两种。紧握法，如图 7-21a 所示，用右手食指、中指、无名指和小指紧握锤柄，锤柄伸出 15 ～ 30mm，大拇指压在食指上。松握法，如图 7-21b 所示，只有大拇指和食指始终握紧锤

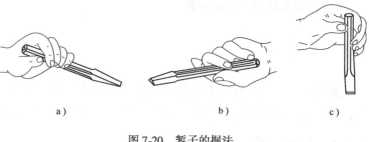

图 7-20　錾子的握法
a) 正握法　b) 反握法　c) 立握法

柄。锤击过程中，当锤子打向錾子时，中指、无名指、小指一个接一个依次握紧锤柄。挥锤时以相反的次序放松，此法使用熟练可增加锤击力。

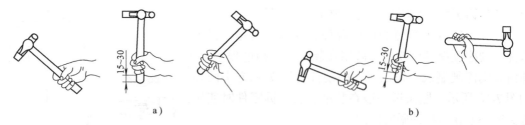

图 7-21　锤子的握法
a) 紧握法　b) 松握法

3. 挥锤的方法

挥锤的方法有手挥、肘挥和臂挥三种。手挥只有手腕的运动，锤击力小，一般用于錾削的开始和结尾。錾削油槽由于切削量不大也常用手挥。肘挥是用腕和肘一起配合，其锤击力较大，应用最广泛。臂挥是用手腕、肘和全臂一起配合发力，臂挥锤击力最大，用于需要大力錾削的场合。

4. 錾削的姿势

錾削时，两脚互成一定角度，左脚跨前半步，右脚稍微朝后，身体自然站立，重心偏于右脚。右脚要站稳，右腿伸直，左腿膝盖关节应稍微自然弯曲。眼睛注视錾削处，以便观察錾削的情况，而不应注视锤击处。左手握錾使其在工件上保持正确的角度。右手挥锤，使锤头沿弧线运动，进行敲击。

5. 錾削工序

（1）工件的装夹　錾削前应将工件牢固地夹在平口台虎钳中间。

（2）起錾　起錾按工件部位不同分为正面起錾法和斜角起錾法，如图 7-22 所示。操作者可根据工件的具体情况选用。

（3）錾削　錾削时，应保持正确的切削角度，后角 α_o 应控制在 5° ～ 8°，同时錾子的切削刃与錾削方向应保持一定的角度，这样錾削比较平稳，工件不易松动，锤击方向比较顺手。在錾削过程中，一般錾削 2 ~ 3 次后应将錾子沿已錾的表面退回，观察錾削表面的平整

情况。

（4）终錾　当錾削到距离工件尽头 10 ~ 15mm 时，必须调头錾削余下的部分，否则极易使工件的边缘崩裂，如图 7-23 所示。

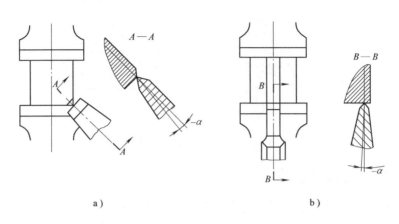

a) b)

图 7-22　起錾示意图

a) 斜角起錾　b) 正面起錾

6. 錾削应用

（1）錾削平面　用扁錾錾削，每次錾切材料厚度为 0. 5 ~ 2mm。余量太小，錾子易滑出，而余量太大又使錾削太费力，且不易将工件表面錾平。

（2）錾削板料　錾切厚度 2mm 以下板料时，应先将板料夹持在平口台虎钳上，并使錾切线与钳口平齐，然后再用平錾与钳口平面贴平，刃口略向上翘，錾子中心斜对板料约成 45°夹角，自右向左錾削，如图 7-24a所示。如果板料尺寸较大，也可放在铁砧上錾切，如图 7-24b 所示。

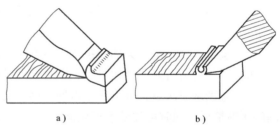

a) b)

图 7-23　终錾示意图

a) 错误　b) 正确

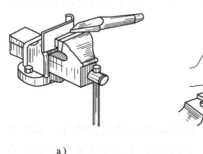

a)

b)

图 7-24　薄板料錾削示意图

a) 小板料錾削　b) 大板料錾削

（3）錾削油槽　錾削前首先根据图样上油槽的断面形状、尺寸，刃磨好油槽錾的切削部分，同时在工件需錾削油槽部位划线。錾削时，如图 7-25 所示，錾子的倾斜度需随着曲面而变动，錾削时保持后角不变，这样錾出的油槽光滑且深浅一致。錾削结束后，修光槽边的毛刺。

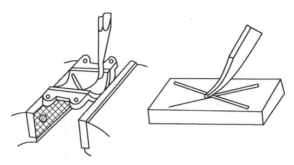

图 7-25　錾削油槽示意图

7.3.3　錾削的安全注意事项

为了保证錾削工作的安全，操作时应注意以下几个方面：

1）錾子刃磨锋利，过钝的錾子不但工作费力，錾出的表面不平整，而且容易产生打滑现象而引起手部划伤的事故。

2）錾子头部有明显的毛翘时，要及时磨掉，避免碎裂伤手。

3）发现锤子木柄有松动或损坏时，要立即装牢或更换，以免锤头脱落飞出伤人。

4）錾削时，最好周围设置安全网，以免碎裂金属片飞出伤人。操作者必要时可戴上防护眼镜。

5）錾子头部、锤子头部和锤子木柄都不应沾油，以防滑出。

6）錾削疲劳时要适当休息，手臂过度疲劳时，容易击偏伤手。

7）錾削两三次后，可将錾子退回一些。刃口不要总是顶住工件，这样，随时可观察錾削的平整情况，同时可放松手臂肌肉。

7.4　锯削

锯削是指用手锯或机械锯把金属材料分割开，或在工件上锯出沟槽的操作。钳工主要用手锯进行锯削。

7.4.1　锯削工具

手锯是由锯弓和锯条两部分组成。

1. 锯弓

锯弓是用来装夹并张紧锯条的工具，有固定式和可调式两种，如图 7-26 所示。

固定式锯弓只使用一种规格的锯条；可调式锯弓，因弓架是两段组成，可使用几种不同规格的锯条。因此，可调式锯弓使用较为方便。可调式锯弓有手柄、方形导管、夹头等。夹头上安有挂锯条的销钉。夹头上装有拉紧螺钉，并配有翼形螺母，以便拉紧锯条。

2. 锯条

手用锯条，一般是 300mm 长的单向齿锯条。锯削时，锯入工件越深，锯缝的两边对锯

条的摩擦阻力就越大，严重时将把锯条夹住。为了避免锯条在锯缝中被夹住，锯齿均有规律

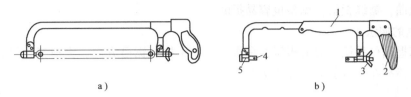

图 7-26　锯弓

a) 固定式　b) 可调式

1—锯弓　2—手柄　3—翼形螺母　4—夹头　5—方形导管

地向左右扳斜，使锯齿形成波浪形或交错形的排列，一般称之为锯路，如图 7-27 所示。各个齿的作用相当于一排同样形状的錾子，每个齿都起到切削的作用，如图 7-28 所示。一般前角 γ_o 是 0°，后角 α_o 是 40°，楔角 β_o 是 50°。

为了减少锯条的内应力，充分利用锯条材料，目前已出现双面有齿的锯条。两边锯齿淬硬，中间保持较好韧性，不宜折断，可延长寿命。

锯齿的粗细规格是以锯条每 25mm 长度内的齿数来表示的。一般分粗、中、细三种，见表 7-2。

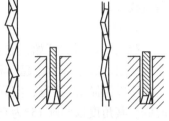

图 7-27　锯齿的排列

表 7-2　锯齿的粗细规格及应用

锯 齿 粗 细	锯齿齿数/25mm	应　　　用
粗	14 ~ 18	锯削软钢、黄铜、铝、铸铁、纯铜、人造胶质材料
中	22 ~ 24	锯削中等硬度钢、厚壁铜管、铜管
细	32	薄片金属、薄壁管材
细变中	32 ~ 20	易于起锯

通常粗齿锯条齿距大，容屑空隙大，适用于锯削软材料或较大切面。因为这种情况每锯一次的切屑较多，只有大容屑槽才不至于堵塞而影响锯削效率。

锯削较硬材料或切面较小的工件应该用细齿锯条。因为硬材料不易锯入，每锯一次切屑较少，不易堵塞容屑槽。细齿锯同时参加切削的齿数增多，可使每齿担负的锯削量小，锯削阻力小，材料易于切除，推锯省力，锯齿也不易磨损。

锯削管子和薄板时，必须用细齿锯条。否则，会因齿距大于板厚，使锯齿被钩住而崩断。在锯削工件时，截面上至少要有两个以上的锯齿同时参加锯削，才能避免被钩住而崩断现象。

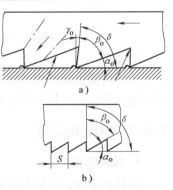

图 7-28　锯齿的切削角度

7.4.2　锯削的方法

1. 锯条的安装

锯削前选用合适的锯条，使锯条齿尖朝前，装入夹头的销钉上。锯条的松紧程度，用翼

形螺母调整。调整时，不可过紧或过松。太紧，失去了应有的弹性，锯条容易崩断；太松，会使锯条扭曲，锯缝歪斜，锯条也容易折断。

2. 手锯的握法

右手满握锯弓手柄，大拇指压在食指上。左手控制锯弓方向，大拇指在弓背上，食指、中指、无名指扶在锯弓前端，如图 7-29 所示。

3. 锯削姿势

操作者的站立姿势与錾削基本相同。锯削时所需推力和压力均由右手控制，用力要均匀，回程时不加力。使锯条在加工面上轻轻滑过，手锯的运动由直线式和摆动式两种，一般后者使用较多，但锯直槽必须用直线式。

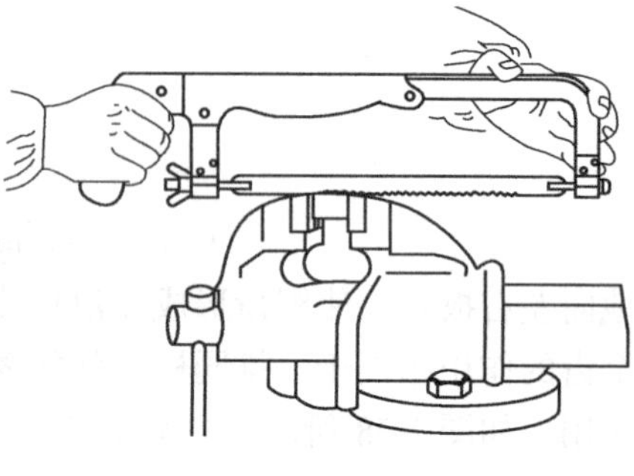

4. 起锯

起锯是锯削的开始，它直接影响锯削的质量和锯

图 7-29　手锯的握法示意图

条的使用。起锯分为远起锯和近起锯，如图 7-30 所示。远起锯是指从工件的远点开始起锯其角度以俯倾 15°为宜，实际工作中一般采用这种起锯方法。近起锯是指从工件的近点开始起锯，其角度以仰倾 15°为宜，这种起锯方法在实际中较少采用。起锯时，压力要小，速度要慢，为了防止锯条在工件上打滑，可用拇指指甲轻靠锯条，以引导锯条切入，如图 7-30d 所示。

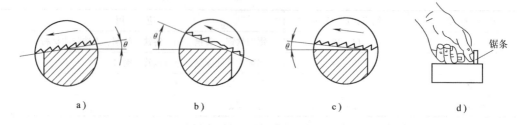

图 7-30　起锯角度示意图

a）远起锯　b）起锯角度过大　c）近起锯　d）用拇指靠导起锯

5. 收锯

工件将要被锯断或要被锯到尺寸时，操作者用力要小，速度要放慢。对需锯断的工件，还要用左手托住工件要被锯断部分，以防锯条折断或工件掉落。

7.4.3　锯削的应用

1. 棒料锯削

棒料锯削时，如果要求锯削的断面比较平整，应从开始连续锯到结束。若锯出的断面要求不高，锯削时可改变几次方向，使棒料转过一定角度再锯，每个方向都不锯到中心，然后将毛坯折断。这样，由于锯削面变小而容易锯入，可提高工作效率。

2. 管料锯削

管料锯削时，首先要做好管子的正确夹持。对于薄壁管子和精加工过的管件，应夹在有 V 形槽的木垫之间，以防夹扁和夹坏表面，如图 7-31 所示。锯削时不要只在一个方向上锯，要多转几个方向，每个方向只锯到管子的内壁处，直至锯断为止。

3. 板料锯削

薄板料锯削时，尽可能从宽的面上锯下去。这样，锯齿不易产生钩住现象。当一定要在板料的窄面锯下去时，应该把它夹在两块木块之间，连木块一起锯下，如图 7-32 所示。这样才可避免锯齿钩住，同时也增加了板料的刚度，锯削时不会颤动。

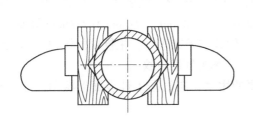

图 7-31　管料锯削示意图

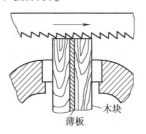

图 7-32　薄板料锯削示意图

4. 深缝锯削

当锯缝的深度超过锯弓的高度时，可把锯条转过 90°安装后再锯，装夹时，锯削部位应处于钳口附近，以免因工件颤动而影响锯削质量和损坏锯条。

7.5　锉削

锉削是用锉刀对工件表面进行切削加工，使工件达到所要求的尺寸、形状和表面粗糙度的方法。锉削是钳工中重要的工作之一。尽管它的效率不高，但在现代工业生产中用途仍很广泛。例如：对装配过程中的个别零件作最后修整；在维修工作中或在单件小批量生产条件下，对一些形状较复杂的零件进行加工；制作工具或模具；手工去毛刺、倒角和倒圆等。总之，一些不需要用机械加工方法来完成的表面，采用锉削方法更简便、经济、且能达到较小的表面粗糙度值。（尺寸精度可达 0.01mm，表面粗糙度 R_a 值可达 1.6μm）。

7.5.1　锉削工具

锉削的加工范围：内外平面、内外曲面、内外角、沟槽及各种复杂形状的表面。

1. 锉刀

锉削的主要工具是锉刀。锉刀是用高碳工具钢 T12、T12A 和 T13A 等制成，经热处理淬硬，硬度可达 HRC62 以上。由于锉削工作较广泛，目前使用的锉刀规格已标准化。锉刀主要由锉齿、锉刀面、锉刀尾和锉刀把等组成，如图 7-33 所示。

2. 锉刀的分类

锉刀按用途不同可分为钳工锉、异形锉和整形锉。

（1）钳工锉　钳工锉按断面形状不同又分为扁锉、方锉、三角锉、半圆锉、圆锉、菱形锉和刀口锉等。主要用于加工金属零件的各种表面，加工范围广。

（2）异形锉　主要用于锉削工件上特殊的表面。

图 7-33　锉刀示意图

1—锉齿　2—锉刀面　3—边　4—底齿
5—锉刀尾　6—锉刀把　7—舌　8—面齿　L—长度

（3）整形锉 主要用于机械、模具、电器和仪表等零件进行整形加工，通常一套分 5 把、6 把、9 把或 12 把等几种。

3. 锉刀的规格及选用

（1）锉刀的规格 锉刀的规格分尺寸规格和齿纹粗细规格两种。方锉刀的尺寸规格以方形尺寸表示；圆锉刀的规格用直径表示；其他锉刀则以锉身长度表示。钳工常用的锉刀，锉身长度有 100mm、125mm、150mm、200mm、250mm、300mm、350mm 和 400mm 等多种。

齿纹粗细规格，以锉刀每 10mm 轴向长度内主锉纹的条数表示。主锉纹指锉刀上起主切削作用的齿纹，而另一个方向上起分屑作用的齿纹，称为辅助齿纹。

（2）锉刀的选用原则 每种锉刀都有其主要的用途，应根据工件表面形状和尺寸大小来选用，其具体选择见表 7-3。

表 7-3 锉刀形状的选用

类　别	图　　示	用　　途
扁锉		锉平面、外圆、凸弧面
半圆锉		锉凹弧面、平面
三角锉		锉内角、三角孔、平面
方锉		锉方孔、长方孔
圆锉		锉圆孔、半径较小的凹弧面、内椭圆面
菱形锉		锉菱形孔、锐角槽
刀口锉		锉内角、窄槽、楔形槽，锉方孔、三角孔、长方孔的平面

7.5.2 锉削注意事项

为了延长锉刀的使用寿命，必须遵守下列规则：

1）禁止使用无手柄或手柄松动的锉刀，防止锉舌刺伤。

2）禁止用新锉刀锉硬金属或淬火材料。

3）对有硬皮或粘砂的锻件和铸件，须将其去掉后，才可用半锋利的锉刀锉削。

4）新锉刀先使用一面，当该面磨钝后，再用另一面。

5）锉削时，锉刀表面产生积屑瘤阻塞切削刃时，禁止用力敲打锉刀，应用钢丝刷去积屑。

6）使用锉刀时不宜速度过快，否则，容易过早磨损。

7）细锉刀不允许锉软金属。

8）使用整形锉，用力不宜过大，以免折断。

9）锉刀要避免沾水、油和其他脏物；锉刀也不可重叠或者和其他工具堆放在一起。

7.5.3 锉削的方法

1. 锉刀的握法

（1）较大锉刀　一般指锉刀长度大于 250mm。较大锉刀握法，如图 7-34 所示。右手握着锉刀柄，将柄外端顶在拇指根部的手掌上，大拇指放在手柄上，其余手指由下而上握手柄。左手在锉刀上的握法有三种，左手掌斜放在锉梢上方，拇指根部肌肉轻压在锉刀刀头上，中指和无名指抵住梢部右下方；左手掌斜放在锉梢部，大拇指自然伸出，其余各指自然蜷曲，小拇指、无名指，中指抵住锉刀前下方；左手掌斜放在锉梢上，各指自然平放。

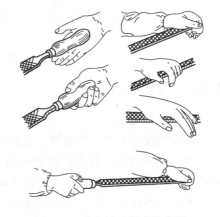

图 7-34　较大锉刀握法示意图

（2）中型锉刀　右手与较大锉刀握法相同，左手的大拇指和食指轻轻持扶锉刀，如图 7-35 所示。

（3）小型锉刀　右手的食指平直扶在手柄外侧面，左手手指压在锉刀的中部，以防锉刀弯曲，如图 7-36 所示。

（4）整形锉　单手握持手柄，食指放在锉身上方，如图 7-37 所示。

2. 锉削的姿势

锉削时的站立步位和姿势，如图 7-38 所示；锉削动作，如图 7-39 所示，两手握住锉刀放在工件上，左臂弯曲。锉削时，身体先于锉刀并与之一起向前，右脚伸直并向前倾，重心在左脚，左膝呈弯曲状态。当锉刀锉至约 3/4 行程时，身体停止前进，两臂则继续将锉刀向前锉到头，同时，左脚伸直，重心后移，恢复原位并将锉刀收回。然后进行第二次锉削。

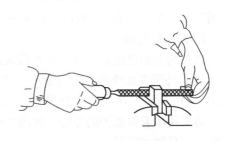

图 7-35　中型锉刀握法示意图

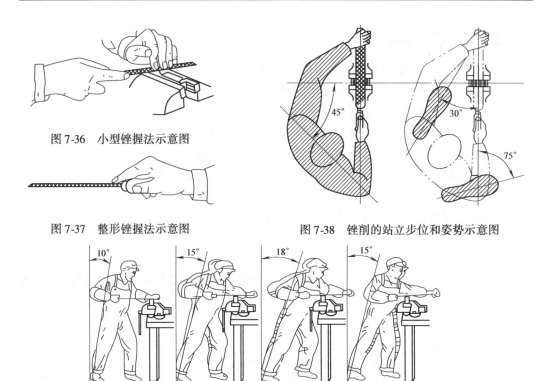

图 7-36　小型锉握法示意图

图 7-37　整形锉握法示意图

图 7-38　锉削的站立步位和姿势示意图

图 7-39　锉削动作示意图

7.5.4　锉削的应用

1. 平面的锉削

平面的锉削方法分顺向锉、交叉锉和推锉法。

（1）顺向锉法　锉刀运动方向与工件夹持方向始终一致。在锉宽平面时，每次退回锉刀时应在横向作适当的移动，如图 7-40a 所示。顺向锉法的锉纹整齐一致，比较美观，这是最基本的一种锉削方法，不大的平面和最后锉光都用这种方法。

（2）交叉锉法　锉刀运动方向与工件夹持方向约成 30°～40°角，且锉纹交叉，如图 7-40b 所示。由于锉刀与工件的接触面大，锉刀容易掌握平稳，同时从刀痕上可以判断出锉削面的高低情况，表面容易锉平，一般适于粗锉。精锉时为了使刀痕变为正直，当平面锉削完成前应改用顺向锉法。

（3）推锉法　用两手对称横握锉刀，用大拇指推动锉刀顺着工件长度方向进行锉削，如图 7-40c 所示，此法一般用来锉削狭长平面。

2. 曲面的锉削

常见的曲面锉削分为单一的外圆弧面和内圆弧面，其锉法也分为两种。

（1）外圆弧面锉法　当余量不大或对外圆弧面作修整时，一般采用锉刀顺着圆弧锉削，如图 7-41a 所示，在锉刀作前进运动时，还应绕工件圆弧的中心作摆动。当锉削余量较大时，可采用横着圆弧锉的方法，如图 7-41b 所示，按圆弧要求锉成多棱形，然后再用顺着圆弧锉削，精锉成圆弧。

（2）内圆弧面锉法　锉刀要同时完成三个运动：前进运动、向左或向右的移动和绕锉刀中心线转动（按顺时针或逆时针方向转动约 90°），如图 7-41c 所示。三种运动须同时进行，才能锉好内圆弧面。

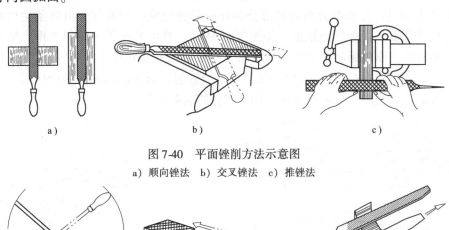

图 7-40 平面锉削方法示意图

a）顺向锉法 b）交叉锉法 c）推锉法

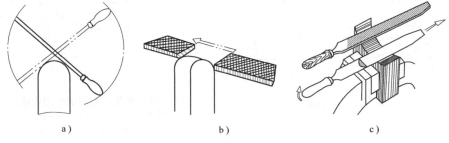

图 7-41 圆弧锉削示意图

a）锉小余量外圆弧面 b）锉大余量外圆弧面 c）锉内圆弧面

对于锉削加工后的内、外圆弧面，可采用曲面样板检查曲面的轮廓度，曲面样板通常包括凸面样板和凹面样板两类。其中凸面样板本身为标准内圆弧面，曲面样板的右端凹面样板用于测量外弧面。测量时，要在整个弧面上测量，综合进行评定。

7.6 钻削

钻削是指用钻头在实体材料上加工出孔。钻孔在钳工生产中是一项重要的工作，用扩孔钻、锪钻和铰刀等进行扩孔、锪孔和铰孔是对已有的孔进行再加工。主要加工精度要求不高的孔或作为孔的粗加工。

7.6.1 钻孔

钻孔时，钻头装夹在钻床主轴上，依靠钻头与工件之间的相对运动来完成钻削加工。钻头的切削运动分为主运动和进给运动。

钻头的种类较多，常见的有麻花钻、扁钻、深孔钻和中心钻等，麻花钻是最常用的一种钻头。扁钻常用在钻大孔和深孔中使用。

1. 麻花钻组成

麻花钻主要由柄部、颈部和工作部分组成，如图 7-42 所示。

（1）柄部 钻头的柄部是与钻孔机械的联接部分，钻孔时用来传递所需的转矩和轴向力。柄部分圆柱形和圆锥形（莫氏圆锥）两种形式，钻头直径小于 13mm 的采用圆柱形，钻头直径大于 13mm 的一般都是圆锥形。锥柄的扁尾能避免钻头在主轴孔或钻套中打滑，并便于用楔铁把钻头从主轴锥孔中打出。

（2）颈部 钻头的颈部为磨制钻头时供砂轮退刀用，一般也用来打印商标和规格。

（3）工作部分 工作部分由切削部分和导向部分组成。切削部分由两条主切削刃、一条横刃、两个前面和两个后面组成，如图 7-43 所示。其主要作用是切削工作。导向部分有两条螺旋槽和两条窄的螺旋形棱边与螺旋槽表面相交成两条棱刃（副切削刃），即"六面五刃"。导向部分在切削过程中，使钻头保持正直的钻削方向并起修光孔壁的作用，通过螺旋槽起排屑和输送切削液，导向部分还是切削部分的后备部分。

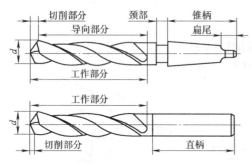

图 7-42 麻花钻结构示意图

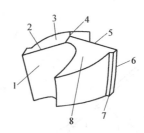

图 7-43 麻花钻切削部分的构成示意图
1—前刀面 2—主切削刃 3—后刀面 4—横刃
5—主切削刃 6—副切削刃 7—棱边 8—后刀面

2. 麻花钻的刃磨

（1）麻花钻的主要刃磨角度 麻花钻的切削性能、效率与切削部分的几何角度有着密切的关系。标准麻花钻的角度主要有后角 α_o、顶角 2φ 和横刃斜角 ψ 等，如图 7-44 所示。

1）后角 α_o。在柱截面内，后刀面与切削平面之间的夹角，称为后角。

主切削刃上各点的后角不等。刃磨时，应使外缘处后角较小，愈接近钻心后角愈大。外缘处 $\alpha_o = 8° \sim 14°$，钻心处 $\alpha_o = 20° \sim 26°$，横刃处 $\alpha_{o横} = 30° \sim 36°$。后角的大小影响着后面与工件切削表面之间的摩擦程度。后角愈小，摩擦愈严重，但切削刃强度愈高。因此钻硬材料时，后角可适当小些，以保证切削刃强度。钻软材料，后角可稍大些，以使钻削省力。但钻非铁金属材料时，后角不宜太大，以免产生自动扎刀现象。而不同直径的麻花钻，直径愈小后角愈大。

2）顶角 2φ。顶角又称锋角或钻尖角，它是两主切削刃在其平行平面 MM 上的投影之间的夹角，如图 7-44 所示。标准麻花钻的顶角 $2\varphi = 118° \pm 2°$，这时主切削刃呈直线形。若 $2\varphi > 118°$ 时，主切削刃呈内凹形；$2\varphi < 118°$ 时，主切削刃

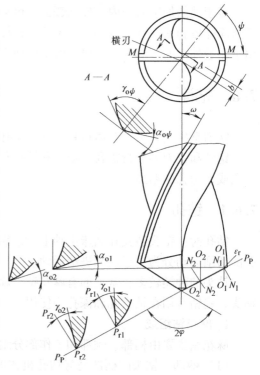

图 7-44 标准麻花钻的切削角度

呈外凸形。

顶角的大小影响主切削刃上轴向力的大小。顶角愈小，则轴向力愈小，外缘处刀尖角 ε 大，有利于散热和提高钻头寿命；但顶角减小后，在相同条件下，钻头所受的转矩增大，切屑变形加剧，排屑困难，会妨碍冷却液的进入。

3）横刃斜角 ψ。 是横刃与主切削刃在钻头端面内的投影之间的夹角。它是在刃磨钻头时自然形成的，其大小与后角、顶角大小有关。后角刃磨正确的标准麻花钻，$\psi = 50° \sim 55°$。当后角磨得偏大时，横刃斜角就会减小，而横刃的长度会增大；反之，横刃斜角刃磨准确，则近钻心处后角也准确。

（2）麻花钻的刃磨 钻头使用变钝或根据不同的钻削要求而需要改变钻头切削部分的几何形状时，需要对钻头进行修磨，具体修磨部位和方法见表7-4。

表 7-4 麻花钻的修磨

修磨部位	图 示	修磨效果
修磨横刃并增大靠近钻心处的前角		修磨后横刃的长度 b 为原来的 $1/5 \sim 1/3$，以减少轴向抗力和挤刮现象，提高钻头的定心作用和切削的稳定性。同时，在靠近钻心处形成内刃。内刃斜角 $\tau = 20° \sim 30°$，内刃处前角 $\gamma_{or} = -15° \sim 0°$，切削性能得以改善，一般直径在 5mm 以上的钻头均须修磨横刃，工件材料硬，横刃可少磨去些，工件材料软，横刃可多磨去些。 修磨横刃时，磨削点大致在砂轮水平中心面以上。钻头与砂轮侧面构成15°角（向左偏），与砂轮中心面约构成55°角。刃磨开始时，钻头刃背与砂轮圆角接触，磨削点逐渐向钻心处移动，直至磨出内刃前面。修磨中，钻头略有转动，磨削量由大到小。当磨至钻心处时，应保证内刃前角、内刃斜角、横刃长度准确。磨削动作要轻，防止刀口退火或钻心过薄。
修磨主切削刃		修磨主切削刃主要是磨出第二顶角 $2\varphi_o$（70° ~ 75°）。在钻头外缘处磨出过渡刃（$f_o = 0.2D$），以增大外缘处的刀尖角，改善散热条件，增加刀齿强度，提高切削刃与棱边交角处的耐磨性，延长钻头寿命，减少孔壁的残留面，有利于减小孔的粗糙度。
修磨棱边		在靠近主切削刃的一段棱边上，磨出副后角 $\alpha_1 = 6° \sim 8°$，并保留棱边宽度为原来的 $1/3 \sim 1/2$，以减少对孔壁的摩擦，延长钻头寿命。

（续）

修磨部位	图　示	修磨效果
修磨前刀面	$A-A$ 磨去 A A	修磨外缘处前刀面，可以减少此处的前角，提高刀齿的强度，钻削黄铜时，可以避免"扎刀"现象。
修磨分屑槽	A　A A　A	在后刀面或前刀面上磨出几条相互错开的分屑槽，使切屑变窄，以利排屑。直径大于 15mm 的钻头都可磨出分屑槽。

　　刃磨检验钻头的几何角度及两主切削刃的对称等要求，可利用样板来检验。但最常用的还是目测检验法。

7.6.2　扩孔

　　扩孔是用扩孔钻对工件上已有孔进行扩大加工，如图 7-45 所示。扩孔余量一般为 0.5 ~ 4mm。扩孔可以校正孔的轴线偏斜，还可以获得较高的几何形状及尺寸精度，孔的表面质量也较高。扩孔钻有 3 ~ 4 条切削刃且无横刃，钻心粗，刚度好，分齿数多，导向性好。

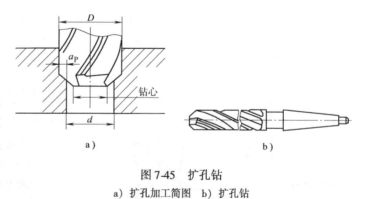

a)　扩孔加工简图

b)

图 7-45　扩孔钻
a) 扩孔加工简图　b) 扩孔钻

7.6.3　锪孔

　　用锪钻在孔口表面锪出一定形状的孔或表面的加工方法称为锪孔。在加工中锪孔的应用，如图 7-46 所示。锪孔的目的是保证孔端面与孔中心线的垂直度，以便与孔连接的零件位置正确，连接可靠。

　　锪孔方法与钻孔方法基本相同，但锪孔时刀具容易振动，特别是使用麻花钻改制的锪钻，使所锪端面或锥面产生振痕，影响到锪削质量，故锪孔时应注意以下几点：

　　1）锪孔的切削用量，由于锪孔的切削面积小，锪钻的切割刃多，所以进给量为钻孔的

2~3 倍，切削速度为钻孔的 1/3 ~ 1/2。

2）用麻花钻改制锪钻时，后角和外缘处前角适当减小，以防止扎刀。两切削刃要对称，保持切削平稳。尽量选用较短钻头改制，减少振动。

3）锪钻的刀杆和刀片装夹要牢固，工件夹持稳定。

4）锪钢件时，要在导柱和切削表面加机油或牛油润滑。

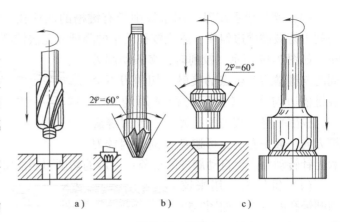

图 7-46　锪孔

a）锪圆柱形孔　b）锪锥形孔　c）锪孔口和凸台平面

7.6.4　铰孔

用铰刀对已粗加工的孔进行精加工，以得到精度较高的孔的加工方法，叫做铰孔。铰刀是一种尺寸精确的多刃刀具，铰削时切屑很薄，通常铰孔公差可达 IT9 ~ IT7，表面粗糙度值为 $R_a 3.2 ~ 0.8 \mu m$。

1. 铰刀的种类和特点

铰刀的种类很多，按铰刀的使用方法可分为手用铰刀和机用铰刀；按铰刀形状可分为圆柱铰刀和圆锥铰刀；按铰刀结构又可分为整体式铰刀和可调式铰刀。

（1）整体圆柱铰刀　整体圆柱铰刀主要用来铰削标准系列的孔，其结构如图 7-47 所示，它由工作部分、颈部和柄部三个部分组成。

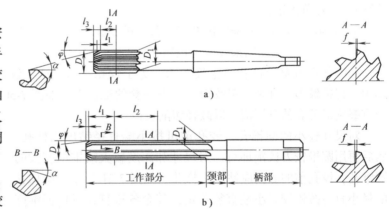

图 7-47　整体圆柱铰刀

a）机铰刀　b）手铰刀

（2）可调式手铰刀　在单件生产和修配工作中用来铰削非标准孔。其结构如图 7-48 所示。可调式手铰刀由刀体、刀齿条及调节螺母等组成。刀体上开有六条斜底直槽，具有相同斜度的刀齿条嵌在槽内，并用两端螺母压紧，固定刀齿条，调节两端螺母可使刀齿条在槽中沿料槽移动，从而改变铰刀直径。标准可调节手铰刀，其直径范围为 6 ~ 54mm。

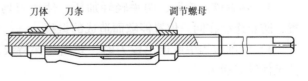

图 7-48　可调式手铰刀

可调式手铰刀刀体用 45 钢制作，直径小于或等于 12.75mm 的刀齿条，用合金工具钢制作；直径大于 12.75mm 的刀齿条，用高速钢制作。

（3）螺旋槽手铰刀　用来铰削带有键槽的四柱孔。用普通铰刀铰削带有键槽的孔时，切削刃易被键槽边勾住，造成铰孔质量的降低或无法铰削。螺旋槽铰刀其切削刃沿螺旋线分布，如图 7-49 所示。铰削时，多条切削刃同时与键槽边产生点的接触，切削刃不会被键槽边勾住，铰削阻力沿圆周均匀分布，铰削平稳，铰出的孔光滑。铰刀螺旋槽方向一般是左旋，可避免铰削时因铰刀

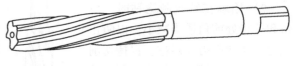

图 7-49　螺旋槽手铰刀

顺时针转动而产生自动旋进的现象；左旋的切削刃还能将铰下的切屑推出孔外。

（4）锥铰刀　用来铰削圆锥孔的铰刀，如图7-50所示。常用的锥铰刀有以下四种：

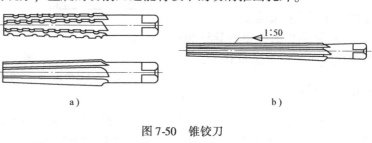

a）

b）

图 7-50　锥铰刀

a）成套锥铰刀　b）铰削定位销孔铰刀

1）1:10 锥铰刀是用来铰削联轴器上与锥销配合的锥孔。

2）莫氏锥铰刀是用来铰削 0～6 号莫氏锥孔。

3）1:30 锥铰刀是用来铰削套式刀具上的锥孔。

4）1:50 锥铰刀是用来铰削定位销孔。

1:10 锥孔和莫氏锥孔的锥度较大，为了铰孔省力，这类铰刀一般制成二至三把一套，其中一把精铰刀，其余是粗铰刀。二把一套的锥铰刀，如图 7-50 所示。粗铰刀的切削刃上开有螺旋形分布的分屑槽，以减轻切削负荷。

对尺寸较小的圆锥孔，铰孔前可按小端直径钻出圆柱孔，然后再用圆锥铰刀铰削即可。对尺寸和深度较大或锥度较大的圆锥孔，铰孔前的底孔应钻成阶梯孔，如图 7-51 所示。阶梯孔的最小直径按锥铰刀小端直径确定，其余各段直径可根据锥度公式推算。

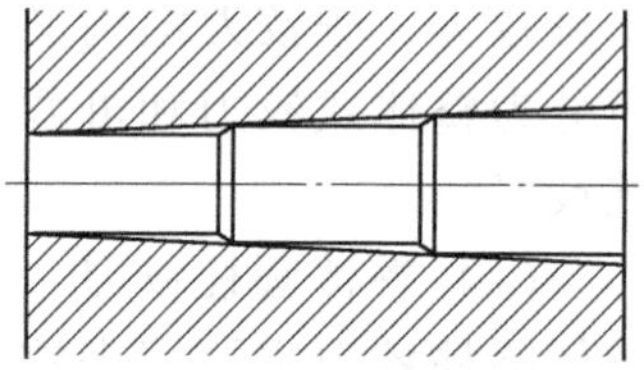

图 7-51　阶梯孔

2. 铰孔加工时的注意事项

1）工件要夹正，夹紧力适当，防止工件变形，以免铰孔后零件变形部分的回弹，影响孔的几何精度。

2）手铰时，两手用力要均衡，保持铰削的稳定性，避免由于铰刀的摇摆而造成孔口喇叭状和孔径扩大。

3）随着铰刀旋转，两手轻轻加压，使铰刀均匀进给，同时不断变换铰刀每次停歇位置，防止连续在同一位置停歇而造成的振痕。

4）铰削过程中或退出铰刀时，要始终保持铰刀正转，不允许反转，否则将拉毛孔壁，甚至使铰刀崩刃。

5）铰定位锥削孔时，两结合零件应位置正确，铰削过程中要经常用相配的锥削来检查铰孔尺寸，以防将孔铰深。一般用手按紧锥削时，其头部应高于工件表面 2～3mm，然后用铜锤敲紧。根据具体要求，锥削头部可略低或略高于工件平面。

6）机铰时，要注意机床主轴、铰刀和工件孔三者同轴度是否符合要求。当上述同轴度不能满足铰孔精度要求时，铰刀应采用浮动装夹方式，调整铰刀与所铰孔的中心位置。

7）机铰结束，铰刀应退出孔外后停机，否则孔壁有刀痕。

8）铰孔过程中，按工件材料、铰孔精度要求合理选用切削液。

7.7 攻螺纹和套螺纹

7.7.1 攻螺纹

用丝锥在工件孔中切削出内螺纹的加工方法称为攻螺纹（俗称攻丝）。单件小批生产中采用手动攻螺纹，大批量生产中则多采用机动（在车床或钻床上）攻螺纹。

1. 攻螺纹工具

（1）丝锥　丝锥是钳工加工内螺纹的工具，分手用丝锥和机用丝锥两种，有粗牙和细牙之分。手用丝锥的材料一般用合金工具钢或轴承钢制造，机用丝锥都用高速钢制造。

1）丝锥的构造。丝锥由工作部分和柄部两部分组成，柄部有方榫，用来传递转矩，如图7-52所示。工作部分包括切削部分和校准部分。

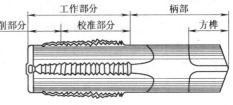

图 7-52　丝锥的构造

切削部分担负主要切削工作。切削部分沿轴向方向开有几条容屑槽，形成切削刃和前角，同时能容纳切屑。在切削部分前端磨出锥角，使切削负荷分布在几个刀齿上，从而使切削省力，刀齿受力均匀，不易崩刃或折断。丝锥也容易正确攻入。

校准部分有完整的齿形，用来校准已攻出的螺纹，并保证丝锥沿轴向运动，丝锥校准部分有 0.05 ~ 0.12mm/100mm 的倒锥，以减小与螺孔的摩擦。

2）校准丝锥的前角 $\gamma_o = 8° ~ 10°$，为了适应不同的工件材料，前角可在必要时作适当增减。切削部分的锥面上磨有后角，手用丝锥 $\alpha_o = 6° ~ 8°$，机用丝锥 $\alpha_o = 10° ~ 12°$，齿侧没有后角。手用丝锥的校准部分没有后角，对 M12 以上的机用丝锥铲磨出很小的后角。

3）手用丝锥为了减少攻螺纹时的切削力和提高丝锥的使用寿命，将攻螺纹时的整个切削量分配给几支丝锥来担负，故 M6 ~ M24 的丝锥一套有 2 支，M6 以下及 M24 以上的丝锥一套有 3 支。因为丝锥越小越容易折断，所以备有 3 支；大的丝锥切削负荷很大，需分几支逐步切削，所以也备有 3 支一套。细牙丝锥不论大小均为 2 支一套。

（2）铰杠　铰杠是用来夹持丝锥柄部方榫，带动丝锥旋转切削的工具。铰杠有普通铰杠和丁字铰杠两类，各类铰杠又分为固定式和活络式两种，如图 7-53 所示。

固定铰杠的方孔尺寸与导板的长度应符合一定的规格，使丝锥受力不致过大，以防折断，一般在攻 M5 以下螺纹时使用。活络铰杠的方孔尺寸可以调节，故应用广泛。活络铰杠的规格以其长度表示，使用时根据丝锥尺寸大小合理选用。

丁字形铰杠则在攻工件台阶旁边或攻机体内部的螺孔时使用，丁字形可调节的铰杠是通过一个四爪的弹簧夹头来夹持不同尺寸的丝锥，一般用于 M6 以下丝锥，大尺寸的丝锥一般用固定式，通常是按需要制成专用的。

2. 攻螺纹的注意事项

1）用丝锥攻螺纹时，两手用力要均匀，并经常倒转半圈左右，这样有利于排屑，也可避免因切屑堵塞而损坏或折断丝锥。

2）为了提高螺纹质量和减小摩擦，攻螺纹时一般应加润滑油。在钢材上攻螺纹可加机油或煤油；在铸铁材料上攻螺纹一般不加润滑油，但若螺纹表面质量要求较高，应适当加些煤油。

3）攻不通孔螺纹时，应在丝锥上做好标记，以防攻到尺寸深度后再强行攻入，致使丝锥折断。

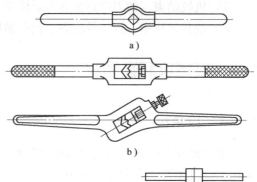

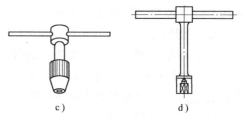

图 7-53　铰杠
a）固定铰杠　b）活络铰杠
c）活动丁字铰杠　d）丁字铰杠

3. 攻螺纹的方法

（1）螺纹底孔直径　用丝锥加工螺纹时，螺纹底孔直径应大于螺纹小径，否则就会将丝锥扎住或挤断。确定钻头底孔直径的大小要根据工件的材料、螺纹直径大小来考虑。

1）钢和其他塑性大的材料，扩张量中等，螺纹底孔直径计算公式如下：

$$d_0 = D - p$$

式中　d_0——底孔钻头直径（mm）；

D——螺纹大径（mm）；

p——螺距（mm）。

2）铸铁和其他塑性小的材料，扩张量较小，螺纹底孔直径计算公式如下：

$$d_0 = D - (1.05 \sim 1.1)\, p$$

攻不通孔螺纹时，钻孔深度要大于螺纹孔的深度，一般增加 $0.7D$ 的深度（D 为螺纹大径）。

（2）攻螺纹的步骤

1）攻螺纹前，工件在平口台虎钳上装夹，并在底孔孔口处倒角，其直径略大于螺纹大径。

2）开始攻螺纹时，应将丝锥放正，用力要适当。

3）当切入 1~2 圈时，要仔细观察和校正丝锥的轴线方向，要边工作、边检查、边校准。当旋入 3~4 圈时，丝锥的位置应正确无误，转动铰杠、丝锥自然攻入工件，决不能对丝锥施加压力，否则将使螺纹牙型损坏。

4）工作中，丝锥每转 1/2 圈至 1 圈时，丝锥要倒转 1/2 圈，将切屑切断并挤出，尤其是攻不通螺纹孔时，要及时退出丝锥排屑。

5）攻螺纹过程中，换用后一支丝锥攻螺纹时要用手将丝锥旋入已攻出螺纹中，至不能再旋入时，再改用铰杠夹持丝锥工作。

6）在塑料上攻螺纹时，要加机油或切削液润滑。

7）将丝锥推出时，最好卸下铰杠，用手旋出丝锥，保证螺孔的质量。

7.7.2 套螺纹

用板牙在圆棒上切出外螺纹的加工方法称为套螺纹（俗称套扣）。单件小批生产中采用手动套螺纹，大批量生产中则多采用机动（在车床或钻床上）套螺纹。

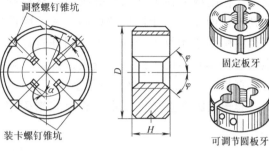

图 7-54　圆板牙

1. 套螺纹工具

（1）板牙

1）圆板牙。圆板牙是加工外螺纹的工具，由切削部分、校准部分和排屑孔组成，其外形像一个圆螺母，在它上面钻有几个排屑孔（一般 3～8 个孔，螺纹直径大则孔多）形成切削刃，如图 7-54 所示。

圆板牙两端的锥角部分是切削部分。切削部分不是圆锥面（圆锥面的刀齿后角 $\alpha_o = 0°$），而是经过铲磨而成的阿基米德旋面，形成后角 $\alpha_o = 7°～9°$。

锥角的大小，一般是 $\varphi = 20°～25°$。

圆板牙的前刀面就是圆孔的部分曲线，故前角数值沿着切削刃而变化，如图 7-55 所示。在小径处前角 γ_d 最大，大径处前角 γ_{do} 最小。一般 $\gamma_{do} = 8°～12°$，粗牙 $\gamma_d = 30°～35°$，细牙 $\gamma_d = 25°～30°$。

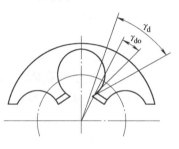

图 7-55　圆板牙的前角

板牙的中间一段是校准部分，也是套螺纹时的导向部分。

2）管螺纹板牙。管螺纹板牙分圆柱管螺纹板牙和圆锥管螺纹板牙。圆柱管螺纹板牙的结构与圆板牙相仿。圆锥管螺纹板牙的基本结构也与圆板牙相仿，如图 7-56 所示，只是在单面制成切削锥，只能单面使用。圆锥管螺纹板牙所有切削刃均参加切削，所以切削时很费力。板牙的切削长度影响圆锥管螺纹牙型尺寸，因此套螺纹时要经常检查，不能使切削长度超过太多，只要相配件旋入后能满足要求就可以了。

（2）板牙架。板牙架是手工套螺纹时的辅助工具，如图 7-57 所示。板牙架外圆旋有四只紧定螺钉和一只调松螺钉。使用时，紧定螺钉将板牙紧固在板牙架中，并传递套螺纹的转矩。当使用的圆板牙带有 V 形调整通槽时，通过调节上面两只紧定螺钉和调整螺钉，可使板牙在一定范围内变动。

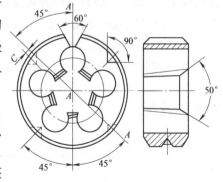

图 7-56　圆锥管螺纹板牙

2. 套螺纹的注意事项

1）板牙端面应与圆杆轴线垂直，以防螺纹歪斜。

2）开始套入时，应适当加以轴向压力，切入 2～3 牙后不再用压力，让板牙旋转自然切入，以免损坏螺纹和板牙。

3）套螺纹过程中，要经常反转，以便断屑和排屑。

4）一般应加切削液，以提高套螺纹质量和延长板牙的使用寿命。

3. 套螺纹的方法

（1）套螺纹前圆杆直径的确定　与丝锥攻螺纹一样，用板牙在工件上套螺纹时，材料同样因受到挤压而变形，牙顶将被挤高一些。因此圆杆直径应稍小于螺纹大径的尺寸。圆杆直径可根据螺纹直径和材料的性质，可查表选择。一般硬质材料直径可大些，软质材料可稍小些。

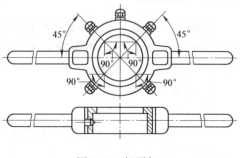

图 7-57　板牙架

套螺纹圆杆直径也可用经验公式来确定，公式如下：

$$d_{杆} = d - 0.13p$$

式中　$d_{杆}$——套螺纹前圆杆直径（mm）；

d——螺纹大径（mm）；

p——螺距（mm）。

（2）套螺纹的步骤

1）为使板牙容易对准工件和切入工件，圆杆端都要倒成圆锥斜角为 15°的锥体。锥体的最小直径可以略小于螺纹小径，使切出的螺纹端部避免出现锋口和卷边而影响螺母的拧入。

2）为了防止圆杆夹持出现偏斜和夹出痕迹，圆杆应装夹在用硬木制成的 V 形钳口或软金属制成的衬垫中，在加衬垫时圆杆套螺纹部分离钳口要尽量近。

3）套螺纹时应保持板牙端面与圆杆轴线垂直，否则套出的螺纹两面会有深浅，甚至烂牙。

4）在开始套螺纹时，可用手掌按住板牙中心，适当施加压力并转动板牙架。当板牙切入圆杆 1～2 圈时，应目测检查和校正板牙的位置。当板牙切入圆杆 3～4 圈时，应停止施加压力。而仅平稳地转动板牙架，靠板牙螺纹自然旋进套螺纹。

5）为了避免切屑过长，套螺纹过程中板牙应经常倒转。

6）在钢件上套螺纹时要加切削液，以延长板牙的使用寿命，减小螺纹的表面粗糙度。

7.8　装配

装配工作对保证和提高产品质量，提高劳动生产率，降低制造成本都起到十分重要的作用。

通常装配工作基本内容有清洗、连接、校正、调整、配作、平衡、总装配和验收试验。

1. 清洗

所有需要装配的零件或部件，都必须经过严格的清理与洗涤。清洗对保证产品的装配质量和延长产品的使用寿命均有重要的意义。

1）装配前清除零件上残存的型砂、铁锈、切屑、研磨剂和油污等。

2）装配后清除在装配时产生的金属切屑。

清洗可用汽油、柴油、煤油或水加工业洗涤剂，在普通洗涤槽或专用洗涤机中进行。对于精密和小型零件，最理想的方法是采用超声波清洗剂。

在零件的清洗过程中，要防止零件表面光洁被破坏。油孔必须疏通，洗后用清洁纱布塞在孔口，以防污物、切屑进入。

2. 连接

连接是指将两个或两个以上的零件结合在一起。在装配过程中，有大量的连接工作。连接的方式一般有两种：可拆卸连接和不可拆卸连接。

可拆卸连接是指相互连接的零件拆卸时不损坏任何零件，且拆卸后能重新装在一起。常见的可拆卸连接有螺纹联接、键联接和销联接等。在可拆卸连接中，间隙正确与否对配合件的使用期限也有着直接的影响。

3. 校正、调整和配作

校正是指各零件间相互位置的找正、找平及相应的调整工作。在产品的总装和大型机械基体件装配中常需进行校正。例如卧式车床总装中，床身安装水平及导轨扭曲的校正，主轴箱主轴中心与尾座套筒中心等高等。

常用的校正方法有平尺校正、角尺校正、水平仪校正、拉钢丝校正、光学校正及激光校正等。

调整是指相关零部件相互位置的调节工作。它除了配合校正工作去调整零部件的位置精度外，运动副间的间隙调节是调整的主要内容，例如滚动轴承内外圈及滚动体之间的调整、镶条松紧的调整和齿轮啮合的调整等。

配作是指两个零件装配后确定其相互位置的加工，如配钻、配铰，或为改善两个零件表面结合精度的加工，如配刮及配磨等，配作是和校正调整工作结合进行的。

4. 平衡

旋转的零件及部件（如带轮、齿轮、飞轮、曲轴和叶轮等），由于内部组织密度不均，加工精度不高或本身形状不对称等原因，其重心与旋转中心发生偏移。零件在高速旋转时，由于重心偏移将产生一个很大的离心力，这个离心力如果不加以平衡，将引起机器工作时的振动，从而使零件的精度和寿命大大降低。

对旋转零件或部件消除不平衡的工作叫做平衡，平衡的方法分为静平衡和动平衡。

（1）静平衡　静平衡是用来消除零件在径向位置上的偏重，通常是在圆柱平衡架上进行的，平衡架必须置于水平位置，且须具有光滑和坚硬的表面。

根据偏重始终停留在铅垂方向的最低位置的原理，找出偏重位置后，便可以在偏重处去除材料（用钻、铣和磨等方法）或在其对称部位增加重物（用补焊、铆接、胶接或螺钉连接固定）来得到平衡。

（2）动平衡　对长度与直径比很大的旋转零件或部件，只进行静平衡是不够的，还必须进行动平衡。

动平衡是在零件旋转时进行的。在进行动平衡时，不但要平衡偏重所产生的离心力，而且要平衡离心力所产生的力偶，因此动平衡包括了静平衡。但在动平衡前一般先要校正好静平衡，以减少动平衡。

动平衡须在动平衡机上进行，方法这里不再介绍。

5. 总装配

总装配是指把预先连接好的部件、组合件和各个零件装成机器。总装配是整个机械制造工艺过程中的最后一个环节。装配工作对机械的质量影响很大。若装配不当，即使所有零件加工合格，也不一定能够装配出合格的高质量的机器；反之当零件制造质量不十分良好时，只要装配中采用合适的工艺方案，也能使机器达到规定的要求，因此，装配质量对保证机器质量起了极其重要的作用。在总装配时应注意以下事项：

1）执行装配工艺规程所规定的操作步骤和使用的工具。

2）任何机器的装配都应该按从内到外、从下到上和以不影响下道工序为原则的次序来进行。

3）在任何情况下应保证污物不进入机器的部件、组合件或零件内。

4）机器总装后，要在滑动和旋转部分加润滑油，以防运动时有拉毛、咬住或烧毁的危险。

6. 验收试验

机械产品装配完成后，应根据有关技术标准的规定，对产品进行较全面的验收和试验（空转试验和负载试验），合格后才能出厂。各类产品检验和试验工作的内容是不相同的，其验收试验工作的方法也不相同。

此外，装配工作的基本内容还包括涂装、包装等工作。

思考与练习

1）钳工按工作内容不同可分为_____、_____、_____、_____、_____和_____等。

2）钳工常用的钻床有_____、_____和_____。

3）划线按加工中的作用可分为_____、_____和_____。

4）划线按复杂程度不同可分为_____和_____两种类型。

5）钳工用的划规有_____、_____和_____等。

6）找正是利用_____，通过调节_____，使和工件有关的毛坯表面都处于合适的位置。

7）锤子一般分为_____和_____两种。

8）钳工常用的錾子有_____、_____和_____三种类型

9）锯削时起锯分为_____和_____。

10）锉刀按用途不同可分为_____、_____和_____。

11）麻花钻主要由_____、_____和_____组成。

12）简述划线的基本步骤。

13）简述锉削的加工范围。

14）什么是铰孔？

15）简述攻螺纹时的注意事项。

16）简述套螺纹的步骤。

17）简述装配包含哪些内容？

18）简述总装配时应注意的事项。

第 8 章　机械加工质量及控制

零件是构成机械产品的单元，零件的加工质量与机械产品的使用性能和寿命密切相关，保证零件的加工质量，是机械加工技术研究的主要课题，因此在制订零件加工工艺规程时应充分考虑加工质量，零件在加工过程中一旦出现质量问题，必须仔细分析原因，提出改进措施以保证加工质量。零件的加工质量包括零件的机械加工精度和表面质量两个方面。零件的使用性能和寿命不仅与零件的加工精度有关，还取决于零件的表面质量。

8.1　机械加工精度

8.1.1　机械加工精度概述

加工精度是指零件加工后的几何参数（尺寸、几何形状和相互位置）与理想零件几何参数相符合的程度，它们之间的偏离程度为加工误差。加工误差的大小反映了加工精度的高低。加工误差越小，加工精度越高。加工精度包括尺寸精度、几何形状精度和相互位置精度。

8.1.2　影响加工精度的主要因素及控制措施

在机械加工过程中，零件的尺寸、形状、位置关系的形成，实际就是工件和刀具之间的相互位置发生变化而产生的。由于工件和刀具安装在夹具和机床上，并构成一个完整的工艺系统。工艺系统中的各种误差是造成零件加工误差的根源，这些误差称之为原始误差。加工中常见的原始误差有原理误差、安装误差、静态误差、调整误差、动态误差和质量误差等。

原始误差不是在任何情况下都会出现，并且对加工精度影响也是不相同的。这些误差大致可分为两部分：一部分是与工艺系统本身的结构和状态有关的；另一部分则与切削过程有关。根据误差的性质可分为工艺系统的几何误差、工艺系统受力变形引起的误差、工艺系统受热变形引起的误差和工件内应力所引起的误差四个方面。

1. 工艺系统的几何误差

工艺系统的几何误差包括加工方法的原理误差；机床的几何误差；调整误差；刀具和夹具的制造误差；工件、刀具和夹具的安装误差以及工艺系统磨损所引起的误差。

（1）加工原理误差　加工原理误差是由于采用了近似的切削刃轮廓或近似的成形运动等进行加工而产生的误差。如齿轮滚刀加工齿轮，由于滚刀切削刃数有限，切削是不连续的，因而滚切出的齿轮齿形不是光滑的渐开线，而是折线。如模数铣刀成形铣削齿轮，模数相同而齿数不同的齿轮，齿形参数是不同的。为减少刀具数量，常用一把模数铣刀加工某一齿数范围内的齿轮，因而，成形的齿廓就有一定的原理误差。又如大多数数控机床只有直线和圆弧插补功能，而实际的零件廓线是非圆曲线，这时必须先对零件廓线进行直线或圆弧拟合（即用多段直线、圆弧代替零件廓线），然后再进行插补加工，而这种拟合过程是一种近似逼近，就会产生加工原理误差。

（2）机床的几何误差　机床的几何误差主要由主轴回转误差、导轨导向误差及传动链误差组成。

1）主轴回转误差。主轴回转误差是指主轴实际回转轴线相对理论回转轴线的"漂移"。主要是主轴部件的制造误差、装配误差及受力和受热后的变形造成的。主轴回转误差分为轴向窜动、径向跳动和角度摆动三种，如图8-1所示。轴向窜动是指瞬时回转轴线沿平行回转轴线方向的轴向运动。径向跳动是指瞬时回转轴线始终平行于回转轴线方向的径向跳动。角度摆动是指瞬时回转轴线与平行回转轴线成一倾斜角度，其交点位置固定不变的运动。

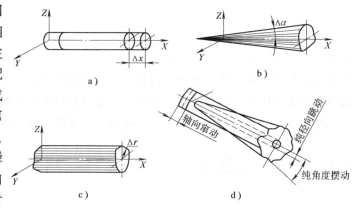

图8-1　主轴回转误差的基本形式

a）轴向窜动　b）径向跳动　c）角度摆动　d）主轴回转误差

实际上，主轴工作时的回转误差是上述三种基本运动形式的合成，如图8-1d所示。使加工后的工件在轴间产生圆柱度误差，在径向产生圆度误差，在端面产生垂直度误差，加工螺纹时产生周期性的螺距误差。主轴回转误差主要是由主轴的制造误差、轴承的误差、轴承间隙、与轴配合零件的误差及主轴系统的径向刚度不等性和热变形等因素引起。

提高主轴回转精度的措施：设计与制造高精度的主轴部件，采用高精度的滚动轴承或高精度的多油楔动压轴承和静压轴承；提高装配和调整质量，采用相应的装配和调整措施，可使主轴的回转精度高于主轴部件的制造精度。

2）导轨导向误差。机床导轨副是实现直线运动的主要部件，其制造和装配精度是影响直线运动的主要因素，它直接影响工件的加工质量。对机床导轨的精度要求，主要有以下三个方面：在水平面内的直线度误差、在垂直面内的直线度误差和前后导轨的平行度误差。

① 导轨在水平面内的直线度误差，如图8-2所示。导轨在水平面内存在直线度误差 Δy，引起被加工零件在半径方向产生误差 ΔR，当车削较长工件时，则使工件产生圆柱度

误差。

② 导轨在垂直平面内的直线度误差，如图 8-3 所示。导轨在垂直平面内存在直线度误差，车削外圆时，使刀具在工件的切线方向（误差非敏感方向）产生位移，此时工件产生半径误差 $\Delta R \approx \Delta z^2/2R$，因 $\Delta z^2 \ll 2R$，故 ΔR 可忽略不计。但对龙门刨床、龙门铣床及导轨磨机床而言，导轨在垂直平面内的直线度误差将引起工件在刀具的法线方向（误差敏感方向）产生位移，其误差将直接反映到被加工表面上，造成形状误差。

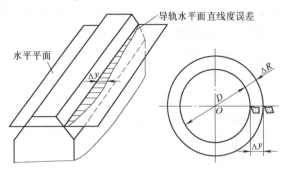

图 8-2　导轨在水平面内的直线度误差

③ 导轨面间的平行度误差。该类误差会使车床导轨发生扭曲，如图 8-4 所示，使刀尖相对于工件在水平和垂直两个方向上产生偏移，导轨扭曲量为 δ，主轴中心高为 H，导轨宽度为 B，导轨扭曲量为 δ 引起工件的变化量 ΔR。

通常，车床 $H \approx 2B/3$，外圆磨床 $H \approx B$，可见此误差对加工精度影响很大。

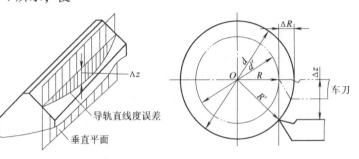

图 8-3　导轨在垂直平面内的直线度误差

3）机床的传动链误差。

传动链误差是指内联系传动链中首、末两端传动件之间相对运动的误差。传动链误差破坏了传动链中首、末两端传动件之间的严格传动比要求。如对车、磨、铣螺纹，滚、插和磨齿轮等加工会影响分度精度，造成加工表面的螺距精度、齿距精度等形状误差。所以，传动误差必须控制在对加工精度影响的允许范围内。

传动误差是由传动链中各传动件的制造误差、装配误差和加工过程中由于力和热而产生变形以及磨损引起的。各传动件因在传动链中的位置不同而影响程度不同，其中末端元件的误差对传动链的误差影响最大。各传动件的转角误差将通过传动比反映到工件上。当传动链为升速传动时，传动件的转角误差被放大；传动链为降速传动时，其转角误差被缩小。为减小传动链误差对加工精度的影响，可采取以下措施：

① 减少传动件的数量，缩短传动链，以减少误差来源。

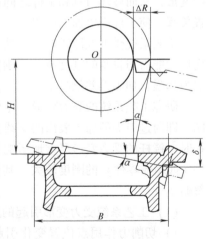

图 8-4　导轨的平行度误差

② 采用降速传动，减少传动误差。

③ 提高传动元件，尤其是末端传动元件的加工精度和装配精度。

④ 采用传动误差校正装置（如车螺纹的校正机构）以及数控机床的传动误差自动补偿

功能等。

（3）工件的装夹误差　工件的装夹误差主要包括定位误差和夹紧误差。一批工件逐个在夹具上定位时，各个工件在夹具上所占据的位置不可能完全一致，以致使加工后各工件的工序尺寸存在误差。这种因工件定位而产生的工序基准在工序尺寸方向上的最大变动量，称为定位误差。夹紧误差是由于夹紧力大小不一等因素造成的。

（4）其他几何误差

1）刀具的制造、安装、调整及换刀误差对加工精度的影响因刀具种类不同而异。机械加工中常用的刀具有一般刀具、定尺寸刀具和成形刀具。

一般刀具（如车刀、单刃键刀、立铣刀等）的制造误差，对加工精度没有直接影响。但磨损后对加工精度有影响。

定尺寸刀具（如钻头、铰刀、键槽铣刀等）的尺寸误差会直接影响加工工件的尺寸精度。

成形刀具（如螺纹车刀、成形铣刀及齿轮刀具等）的制造误差与磨损误差会影响被加工表面的尺寸与形状精度。

在数控加工中，确定刀具与工件原点位置的对刀误差、刀具长度和半径的补偿误差以及刀具在主轴孔中重复安装的重复位置误差等都会影响零件表面加工精度。

2）夹具的制造误差。夹具的制造误差一般指定位元件、分度装置及夹具体等零件的加工和装配误差。这些误差对被加工零件的精度影响较大，所以在设计和制造夹具时，凡影响零件加工精度的尺寸都应严格控制。

夹具的磨损，尤其是定位元件和导向元件的磨损会造成工件的相互位置误差。所以在加工过程中，对上述两种元件的磨损要引起重视。

2. 工艺系统受力变形引起的误差

工艺系统在切削过程中，会受到切削力、传动力、惯性力、夹紧力及重力等的作用而产生变形，从而破坏刀具和工件之间已调整好的正确位置关系，使工件产生加工误差。

工艺系统受力变形通常是弹性变形，其抵抗弹性变形的能力与自身的刚度有关。刚度越大，抵抗变形能力越强，加工误差就越小。

研究工艺系统的受力变形，主要研究误差敏感方向，即通过刀尖的加工表面的法线方向的位移。如镗孔时，镗杆的受力变形严重地影响着加工精度，而工件（如箱体零件）的刚度较大，其受力变形很小，可忽略不计。

（1）工艺系统受力变形引起的加工误差

1）切削力作用点位置变化引起的加工误差。如在车床两顶尖间车削一细长轴，如图8-5所示。由于工件细长，刚度小，在切削力作用下，其变形大大超过机床、夹具和刀具所产生的变形。因此，机床、夹具

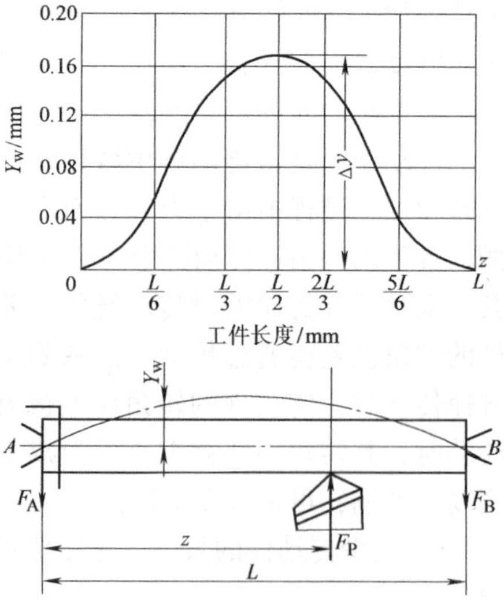

图8-5　工艺系统变形随切削力位置而变化示意图

具和刀具的受力影响可略去不计，工艺系统的变形完全取决于工件的变形。加工中车刀处于

图 8-5 所示位置时，工件的轴线产生弯曲变形。切削后的工件呈鼓形，其最大直径通过轴线中点的横截处。

2) 切削力大小的变化引起的加工误差。当被加工表面的几何形状误差或材料的硬度引起工艺系统受力变形的变化而产生加工误差。如图 8-6 所示，工件由于毛坯的圆度误差，车削时，切削深度在最大值 a_{p1} 与最小值 a_{p2} 之间变化，切削分力 F_p 也相应地在 F_{p1} 与 F_{p2} 之间变化，工艺系统的变形也在最大值 y_1 与最小值 y_2 之间变化。

3) 受力方向变化引起的加工误差

① 离心力引起的加工误差。高速旋转的零部件（含夹具、工件和刀具等）的不平衡将产生离心力 F_q。F_q 在每转中不断地改变方向，因此，它在切削点法线方向的分力大小的变化，会引起工艺系统的受力变形也随之变化从而产生误差，如图 8-7 所示。车削一个不平衡工件，离心力 F_q 与切削力 F_p 方向相反时，将工件推向刀具，使切削深度增加。当 F_q 与 F_p 同向时，工件被拉离刀具，切削深度减小，其结果都造成工件的圆度误差。

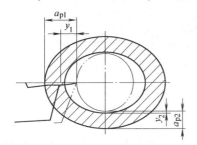

图 8-6　毛坯形状误差复映

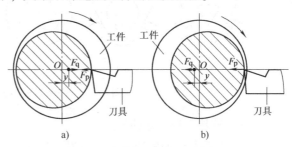

图 8-7　离心力引起的加工误差
a) F_q 与 F_p 反向时　b) F_q 与 F_p 同向时

在生产中采用在不平衡质量的对称方位配置平衡块，使两者离心力抵消。此外，还可适当降低工件转速以减小离心力。

② 传动力引起的加工误差。在车床或磨床类机床上加工轴类零件时，常用单拨销通过鸡心夹头带动工件回转，如图 8-8 所示。由于拨销上的传动力方向不断变化，它在切削点法线方向的分力有时和切削分力 F_p 同向，有时相反，它所产生的加工误差和离心力近似，造成工件的圆度误差。为此，在加工精密零件时，可采用双拨盘或柔性传动装置带动工件。

此外，工件的刚性较差或夹紧力过大，机床零部件的自重也会产生变形，引起加工误差。

(2) 减少工艺系统受力变形的主要措施

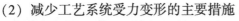

图 8-8　单拨销传动力的影响

1) 提高接触刚度。一般部件的接触刚度大大低于实体零件本身的刚度，所以提高接触刚度是提高工艺系统刚度的关键。常用的方法是改善工艺系统主要零件接触面的配合质量，如机床导轨副的刮研、配研顶尖锥体同主轴和尾座套筒锥孔的配合面，多次研磨加工精密零件用的顶尖孔等。通过刮研改善了配合面的表面粗糙度和形状精度，使实际接触面增加，从而有效地提高接触刚度。

另外一个措施是预加载荷，这样可消除配合面间的间隙，增加接触面积，减小受力后的变形量，预加载荷法常用在各类轴承的调整中。

2）提高工件刚度，减少受力变形。当工件刚度较差时，应采用合理的装夹和加工方法来提高工件的刚度。如车细长轴时，利用中心架或跟刀架来提高工件的刚度；箱体孔系加工中，采用支承镗套来增加镗杆刚度。

3）合理安装工件，减少夹紧变形。加工薄壁件时，由于工件刚度低，解决夹紧变形的影响是关键问题之一。如薄壁套的加工，在夹紧前，薄壁套的内外圆是正圆形，当用三爪自定心卡盘夹紧后，套筒变成三棱形，如图 8-9a 所示，镗孔后，内孔呈正圆形，如图 8-9b 所示，当松开卡爪后，工件由于弹性恢复，使已镗圆的孔产生三棱形，如图 8-9c 所示。为了减少加工误差，应使夹紧力均匀分布，可采用开口过渡环，如图 8-9d 所示，或专用卡爪夹紧，如图 8-9e 所示。

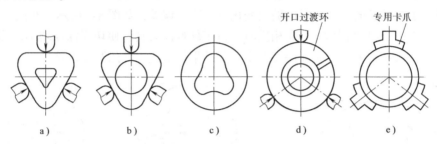

图 8-9　工件夹紧变形引起的误差

a）夹薄壁套　b）镗孔后　c）松开夹紧后　d）采用开口过渡环　e）专用卡爪

3. 工艺系统热变形引起的误差

工艺系统在各种热源的影响下，常发生复杂的变形，破坏了工件与切削刃相对位置的准确性，从而产生加工误差。据统计，在精密加工中，由于热变形引起的加工误差，约占总加工误差的 40%～70%。引起工艺系统受热变形的"热源"大体分为两类：即内部热源和外部热源。内部热源主要是指切削热和摩擦热。切削热是由于切削过程中，切削层金属的弹性、塑性变形及刀具与工件、切屑间的摩擦而产生的，这些热量将传给工件，刀具、切屑和周围介质，其传散百分比随加工方法不同而异。摩擦热主要是机床和液压系统中的运动部件产生的，如电动机、轴承和齿轮等传动副、导轨副、液压泵和阀等运动部件产生的摩擦热。摩擦热是机床热变形的主要热源。外部热源主要是环境温度变化和辐射热，其对精密工件的加工影响很大。工艺系统受热源影响，温度逐渐升高，与此同时，它们也通过各种传递方式向四周散发热量。当单位时间内传入和散发的热量相等时，温度不再升高，即达到热平衡状态。此时的温度场处于稳定状态，受热变形也相应地趋于平稳。

（1）机床热变形引起的加工误差　机床受内、外热源的影响，各部分由于热源不同，以及机床结构、尺寸、材料和工作条件的不同，其各部分温升与变形也不同。不同程度的热变形，破坏了机床原有的几何精度，从而降低了机床的加工精度。

如车床、铣床等机床，主要热源是主轴箱轴承的摩擦热和主轴箱中油池的发热。这些热量使主轴箱和床身的温度上升，从而造成机床主轴抬高和倾斜，使主轴在水平面内和垂直面内产生位移。对刀具水平安装的车床而言，水平面内的位移对加工精度影响较大；而对刀具垂直安装的铣床、立式加工中心来说，垂直平面内的位移对加工精度影响较大。

对床身较长的车床，其温差的影响也是很显著的。由于床身上表面温度比床身底面温度高，两表面热变形量不等，因此，床身将产生弯曲变形，表面呈中凸状，如图 8-10 所示。同时床鞍也因床身的热变形而产生相应的位置变化。

（2）工件热变形引起的加工误差　工件热变形主要是由切削热引起的，外部热源只对大型件或较精密件有影响。

轴类零件在车削或磨削加工时，一般是均匀受热，开始切削时工件温升为零，随着切削的进行，工件温度逐渐升高，直径逐渐增大，但增大部分均被刀具切除，当工件冷却后形成锥形，产生圆柱度和尺寸误差。

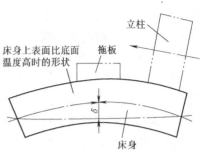

图 8-10　床身纵向温差热效应的影响

精密丝杠磨削时，工件的热伸长会引起螺距累积误差。

在铣、磨削平面时，工件单面受热，由于受热不均匀，上下表面之间形成温差，导致工件上凸，由于凸起部分被磨削掉，冷却后工件呈下凹状，形成直线度误差。

在加工铜、铝等线膨胀系数较大的非铁金属工件时，其热变形尤其显著，必须予以重视。

（3）刀具热变形引起的加工误差　切削热虽然大部分被切屑带走或传入工件，传给刀具的热量只占很小部分，但因刀具切削部分体积小、热容量小，所以还是有相当大的温升和热变形。如高速钢刀具切削时，刃部的温度可达 $700 \sim 800℃$，刀具的热伸长量可达 $0.03 \sim 0.05mm$，因此，影响不可忽视。但当刀具达到热平衡后，热变形基本稳定，对加工精度的影响也就很小了。

（4）减少工艺系统热变形的主要措施

1）减少热源发热和隔离热源。减少切削热或磨削热、机床各运动副的摩擦热，分离和隔离热源。

2）加强散热能力。可采用有效的冷却措施，如增加散热面积或使用强制性的风冷、水冷、循环润滑等。

3）均衡温度场。当机床零部件温升均匀时，机床本身就呈现一种热稳定状态，从而使机床产生不影响加工精度的均匀热变形。

4）保持工艺系统的热平衡。由热变形规律可知，机床刚开始运转的一段时间内（预热期），温升较快，热变形大。当达到热平衡后，热变形逐渐趋于稳定。所以，对于精密机床，特别是大型机床，缩短预热期，加速达到热平衡状态，加工精度才易保证。一般有两种方法：一是加工前，让机床先高速空运转，当机床迅速达到热平衡以后再进行加工；二是在机床某部位设置"控制热源"，人为地给机床局部加热，使其加速达到热平衡，并且在加工过程中，自动控制温度场的稳定状态。

精密加工不仅应在达到热平衡后才开始进行，并且应注意连续加工，尽量避免中途停车。

5）控制环境温度。对于精密机床，一般应安装在恒温车间，其恒温精度应严格控制，一般在 $±1℃$，超精密级为 $±0.5℃$。恒温的标准温度可按季节调整，一般为 $2℃$，冬季为 $17℃$，夏季为 $23℃$。

4. 工件内应力所引起的误差

内应力是指在外部载荷去除后，仍残存在工件内部的应力，也称残余应力。具有这种内应力的零件处于一种不稳定的相对平衡状态，可以保持形状精度的暂时稳定，一旦外界条件产生变化，如环境温度的变化、受到撞击等，内应力的暂时平衡就会被打破而进行重新分布，零件将产生相应的变形，从而破坏原来的精度。如果把具有内应力的重要零件装配成机器，在机器的使用过程中也会产生变形，破坏整台机器的质量。因此，必须采用措施消除内应力对零件加工精度的影响。

（1）内应力的产生原因及其对加工精度的影响

1）热加工中产生的内应力。在铸造、锻造、焊接和热处理过程中，由于工件各部分热胀冷缩不均匀，以及金相组织转变时的体积变化，使工件内部产生相当大的残余应力。工件的结构越复杂、壁厚越不均匀、散热条件差别越大，内部产生的内应力也越大。具有这种内应力的工件，内应力暂时处于相对平衡状态，变形缓慢，但当切去一层金属后，就打破了这种平衡，内应力重新分布，工件就明显地出现了变形。

如图 8-11 所示，机床床身在浇铸后的冷却过程中，上下表面冷却快，内部冷却慢。当上下表面由塑性状态冷却至弹性状态时，内部还处在塑性状态，上下表面的收缩不受内部阻碍，当内部冷却到弹性状态时，上下表面的温度已降低很多，收缩速度比内部慢得多，此时内部的收缩受到上下表面的阻碍。因此，在内部产生了拉应力，上下表面产生了压应力，暂时处于相互平衡的状态。当床身导轨面刨去一层金属后，内应力不再平衡，须重新分布达到新的平衡，引起床身弯曲变形。

图 8-11　床身内应力引起的变形

2）冷校直带来的内应力。丝杠一类的细长轴零件经车削后，其内应力（在棒料轧制过程中产生的）要重新分布，使轴产生弯曲变形。为了纠正这种变形，常采用冷校直。校直的方法是在弯曲的反方向加外力 F，如图 8-12a 所示。在外力 F 的作用下，工件内部应力分布，如图 8-12b 所示，在轴心线以上产生压应力（用负号表示），在轴心线以下产生拉应力（用正号表示）。在轴线和两条双点划线之间，是弹性变形区域，在双点划线以外是塑性变形区。当外力 F 去除后，外层的塑性变形部分阻止内部弹性变形的恢复，使内应力重新分布，如图 8-12c 所示。所以说，冷校直虽减少了弯曲，但工件仍处于不稳定状态，如再次加工，又将产生新的弯曲变形。因此，高精度丝杠的加工，不允许冷校直，而是用多次人工时效来消除内应力，或采用热校直代替冷校直。

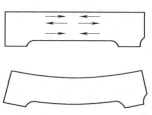

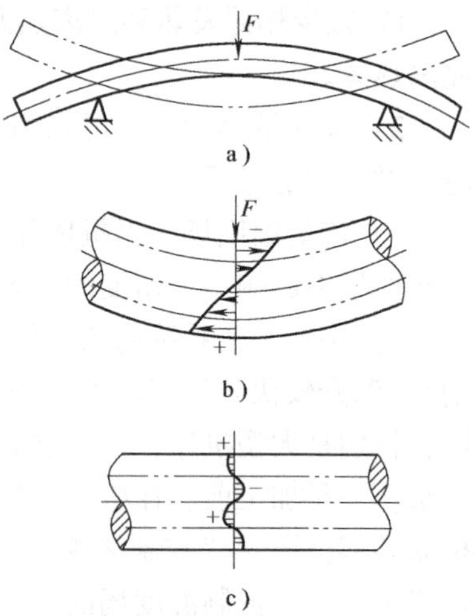

图 8-12　冷校直引起的内应力
a）冷校直　b）外力下内部应力分布
c）去除外力后内部应力分布

3）切削加工中产生的内应力。工件表面层在切削力和切削热的作用下的内应力，各部分产生不同程度的塑性变形，以及金相组织的变化所引起的体积改变，因而就产生内应力并造成加工后工件的变形。实践表明，具有内应力的工件，当在加工过程中切去表面一层金属后，所引起的内应力的重新分布和变形最为强烈。因此，粗加工后，应将被夹紧的工件松开使之有时间使内应力重新分布。

（2）减少或消除内应力的措施

1）合理设计零件结构。在零件的结构设计中，应尽量简化结构，考虑壁厚均匀，增大零件的刚度，以减少在铸、锻毛坯制造中产生的内应力。

2）采取时效处理。自然时效处理，主要是在毛坯制造之后，或粗加工后、精加工前，让工件停留一段时间，利用温度的自然变化，经过多次热胀冷缩，使工件内部组织产生微观变化，从而达到减少或消除内应力的目的。这种过程一般需要半年至五年时间，因周期长，所以除特别精密件外，一般较少使用。

人工时效处理，这是目前使用最广的一种方法，分高温时效和低温时效。前者将工件放在炉内加热到 500 ~ 680℃，使工件金属原子获得大量热能来加速运动，并保温 4 ~ 6 小时，达到原子组织重新排列，再随炉冷却至 100 ~ 200℃出炉，在空气中自然冷却，以达到消除内应力的目的。此方法一般适用于毛坯或粗加工后进行。低温时效是加热到 200 ~ 300℃，保温 3 ~ 6 小时后取出，在空气中自然冷却。低温时效一般适用半精加工后进行。

振动时效是工件受到激振器的敲击，或工件在滚筒中回转互相撞击，使工件在一定的振动强度下，引起工件金属内部组织的转变，一般振动 30 ~ 50min，即可消除内应力。这种方法节省能源、简便、效率高，但有噪声污染。适用于中小零件及非铁金属件等。

3）合理安排工艺。机械加工时，应将粗、精加工分开在不同的工序进行，使粗加工后有一定的间隔时间让内应力重新分布，以减少对精加工的影响。

切削时应注意减小切削力，如减小余量、减小切削深度进行多次进给，以避免工件变形。粗、精加工在一个工序中完成时，应在粗加工后松开工件，让其自由变形，然后再用较小的夹紧力夹紧工件后进行精加工。

8.2 机械加工表面质量

零件的机械加工表面质量与机械加工精度一样，是零件加工质量的一个重要指标。机械加工表面质量是指零件经过机械加工后的表面层状态。掌握机械加工过程中各种工艺因素对表面质量的影响规律对于保证和提高产品的质量具有十分重要的意义。

8.2.1 加工表面质量概述

表面质量对零件使用性能影响主要是指对零件耐磨性、疲劳强度、耐腐蚀性和配合性质的影响。

1. 表面粗糙度及波度

根据加工表面不平度的特征（步距 L 与波高 H 的比值），可将不平度分为三种类型，如图 8-13 所示。$L/H < 50$，为微观几何形状误差，常称为表面粗糙度；$L/H = 50 ~ 1000$，称为波度；$L/H > 1000$，称为宏观几何形状误差，此误差属于加工精度范畴。

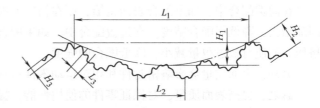

图 8-13 机械加工表面和特征

2. 表面层力学物理性能

表面层力学物理性能的变化，主要有表面层加工硬化、表面层金相组织的变化和表面层残余应力三个方面的内容。

8.2.2 表面质量对零件使用性能的影响

1. 对零件耐磨性的影响

（1）表面粗糙度对耐磨性的影响 一般情况下，表面粗糙度越小，其耐磨性越好。一定条件下存在一个最佳值（$R_a 0.4 \sim 1.6 \mu m$）。表面粗糙度大，接触表面的压强增大，粗糙不平的凸峰相互咬合、挤裂和切断，故磨损加剧；同样，表面粗糙度过小时，因接触面间容易发生分子粘连，且润滑液不易储存，磨损反而加剧。

（2）表面纹理对耐腐蚀性的影响 实验表明，圆弧状、凹坑状表面比尖锋状的表面纹理的耐磨性好；两相对运动零件表面的刀纹方向与运动方向相同时，耐磨性好。其原因在于圆弧状、凹坑状表面的有效接触面积相对较大，且与运动方向相同的刀纹方向易于存留润滑液。

（3）表面层的加工硬化对耐磨性的影响 加工表面的冷作硬化使表层的显微硬度增加，耐磨性有所提高，但冷作硬化过度，将引起金属组织剥落，在接触面上形成小颗粒，使零件磨损加剧。

2. 对零件疲劳强度的影响

零件疲劳破坏都是从表层开始的，因此表面层的粗糙度对零件的疲劳强度影响很大。在交变载荷作用下，零件表面粗糙度的凹谷部位产生应力集中而形成疲劳裂纹，然后裂纹逐渐扩大和加深，最终导致零件的断裂破坏。表面愈粗糙，凹谷愈深，应力集中现象愈严重，疲劳强度也就愈低。

零件表面的冷硬层，有助于提高疲劳强度。因为强化过的表面冷硬层具有阻碍裂纹继续扩大和新裂纹产生的能力。此外，当表面层具有残余压应力时，能使疲劳强度提高。但当表面层具有残余拉应力时，会使疲劳强度进一步降低。

3. 对零件耐腐蚀性的影响

表面层的凹谷处，容易积聚腐蚀性的物质，加速零件的腐蚀作用。因此减少零件表面粗糙度值，可以提高零件的耐腐蚀性能。

表面层残余压应力有助于封闭表面微小的裂纹，使零件的耐腐蚀性增强，而表面残余拉应力则降低零件耐腐蚀性。

4. 对零件配合性质的影响

在间隙配合中，如果配合表面粗糙，则在初期磨损阶段由于配合表面迅速磨损，使配合间隙增大，降低了配合精度。在过盈配合中，如果配合表面粗糙，则装配后表面的凸峰将被挤压，而使有效过盈量减小，降低配合的强度。

另外，表面质量会影响密封件和相对运动零件运动的灵活性。

总之，提高表面质量，对保证零件的使用性能，提高零件的寿命是非常重要的。

8.2.3 影响机械加工表面质量的因素和提高表面质量的措施

1. 加工表面层的冷作硬化

适当的冷作硬化使表面硬度提高，从而提高零件的耐磨性，但冷作硬化太过将使表层组织过度疏松，受力后容易产生裂纹甚至是成片剥落。因此也有一个最佳冷硬值。

此外，冷作硬化还具有防止疲劳裂纹产生和阻止其扩大的作用，因而可提高零件的疲劳强度，但却会使零件的抗腐蚀能力降低。

表层冷作硬化程度取决于产生塑性变形的力、变形速度及变形时的温度。力越大，塑性变形越大，冷作硬化程度也越大。变形速度越大，塑性变形越不充分，冷作硬化程度也就相应减小。变形时的温度影响塑性变形程度，温度高，硬化程度减小。

表层冷作硬化程度还受到刀具、切削用量以及被加工工件材料等多方面因素的影响。为了降低加工表层冷作硬化程度，一般可采取如下措施：

1）选择合理的刀具几何参数，采用较大的刀具前角和后角，并在刃磨时尽量减小其切削刃口圆角半径。

2）使用刀具时，合理规定其刀具寿命。

3）选择合理的切削用量，采用较高的切削速度和较小的进给量。

4）加工时注意选择合适的切削液。

2. 表面残余应力

残余应力又有压应力和拉应力之分，其中拉应力会加速疲劳裂纹扩大，而压应力则正好相反。因此适当的压应力可提高零件的疲劳强度，拉应力则反之。

此外，残余应力将影响零件精度的稳定性，使零件在使用过程中逐步变形而丧失精度。

降低表面残余应力，可采取合理选择切削用量，合理选择刀具，改善冷却方法等措施。

3. 表面金相组织的变化

在机械加工过程中，在加工区由于加工时所消耗的能量绝大部分转化为热能而使加工表面出现温度的升高。尤其是对一些高合金钢，如轴承钢、高速钢等，传热性能特别差，当温度升高到超过金属组织变化的临界点时，不能得到充分冷却，表面金相组织将发生变化，使零件表面原有的力学性能改变，如强度、硬度降低、产生残余应力、甚至出现微观裂纹。从而影响零件的耐磨性和疲劳强度。

思考与练习

1）零件的加工质量包括零件的＿＿＿＿＿＿和＿＿＿＿＿＿两个方面。

2）加工精度包括＿＿＿＿＿＿、＿＿＿＿＿＿和＿＿＿＿＿＿。

3）根据误差的性质可分为＿＿＿＿＿＿、＿＿＿＿＿＿、＿＿＿＿＿＿和＿＿＿＿＿＿四个方面。

4）机床的几何误差主要由＿＿＿＿＿＿、＿＿＿＿＿＿及＿＿＿＿＿＿组成。

5）对机床导轨的精度要求，主要有＿＿＿＿＿＿、＿＿＿＿＿＿和＿＿＿＿＿＿三个方面。

6）工件热变形主要是由＿＿＿＿＿＿引起的。

7）内应力是指在＿＿＿＿＿＿去除后，仍残存在工件＿＿＿＿＿＿的应力。

8）减小传动链误差对加工精度的影响，可采取哪些措施？

9）减少工艺系统热变形的主要措施有哪些？

10）简述表面质量对零件使用性能的影响。

第9章　先进加工技术

☞ **要点提示**:

　　1) 了解常见的先进加工技术。

　　2) 了解先进加工技术的加工原理。

　　3) 了解先进加工技术的应用情况。

9.1　快速成形制造技术

　　快速成形制造（Rapid Prototyping Manufacturing），简称为 RP，该技术诞生于 20 世纪 80 年代后期，是基于材料堆积法的一种高新制造技术，被认为是近 20 年来制造领域的一个重大成果。

9.1.1　概述

　　RP 技术综合了机械工程、CAD、数控、激光及材料科学等技术，可以快速和精确地将设计思想转变为具有一定功能的原型或零件，从而可以对产品设计进行快速评估、修改及功能试验。在快速成型技术领域中，目前发展最迅速、产值增长最明显的应属快速模具 RT（Rapid Tooling）技术。传统模具制造的方法由于工艺复杂、加工周期长、加工费用高而影响了新产品对于市场的响应速度。而传统的快速模具（例如中低熔点合金模具、电铸模、喷涂模具等）又因其工艺粗糙、精度低、寿命短而很难完全满足用户的要求。因此，应用快速成形制造技术生产快速模具，在最终产品完成之前进行新产品试制与小批量生产，可以大大提高产品开发的一次成功率，有效地缩短了开发时间和节约开发费用，使快速模具技术具有很好的发展条件。

9.1.2　原理

　　快速成形制造又称为层加工（Layered Manufacturing），其基本原理是先由 CAD 软件设计出零件的实体模型，然后对模型进行分层处理，从而得到各层截面的轮廓。依照这样的截面轮廓，在计算机控制下，数控系统以平面加工方式有序地连续加工出每个薄层并使它们自动粘接而成形，从而形成不同的三维产品。层加工法弥补了现阶段对传统材料切削加工方法的不足。它不含有切削、装夹和其他一些操作，从而可以节省大量的时间，又称为快速制造。

9.1.3　方法

国内外已较为成熟的快速成形制造技术的具体方法有 30 多种，按照采用材料及对材料处理方式的不同，可归纳为以下六种。

1. 立体印刷（Stereo Lithography Apparatus，SLA）

立体印刷又称立体光刻、光造型，如图 9-1 所示。液槽中盛满液态光敏树脂，它在一定剂量的紫外激光照射下就会在一定区域内固化。成形开始时，先由点到线到面，完成一个层片的固化建造，然后升降架带动平台再下降一层高度，上面又布满一层树脂，进行第二层扫描，新固化的一层牢固地粘在前一层上，如此重复直到三维零件制作完成。立体印刷制作精度目前可达 ±0.1mm，较广泛地用来为新产品和模型的 CAD 设计提供样件和试验模型。

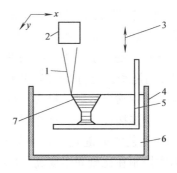

图 9-1　SLA 法原理

1—激光束　2—紫外激光器　3—升降架
4—树脂槽　5—平台　6—光敏树脂　7—零件原型

SLA 是最早出现的一种 RP 方法，目前是 RP 技术领域中研究最多、技术最为成熟的方法。但这种方法有其自身的局限性，如成形件轴向强度比较弱，需要支撑；树脂收缩会导致精度下降；光敏树脂有一定的毒性，不符合绿色制造发展趋势等。

2. 分层实体制造（Laminated Object Manufacturing，LOM）

LOM 法是根据零件分层几何信息切割箔材和纸等，将所获得的层片粘接成三维实体，其性能接近木模，如图 9-2 所示。首先铺上一层箔材，然后用 CO_2 激光在计算机控制下切出本层轮廓。当本层完成后，再铺上一层箔材，用滚子碾压并加热，使其与上层固化粘接，再切割该层的轮廓，如此反复直到加工完毕。LOM 的关键技术是控制激光的光强和切割速度，使它们达到最佳配合，以便保证良好的切口质量和切割深度。

美国亥里斯公司开发的纸片层压式快速

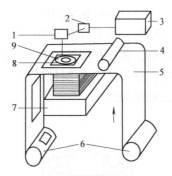

图 9-2　LOM 法原理

1—x-y 扫描系统　2—光路系统　3—CO_2 激光器　4—加热器
5—纸料　6—滚筒　7—工作平台　8—边角料　9—零件原型

成形制造工艺以纸作为制造模具的原材料，它是连续地将背面涂有热溶性粘接剂的纸片逐层叠加，裁切后形成所需的立体模型。该方法具有成本低、造型速度快的特点，适宜办公环境使用。LOM 模具具有与木模同等水平的强度，可与木模一样进行钻削等机械加工，也可以进行刮腻子等修饰加工。

3. 选择性激光烧结（Selective Laser Sintering，SLS）

SLS 采用 CO_2 激光器，使用的材料为多种粉末材料，可以直接制造真空注射模，如图 9-3 所示。首先要在工作台上铺上一层粉末，用激光束在计算机控制下有选择地进行烧结（零件的空心部分不烧结，仍为粉末材料），被烧结部分便固化在一起构成零件的实心部分。

一层完成后再进行下一层，并与上一层牢牢地烧结在一起。全部烧结完成后，去除多余的粉末，便得到烧结成的零件（模具）。常采用的材料为尼龙、塑料、陶瓷和金属粉末。SLS 制作精度目前可达到 ±0.1mm。该方法的优点是由于粉末具有自支撑作用，不需要另外支撑。另外，该方法不仅能生产塑料零件，还可以直接生产金属和陶瓷零件。

4. 熔融沉积成形（Fused Deposition Modeling，FDM）

熔融沉积成形是一种不使用激光器的加工方法，如图 9-4 所示。技术关键在于喷头，喷头在计算机控制下作 x-y 联动扫描以及 z 向运动，丝材在喷头中被加热并略高于其熔点。喷头在扫描运动中喷出熔融的材料，快速冷却形成一个加工层并与上一层牢牢连接在一起。这样层层扫描叠加便形成一个空间实体。FDM 工艺的关键是保护半流动成形材料刚好在凝固温度点，通常控制在比凝固温度高 1℃ 左右。FDM 技术的最大优点是成形速度快。此外，整个 FDM 成形过程是在 60 ~ 300℃ 下进行的，没有粉尘，也无有毒化学气体、激光或液态聚合物的泄漏，适宜办公室环境使用。

图 9-3 SLS 法原理

1—扫描镜 2—透镜

3—CO_2 激光器 4—压平辊子

5—零件原型 6—激光束

FDM 制作生成的原型适合工业上各种各样的应用，如概念成形、原型开发、精铸蜡模和喷镀制模等。

5. 三维打印（Three-Dimensional Printing，3D-P）

三维打印也称粉末材料选择性粘接，如图 9-5 所示。喷头在计算机的控制下，按照截面轮廓的信息，在铺好的一层粉末材料上有选择性地喷射粘接剂，使部分粉末粘接形成截面层。一层完成后，工作台下降一个层厚，铺粉并喷粘接剂，再进行后一层的粘接，如此循环形成三维产品。粘接得到的制件要置于加热炉中作进一步的固化或烧结，以提高粘接强度。

图 9-4 FDM 法原理

1—喷头 2—丝材

3—z 向送丝 4—x-y 驱动

5—零件原型

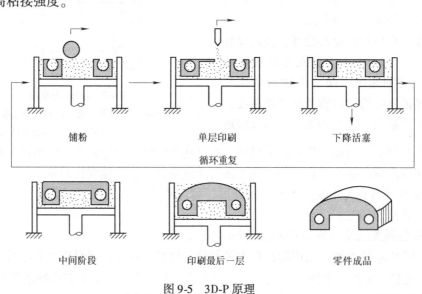

图 9-5 3D-P 原理

6. 固基光敏液相法（Solid Ground Curing，SGC）

固基光敏液相法的工艺原理如图 9-6 所示。一层的成形过程分添料、掩膜紫外光曝光、清除未固化原料、填蜡和磨平五步来完成。掩膜的制造采用了离子成像技术，因此同一底片可以重复使用。由于过程复杂，SGC 成形机是所有成形机中最庞大的一种。

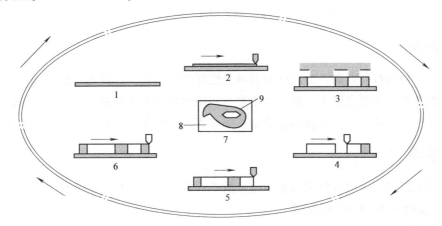

图 9-6　固基光敏液相法（SGC）原理

1—加工面　2—均匀施加光敏液材料　3—掩膜紫外光曝光　4—清除未固化原料
5—填蜡　6—磨平　7—成形件　8—蜡　9—零件

SGC 工艺每层的曝光时间和原料量是恒定的，因此应尽量排满零件。由于多余的原料不能重复使用，若一次只加工一个零件会很浪费。由于蜡的添加可省去设计支撑结构，逐层曝光比逐点曝光要快得多，但受到多步骤的影响，在加工速度上的提高不很明显，只有在加工大零件时才体现出其优越性。

9.1.4　应用

快数成形加工主要适合于新产品开发，快速单件及小批量的零件制造，复杂形状零件和模具的设计与制造，也适合于难以加工材料的制造、外形设计检查、装配检验和快速反求工程等。其优点是零件的复杂程度与制造成本关系不大，人员干涉少，不浪费材料，是一种自动化的环保型制造技术。

9.2　激光加工技术

激光加工是一种能束加工方法，具有加工精度高，加工材料范围广，加工性能好，加工速度快等特点。

9.2.1　概述

激光加工产业每年以 20% 的速度增长，成为 21 世纪不可缺少和替代的重要加工技术。激光加工业除了广泛用于企业生产线上的在线加工外，成立激光加工中心（Laser Job Shop）专门对外实施产品零部件的加工业务在国外已经非常普及。据统计，全世界拥有各种激光加工机四万多台，主要应用于汽车、电子、电器、航空、航天、机械、冶金、能源和交通等部门。激光加工服务业约有 6000 家激光加工中心，其中对外加工的激光加工中心在美国有 1800 家，从业人员约 7.52 万人，年收入 75 亿美元。其分布为欧洲约 900 家，日本约 1500 家，在中国台湾有 200 家。

我国已有 200 多家激光加工中心，其中从事缸体、缸套激光热处理的约占 50%，从事激光切割的约占 30%，其他为激光焊接、打孔和标刻等。

9.2.2　原理

激光是一种具有亮度高、方向性好和单色性好的相干光，因此可以聚焦到尺寸很小的焦点上，其温度可高达万度以上。激光加工就是利用材料在激光聚焦照射下瞬时急剧熔化和气化，并产生很强的冲击波，使被熔化的物质爆炸式地喷溅来实现材料的去除。

9.2.3　应用

激光加工技术按应用可分为激光切割、激光焊接、激光打孔、激光热处理、激光表面合金化、激光表面涂覆和激光标刻等。

1. 激光切割

激光切割是一种高能量、密度可控性好的无接触加工，具有切速快、切缝窄、切口光洁度高、热影响区小和效率高等特点。其次，激光束对工件不施加任何力，它是无接触切割工具，这就意味着工件无机械变形和刀具磨损，也没有刀具的替换问题。切割材料无需考虑它的硬度，因为激光切割能力不受被切材料硬度影响，任何硬度的材料都可切割。另外，激光束可控性强，并有很高的适应性和柔性，因而与自动化装备相结合很方便，容易实现切割过程自动化，具有无限的仿形切割能力，节省材料。激光切割的深宽比对金属材料可达 20:1 左右，对非金属材料可达 100:1 以上。激光切割可进行高难度、复杂形状的自动化切割加工，既节省了模具又无须划线，不用刚性夹具，其加工精度高、重复性好，适应多品种、小批量生产的需要。

激光切割适用范围广，可以切割各种金属材料和非金属材料，如碳钢、不锈钢、合金钢、铝及其合金、塑料（聚合物）、橡胶、木材、石英、玻璃、陶瓷和石头等。采用特殊工艺参数激光更可切割硬质合金，切割后不仅没有降低原有材料的硬度，在切边还会形成一层比基体硬度高的特殊硬化层。

在汽车样车和小批量生产中大量使用二维激光束切割机对普通铝、不锈钢等薄板的切割加工，其切割速度已达 10m/min，不仅大大缩短了生产准备周期，并使车间生产实现了柔性化。由于它的加工效率高，比传统机械加工方式的加工费用减少了 50%。

2. 激光焊接

激光焊接在汽车工业中已成为标准工艺。激光用于车身面板的焊接可将不同厚度和具有不同表面涂镀层的金属板焊在一起，这样制成的金属组合面板结构能达到最合理的效果。激光焊接的速度约为 4.5m/min，而且很少变形，省去了二次加工。激光焊接加快了用冲压零件代替锻造零件的过程，减少了焊接宽度和一些加强部件，还可以压缩车身结构件本身的体积，减少了车身重量。另外，激光焊接可大大提高效率。例如，激光焊接转换器盖板，由 CNC 控制，其循环时间约为 16 秒，实际焊接时间仅为 3 秒，可连续 24 小时运行。

3. 激光打孔

激光打孔特别适合于加工微细深孔，最小孔径只有几微米，孔深与孔径之比可大于 50。激光打孔既适合于金属材料，也适用于硬质非金属材料，既能加工圆孔，又能加工各种异形孔。例如，在高熔点金属钼板上加工微米量级孔径，在硬质碳化钨上加工几十微米的孔，在红、蓝宝石上加工几十微米的深孔等。

4. 激光热处理

激光热处理主要包括激光淬火、激光退火、激光表面合金化、激光表面涂覆、非晶态处理和晶粒细化处理等。

由于激光热处理具有高速加热，高速冷却，工件变形量极小，获得的组织细密、硬度高、耐磨性能好等优点，解决了传统金属热处理不能解决或不容易解决的技术难题，在国内外受到了高度重视，得到了迅速的发展。例如，激光淬火后可以获得马氏体晶粒，其硬度要比常规淬火后的硬度提高 15% ~ 30%，疲劳强度一般可提高 30% ~ 50%。激光表面合金化改善了材料表面的性能，对节能、节材和提高产品的使用寿命都有重大意义。激光表面涂覆使工件表面材料形成晶化或微晶化，有极为优异的电磁、化学、机械性能。

目前，激光热处理在汽车、冶金、石油、重型机械、农业机械等存在严重磨损的机器行业，以及航天、航空等高技术产品应用很多，尤其在许多汽车关键件上，如缸体、缸套、曲轴、凸轮轴、排气阀、阀座、摇臂、铝活塞环槽等几乎都可以采用激光热处理。

9.3 超声波加工技术

超声波加工（Ultrasonic Machining，USM）是利用超声振动的工具在有磨料的液体介质中或干磨料中，产生磨料的冲击、抛磨、液压冲击及由此产生的气蚀作用来去除材料使工件相互结合的加工方法。

9.3.1 概述

早期的超声波加工主要依靠工具作超声频振动，使悬浮液中的磨料获得冲击能量，从而去除工件材料达到加工目的，但加工效率低，并随着加工深度的增加而显著降低。随着新型加工设备及系统的发展和超声加工工艺的不断完善，人们采用从中空工具内部向外抽吸式或向内压入磨料悬浮液的超声加工方式，不仅大幅度地提高了生产率，而且扩大了超声加工孔径及孔深的范围。

近 20 多年来，超声旋转加工得到发展，在使工具作超声频振动的同时又绕本身轴线以 1000 ~ 5000r/min 的高速旋转，比一般超声波加工具有更高的生产效率和孔深，同时具有直线性好、尺寸精度高、工具磨损小等优点，除可加工硬脆材料外，还可加工碳化钢、二氧化铁和硼环氧复合材料，以及不锈钢与钛合金叠层的材料等。目前，该技术已用于航空、原子能工业，效果良好。

9.3.2 原理

超声波加工时，高频电源通过超声换能器将电振荡转换为同一频率、垂直于工件表面的超声机械振动，其振幅仅 0.005 ~ 0.01mm，再经变幅杆放大至 0.05 ~ 0.1mm，以驱动工具端面作超声振动。此时，磨料悬浮液（磨料、水或煤油等）在工具的超声振动和一定压力下，高速不停地冲击悬浮液中的磨粒，并作用于加工区，使该处材料变形，直至击碎成微粒和粉末。同时，由于磨料悬浮液的不断搅动，促使磨料高速抛磨工件表面，又由于超声振动产生的空化现象，在工件表面形成液体空腔，促使混合液渗入工件材料的缝隙里，而空腔的瞬时闭合产生强烈的液压冲击，强化了机械抛磨工件材料的作用，有利于加工区磨料悬浮液的均匀搅拌和加工产物的排除。随着磨料悬浮液不断地循环，磨粒的不断更新，加工产物的不断排除，实现了超声波加工的目的。总之，超声波加工是磨料悬浮液中的磨粒在超声振动下的冲击、抛磨和空化现象综合切蚀作用的结果。其中，以磨粒冲击为主。

超声波加工是功率超声技术在制造业应用的一个重要方面，是一种加工陶瓷、玻璃、石英、宝石、锗、硅甚至金刚石等硬脆性半导体、非导体材料有效而重要的方法。电火花粗加工或半精加工后的淬火钢、硬质合金冲压模、拉丝模、塑料模具等，最终常用超声波抛磨、光整加工。

9.3.3 应用

超声波加工从 20 世纪 50 年代开始实用性研究以来，其应用日益广泛。随着科技和材料工业的发展，新技术、新材料将不断涌现，超声波加工的应用也会进一步拓宽和发挥更大的作用。目前，生产上多用于以下几个方面：

1. 成形加工

超声波加工可加工各种硬脆材料的圆孔、型孔、型腔、沟槽、异形贯通孔、弯曲孔、微细孔、套料等。虽然其生产率不如电火花、电解加工，但加工精度及工件表面质量则优于电火花、电解加工。例如，生产上用硬质合金代替合金工具钢制造拉深模、拉丝模等模具，其寿命可提高 80 ~ 100 倍。采用电火花加工，工件表面常出现微裂纹，影响了模具表面质量和使用寿命。而采用超声波加工则无此缺陷，且尺寸精度可控制在 0.01 ~ 0.02mm 之内，内孔锥度可修整至 8′。

对硅等半导体硬脆材料进行套料加工，更显示了超声波加工的特色。例如，在直径 90mm、厚 0.25mm 的硅片上，可套料加工出 176 个直径仅为 1mm 的元件，时间只需 1.5min，合格率高达 90% ~ 95%，加工精度为 ±0.02mm。

此外，近年来，超声波加工已经排除其通向微细加工领域的障碍。日本东京大学工业科学学院采用超声波加工方法加工出的微小透孔和玻璃上直径仅 9μm 的微孔。

2. 切割加工

超声精密切割半导体、铁氧体、石英、宝石、陶瓷和金刚石等硬脆材料比用金刚石刀具切割的切片薄、切口窄、精度高、生产率高和经济性好等优点。例如，超声切割高 7mm、宽 15 ~ 20mm 的锗晶片，可在 3.5min 内切割出厚仅 0.08mm 的薄片。超声切割单晶硅片一次可切割 10 ~ 20 片。在陶瓷薄膜集成电路用的元件中，加工 8mm × 8mm、厚 0.6mm 的陶瓷片，1min 内可加工 4 片；在 4mm² 的陶瓷元件上，加工 0.03mm 厚的陶瓷片振子，0.5 ~ 1min 以内，可加工 18 片，尺寸精度可达 ±0.02mm。

3. 超声波焊接

超声波焊接是利用超声频振动作用去除工件表面的氧化膜，使新的本体表面显露出来，并在两个被焊工件表面分子的高速振动撞击下摩擦发热，亲和粘接在一起。其不仅可以焊接尼龙、塑料及表面易氧化的铝制品等，还可以在陶瓷等非金属表面挂锡、银，涂覆薄层。由于超声焊接不需加热和使用焊剂，焊接热影响区很小，施加压力微小，故可焊接直径或厚度很小的（0.015 ~ 0.03mm）不同金属材料，也可焊接塑料薄纤维及不规则形状的硬热塑料。目前，大规模集成电路引线连接等已广泛采用超声波焊接。

4. 超声清洗

超声清洗是由于清洗液（水基清洗剂、氯化烃类溶剂、石油溶剂等）在超声波作用下产生空化效应后产生的强烈冲击波直接作用到被清洗部位上的污物并使之脱落下来。空化作用产生的空化气泡渗透到污物与被清洗部位表面之间，会促使污物脱落，在污物被清洗液溶解的情况下，空化效应可加速溶解过程。

超声清洗时，应合理选择工作频率和声压强度，以产生良好的空化效应，提高清洗效果。此外，清洗液的温度不可过高，以防空化效应的减弱，影响清洗效果。

超声清洗主要用于几何形状复杂、清洗质量要求高的精密零件，特别是工件上的深孔、微孔、弯孔、不通孔、沟槽、窄缝等部位的清洗。超声清洗比其他清洗方法效果好、生产率高，所以广泛应用在半导体和集成电路元件、仪表仪器零件、电真空器件、光学零件、精密机械零件和医疗器械等的清洗中。

9.4　高速切削加工技术

高速切削加工是指采用超硬材料刀具、磨具和高速运动的制造设备加工制造零件。高速加工的目的是通过极大地提高切削或磨削速度，来实现提高加工质量、加工精度和降低加工成本的目的。

9.4.1　概述

高速切削加工技术是近20多年迅速崛起的一项先进制造技术，已成为切削加工技术发展的主流。通常高速切削加工的切削速度和进给速度比常规加工高5 ~ 10倍，其并非传统意义上的采用大的切削用量来提高加工效率的加工方式，而是采用高转速、快进给、小切削深度和小进给量来去除余量，完成零件加工的过程。

切削速度随材料和加工方式的不同而不同，各种材料的高速加工切削范围：钢材为600 ~ 3000m/min；铸铁为900 ~ 5000m/min；铝合金为2000 ~ 7500m/min；钛合金为150 ~ 1000m/min；超耐热镍合金为500m/min。各种制造加工工序的切削速度范围为：车削为700 ~ 7000m/min；铣削为300 ~ 6000m/min；磨削为150m/s以上；钻削为200 ~ 1100m/min。

实现高速加工关键是主轴转速，日本FANUC公司和电气通信大学合作研制的超精密铣床，其主轴转速可达55000r/min；意大利FIDIA公司的数控机床，主轴转速可达75000r/min，进给系统中采用滚珠丝杠，速度可达40 ~ 60m/min，定位精度达到20 ~ 25μm。如采用直线电机的进给驱动系统，进给可达160 m/min，定位精度高达0.5 ~ 0.05μm。

9.4.2　原理

德国学者萨洛蒙（Salomon）于1931年提出了著名的高速切削理论，可用"萨洛蒙曲线"加以描述，如图9-7所示。

在常规的切削速度范围内（A区），切削温度随切削速度的增大而升高；在B区这个速度范围内，由于刀具切削温度太高，任何刀具都无法承受，切削加工不可能进行，这个范围被称为"死谷"，如能越过这个"死谷"而在高速区（C区）进行工作，则可进行高速切削，提高机床的生产率。萨洛蒙只是提供了一种启示，高速加工原理还需进行大量的研究工作。

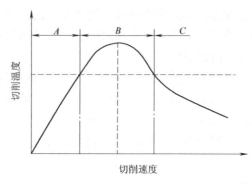

图9-7　萨洛蒙曲线

9.4.3　应用

由于高速加工的费用较高，主要在以下领域应用广泛。

1）大批量的生产领域，如汽车工业。

2）刚度不足的零件加工，如航空航天领域，其工件最薄壁厚仅为1mm。

3）加工复杂曲面领域，如模具工具制造。

4）超精密微细切削加工领域，如微型零件加工。

5）加工困难材料领域，如超硬材料、超塑材料等。

9.5　干切削加工技术

干切削是指在加工过程中不用切削液的一种加工工艺，是目前在机械加工中为保护环境和降低成本而有意识地减少或完全停止使用切削液的切削加工方法。

9.5.1　概述

干切削加工技术起源于欧洲，目前在西欧各国比较盛行。据统计，2003年德国有20%以上制造业采用干切削加工技术。干切削加工技术在车削和铣削上的应用日益广泛，在钻削、拉削、螺纹加工和齿轮加工方面也有重大突破。干切削加工技术在加工非铁金属（如铝、铜及其合金等）及铸铁等方面比较成熟，但在钢材尤其是高强度钢材方面问题较多，刀具磨损严重，使用寿命低，对刀具的材料和结构要求较高。干切削加工是对传统生产方式的一个重大创新，是一种崭新的清洁制造技术。

9.5.2　原理

干切削并不是简单地停止使用原有工艺中的切削液，也不是仅靠降低切削参数来保证刀具使用寿命。而是采用新的耐热性更好的刀具材料及涂层，设计合理的刀具结构与几何参数，选择最佳的切削速度，形成新的工艺条件。干切削的难点在于如何提高刀具在干切削中的性能，同时也对机床结构、工件材料及工艺过程等提出了新的要求。各种超硬、耐高温刀具材料及其涂层技术的发展，为干切削技术创造了有利的条件。最小量切削液装置的有效应用和各种小孔加工标准刀具的出现，使干切削在铝合金和各种难加工材料的孔加工中获得了越来越多的应用。

9.5.3　应用

干切削切削力大，切削温度高，所以干切削时刀具要与工件的材质相匹配，否则发生化学反应影响切削加工效果。

1. 用立方氮化硼（CBN）刀具干切削 P20 钢

P20 钢为日本进口材料，适用制造模具材料，它的硬度达 40～50HRC，加工后可不用淬火处理。加工时，切削速度为 250m/min，进给速度为 500～600mm/min，切削深度为 0.5mm，干切削效果较好。

2. 用涂层硬质合金刀具干切削纯铜电极

选用 CN26 涂层硬质合金刀具干切削纯铜电极，切削速度为 200m/min，进给速度为 1500mm/min，切削深度为 1mm。

3. 用立方氮化硼刀具切削铸铁

选用 CBN300 切削灰铸铁，切削速度 1600m/min，进给速度 800mm/min。

4. 用涂层硬质合金刀具干切削铸铁

用 T150M 黑色涂层硬质合金刀具，切削速度 280m/min。

5. 用 TiCN 涂层高速钢刀具干切削石磨

石磨材料用粉末压制而成，因此只适合干切削，用涂层高速钢刀具干切削，切削速度 300～380m/min，进给速度为 3000mm/min。

6. 用涂层硬质合金刀具干切削不锈钢

用 F20M 涂层硬质合金刀具，切削速度在粗加工时为 200m/min，精加工时为 300m/min。

9.6　硬切削加工技术

硬切削加工是指对硬度为 54～63HRC 的材料直接进行切削加工。

9.6.1　概述

硬切削加工技术的发展在很大程度上是得益于超硬刀具材料的出现及发展，可用于硬切削的超硬刀具材料主要包括金刚石、聚晶立方氮化硼（PCBN）、陶瓷和 TiC（N）基硬质合金等，其中金刚石主要加工高硬非铁金属和非金属材料，而聚晶立方氮化硼、陶瓷和 TiC（N）基硬质合金主要加工高硬钢、铸铁和超级合金等。正是由于各种超硬刀具材料性能逐渐提高，加工工艺不断完善，机床设备等相关技术装备不断进步，才使得硬切削技术得以应用并不断发展，并在一定程度上取代磨削加工。目前，工程技术人员和工业界对高硬材料的切削加工都产生了很大的兴趣。

9.6.2 原理

因为硬切削加工是对硬度超过 HRC54 的工件进行切削。因此，其需要加以控制的是切削速度和温度的综合影响。对于硬切削而言，必须在合适的切削速度下测试工件材料的熔点。通常工件材料的熔点高于涂层的最高允许的温度。加工过程中要注意保持刀具冷却，这样加工中一方面要使工件的接触区尽可能小，另一方面在确定的速度中完成切削加工，使切削刃来不及发热到超过涂层所允许的温度。

正确检测转速尤其重要。为此，必须以实际有效的刀具直径为基础。例如，在背吃刀量 $a_p = 0.1mm$ 的情况下，直径为 6mm 的球头铣刀，实际有效直径为 1.54mm。为了使切削速度达到 200m/min，转速必须达到 41000r/min。

加工时产生的切屑和热量必须尽快排除。最佳的方法是通过主轴直接向切削刃吹压缩空气。按照工件材料不同，压缩空气可夹带少量润滑油。利用少量润滑油能加工出更好的表面质量，因为切屑不会粘附在切削刃上。对于硬切削加工而言，绝对不能使用乳化液。只要一滴水就可能引起温度突变，并会使刀具分解为单一成分。由于温度突变所引起的硬质合金的微小裂纹，将会导致切削刃开裂。在硬切削加工情况下，根据刀具直径和转速的不同，这些碎片可能具有相当于从轻武器中射出的子弹的能量。

9.6.3 应用

工件材料硬度越高，其切削速度越低。硬车削精加工的适宜切削速度为 80~200r/min，常用的范围为 10~150m/min。采用大切削深度或强烈断续切削高硬度材料，切削速度应控制在 80~100m/min。一般情况下，切削深度为 0.1~0.3mm。加工表面粗糙度要求低时可选小的切削深度，但不能太小，要适宜。进给量通常可以选择 0.05~0.25mm/r，具体数值视表面粗糙度和生产率要求而定。当表面粗糙度 R_a 0.6~0.3μm 时，硬车削比磨削更经济。

最适合于硬车削的零件具有较小的长径比（长度和直径之比 L/D）。通常，无支撑工件长径比不大于 4:1，支撑工件长径比不大于 8:1。尽管细长零件有尾架支撑，但是切削力过大仍有可能引起刀振动。为了最大限度地增加硬车削的系统刚性，应尽量减小切刀悬伸，并取消垫圈和调整片。刀具伸出长度不得大于刀杆高度的 1.5 倍。

硬车削用于淬硬轴承钢、渗碳淬火齿轮、淬硬的螺纹、工业泵（渣浆泵）和部分汽车零件的加工。

9.7 精密和超精密加工技术

精密及超精密加工对尖端技术的发展起着十分重要的作用。当今各主要工业化国家都投入了巨大的人力、物力来发展精密及超精密加工技术，它已经成为现代制造技术的重要发展方向之一。

9.7.1 概述

精密和超精密加工正从单件小批生产方式走向大批量的产品生产，因此，现代超精密加工不仅可以达到极高的加工精度和表面质量，同时还保证成本低、效率高和成品率高。精密加工是指加工精度为 $0.1 \sim 1 \mu m$、表面粗糙度为 $R_a 0.1 \sim 0.01 \mu m$ 的加工技术，超精密加工是指加工误差小于 $0.1 \mu m$，表面粗糙度为 $R_a 0.01 \mu m$ 的加工技术，其中超精加工已进入纳米级，称之为纳米加工技术。

精密与超精密加工方法主要可分为两类：

1）采用金刚石刀具对工件进行超精密的微细切削和应用磨料磨具对工件进行珩磨、研磨、抛光的精密和超精密磨削等。

2）采用电化学加工、三束加工、微波加工和超声波加工等特种加工方法及复合加工。

另外，微细加工是指制造微小尺寸零件的生产加工技术，它的出现与发展与大规模集成电路有密切关系，其加工原理与一般尺寸加工也有区别。它是超精密加工的一个分支。

9.7.2　原理及应用

1. 金刚石超精密切削

（1）切削原理　金刚石超精密切削主要是应用天然单晶金刚石车刀对铜、铝等软金属及其合金进行切削加工，以获得极高的精度和极低表面粗糙度参数值的一种超精密加工方法。金刚石超精密切削属于一种原子、分子级单位去除的加工方法，因此，其原理与一般切削原理有很大的不同。

金刚石刀具在切削时，其背吃刀量 a_p 在 $1 \mu m$ 以下，刀具可能处于工件晶粒内部切削状态。这样，切削力就要超过分子或原子间巨大的结合力，从而使切削刃承受很大的剪切应力，并产生很大的热量，造成切削刃的高应力、高温的工作状态。金刚石精密切削的关键问题是如何均匀、稳定地切除如此微薄的金属层。

通常，超精密车削加工余量只有几微米，切屑非常薄，常在 $0.1 \mu m$ 以下。切除微薄的金属层，主要取决于刀具的锋利程度。锋利程度一般是以切削刃的刃口圆角半径 R 的大小来表示。R 越小，切削刃越锋利，切除微小余量越顺利。当切削深度 a_p 很小时，若 $R < a_p$，切屑变形小，厚度均匀，排出顺利；若 $R > a_p$，刀具就在工件表面上产生"滑擦"和"耕犁"，不能实现切削。因此，当 a_p 只有几微米，甚至小于 $1 \mu m$ 时，刃口圆角半径 R 也应精研至微米级的尺寸，并要求刀具有足够的寿命，以维持其锋利程度。

金刚石刀具不仅具有很好的高温强度和高温硬度，而且其材料本身质地细密，经过仔细修研，切削刃的几何形状很好，切削刃钝圆半径极小。

在金刚石超精密切削过程中，虽然切削刃处于高应力高温环境，但由于其进给量和切削深度极小，故工件的温升并不高，因此工件加工表面塑性变形小，精度高、表面粗糙度值小。目前，金刚石刀具的切削原理正在进一步研究之中。

（2）金刚石刀具的刃磨及切削参数　金刚石刀具是将金刚石刀头用机械夹持或粘接方式固定在刀体上构成的，金刚石刀具的刃磨是一个关键技术。刀具的刃口圆角半径 R 与刀片材料的晶体微观结构有关，硬质合金即使经过仔细研磨刃口圆角半径也难达到 $1 \mu m$。单晶体金刚石车刀的刃口圆角半径 R 则可达 $0.02 \mu m$，另外，金刚石与非铁金属的亲合力极低，摩擦系数小，切削时不产生积屑瘤，因此，金刚石刀具的超精密切削是当前软金属材料最主要的超精密加工方法，对于铜和铝，可直接加工出具有高精度和低粗糙度的镜面效果。金刚石刀具精密切削高密度硬磁盘的铝合金基片，表面粗糙度 R_a 可达 $0.003 \mu m$，平面度可达

$0.2\mu m$。但用它切削铁碳合金材料时，由于高温环境下刀具上的碳原子会向工件材料扩散，即亲合作用，切削刃会很快磨损（即扩散磨损），所以，一般不用金刚石刀具来加工钢铁材料。这些材料的工件常用立方氮化硼（CBN）等超硬刀具材料进行切削，或用超精密磨削的方法来得到高精度的表面。

金刚石精密切削时通常选用很小的切削深度 a_p、进给量 f 和很高的切削速度 v。切削铜和铝时切削速度 $v = 200 \sim 500 m/min$，切削深度 $a_p = 0.002 \sim 0.003 mm$，进给量 $f = 0.01 \sim 0.04 mm/r$。

金刚石超精密切削时必须防止切屑擦伤已加工表面，为此常采用吸尘器及时吸走切屑，用煤油或橄榄油对切削区进行润滑和冲洗，或采用净化压缩空气喷射雾化的润滑剂，使刀具冷却、润滑并清除切屑。

2. 精密磨削及金刚石超精密磨削

精密磨削是指加工精度为 $0.1 \sim 1\mu m$，表面粗糙度为 $R_a 0.16 \sim 0.006\mu m$ 的磨削方法。超精密磨削是指加工精度高于 $0.1\mu m$，表面粗糙度值小于 $R_a 0.04 \sim 0.02\mu m$ 的磨削方法。

（1）精密磨削及超精密磨削的加工原理　精密磨削主要是靠对普通磨料砂轮的精细修整，使磨粒具有微刃性和等高性，等高的微刃在磨削时能切除极薄的金属，从而获得具有大量极细微磨痕、残留高度极小的加工表面，再加上无火花阶段微刃的滑挤、摩擦、抛光作用，使工件得到很高的加工精度。

超精密磨削则是采用人造金刚石、立方氮化硼（CBN）等超硬磨料砂轮对工件进行磨削加工。磨粒去除的金属比精密磨削时还要薄，有可能是在晶粒内进行切削，因此，磨粒将承受很高的应力，使切削刃受到高温、高压的作用。

普通材料的磨粒，在这种高剪切应力、高温的作用下，将会很快磨损变钝，使工件表面难以获得要求的尺寸精度和粗糙度数值。

超精密磨削与普通磨削最大的区别是径向进给量极小，是超微量切除，可能还伴有塑性流动和弹性破坏等作用。它的磨削原理目前还处于探索研究中。

精密磨削砂轮的选用以易产生和保持微刃为原则。粗粒度砂轮经精细修整，微粒的切削作用是主要的；而细粒度砂轮经修整，呈半钝态的微刃在适当压力下与工件表面的摩擦抛光作用比较显著，工件磨削表面粗糙度值比粗粒度砂轮所加工的要小。

（2）金刚石砂轮的修整　磨削的精度通常与砂轮的修整有很大的关系。粗粒度金刚石砂轮的修整常常采用金刚笔车削法和碳化硅砂轮磨削法来形成等高的微刃。这些方法都需工件停止加工并让开位置才能操作，这样修整器磨损较快，辅助加工时间增多，生产率低。对于细粒度金刚石砂轮磨削高硬度、高脆性材料时，常常采用与特种加工工艺方法相结合的在线修整方法（In-process Dressing），如高压磨料水射流喷射修整法、电解修锐法、电火花修整法和超声振动修整法等，这些方法都可以在磨削工件的同时进行修整工作，因而生产率较高、加工质量也较好，但设备更为复杂。

（3）超精密磨床的技术要求　为适应和达到精密、超精密加工的条件，对于金刚石精密及超精密磨削，其磨床设备应达到以下特殊要求：

1）为达到很高的主轴回转精度和导轨直线度，以保证工件的几何形状精度，常常采用大理石导轨增加热稳定性。

2）应配备有微进给机构，以保证工件的尺寸精度以及砂轮修整时的微刃性和等高性。

3）工作台导轨低速运动的平稳性要好，不产生爬行、振动，以保证砂轮修整质量和稳定的磨削过程。

（4）精密磨削及超精密磨削的应用　精密磨削及超精密磨削主要用于对钢铁材料的精密加工及超精密加工。如果采用金刚石和立方氮化硼砂轮，还可对各种高硬度、高脆性材料（如硬质合金、陶瓷、玻璃等）和高温合金材料进行精密加工和超精密加工。因此，精密磨削及超精密磨削加工的应用范围十分广阔。

3. 细微加工技术

微机械是科技发展的重要方向，如未来的微型机器人可以进入到人体血管里去清除"垃圾"、排除"故障"等。微机械是指尺寸为毫米级以及更小的微型机械，而细微加工则是微机械、微电子技术发展的基础，为此世界各国都投入巨资发展细微加工技术，比如正在流行的"纳米加工技术"。

细微加工技术是指制造微小尺寸零件、部件和装置的加工和装配技术，它属于精密、超精密加工的范畴。其工艺技术包括精密和超精密的切削与磨削方法，绝大多数的特种加工方法，与特种加工有机结合的复合加工方法等 3 类，具体的方法见表 9-1。

表 9-1　常用的细微加工方法

类别		加工方法	精度/μm	粗糙度 R_a/μm	加工材料	应用场合
分离加工	切削	等离子体切割			各种材料	钨、钼、合金钢、硬质合金
		细微切削	1～0.1	0.05～0.008	非铁金属及合金	球体、磁盘、反射镜、多面棱体
		细微钻削	20～10	0.2	低碳钢、铜、铝	油泵喷嘴、化纤喷丝头、印刷线路板
	磨料加工	微细磨削	5～0.5	0.05～0.008	脆硬材料、钢铁材料	集成电路基片切割、外圆、平面磨削
		研磨	1～0.1	0.025～0.008	金属、半导体、玻璃	平面、孔、外圆加工，硅片基片
		抛光	1～0.1	0.025～0.008	金属、半导体、玻璃	平面、孔、外圆加工，硅片基片
		砂带研抛	1～0.1	0.01～0.008	金属、非金属	平面、外圆、内孔、曲面
		弹性发射加工	～0.001	0.025～0.008	金属、非金属	硅片基片
		喷射加工	5	0.01～0.02	金属、玻璃石英、橡胶	刻槽、切断、图案成形、破碎
	特种加工	电火花成形加工	50～1	2.5～0.2	导电金属、非金属	孔、沟槽、窄缝、方孔、型腔
		电火花线切割	20～3	2.5～0.16	导电金属	切断、切槽
		电解加工	100～3	1.25～0.06	金属、非金属	模具型腔、打孔、切槽成形、去毛刺
		超声加工	30～5	2.5～0.04	脆硬金属、非金属	刻模、落料、切片、打孔、刻槽
		微波加工	10	6.3～0.12	绝缘材料、半导体	各种脆硬材料上打孔
		电子束加工	10～1	6.3～0.12	各种材料	打孔、切割、光刻
		离子束去除加工	～0.001	0.02～0.01	各种材料	成型表面、刃磨、刻蚀
		激光去除加工	10～1	6.3～0.12	各种材料	打孔、切断、划线
		光刻加工	0.1	2.5～0.2	金属非金属半导体	刻线、图案成形
复合		电解磨削	20～1	0.08～0.01	各种材料	刃磨、成型、平面、内圆
		电解抛光	10～1	0.05～0.008	金属、半导体	平面、外圆、内孔、型面、细金属丝、平面
		化学抛光	0.01	0.01	金属、半导体	平面

（续）

类别		加工方法	精度/μm	粗糙度 R_a/μm	加工材料	应用场合
结合加工	附着加工	蒸镀	—	—	金属	镀膜、半导体器件
		分子束镀膜			金属	镀膜、半导体器件
		分子束外延生长			金属	半导体器件
		离子束镀膜			金属、非金属	镀膜、半导体件、刀具、工具、表壳
		电镀（电化学镀）			金属	电铸、图案成形、印刷线路板
		电铸			金属	喷丝板、网刃、栅网、钟表零件
		喷镀			金属、非金属	图案成形、表面改性
	注入加工	离子束注入	—	—	金属、非金属	半导体掺杂
		氧化、阳极氧化			金属	绝缘层
		扩散			金属、非金属	渗碳、掺杂、表面改性
		激光表面处理			金属	表面改性、表面热处理
	焊接	电子束焊接	—	—	金属	难熔材料、活泼金属
		超声波焊接			金属	集成电路引线
		激光焊接			金属、非金属	钟表零件、电子零件
变形		压力加工	—	—	金属	板、丝的压延、精冲、挤压、波导管
		精铸、压铸			金属、非金属	集成电路封装、引线

为了满足现代生产的需要，改变原来以单功能机床组成为主体的生产线，满足多品种、小批量、产品更新换代周期快的要求，具有多功能和一定柔性的设备和生产系统相继出现，促使机械加工技术向更高层次发展。现代生产系统主要有柔性制造单元 FMC（Flexible Manufacturing Cell）、柔性制造系统 FMS（Flexible Manufacturing System）和计算机集成制造系统 CIMS（Computer Integrated Manufacturing System）。同时敏捷制造、智能制造和绿色制造的出现不断优化和整合现有的加工方式，提高加工效率，改善工人的劳动条件，使机械加工向着人性化的方向发展。

思考与练习

1）快速成形制造是_____的一种高新制造技术。

2）激光加工系统包括_____、_____、_____、_____及_____。

3）激光加工技术按应用可分为_____、_____、_____和_____。

4）硬切削加工是指对硬度为_____的材料直接进行切削加工。

5）细微加工技术是指制造_____、_____和_____。

6）简述激光热处理的目的。

7）激光表面合金化指的是什么？

8）超声波加工指的是什么？

9）高速切削加工指的是什么？

10）简述超精密加工的优点。

参 考 文 献

[1] 沈学勤，李世维. 极限配合与技术测量［M］. 北京：高等教育出版社，2002.

[2] 胡荆生. 公差配合与技术测量［M］. 2 版. 北京：中国劳动出版社，2000.

[3] 周勤劳. 公差与技术测量［M］. 2 版. 上海：上海交通大学出版社，2001.

[4] 张雪梅. 极限配合与技术测量应用［M］. 北京：高等教育出版社，2005.

[5] 王晓彬. 机械制造技术［M］. 北京：电子工业出版社，2006.

[6] 谭铃，冯建雨. 机械制造技术基础［M］. 北京：化学工业出版社，2006.

[7] 葛金印. 机械制造技术基础：基本常识［M］. 北京：高等教育出版社，2004.

[8] 韩春鸣. 机械制造基础［M］. 北京：化学工业出版社，2006.

[9] 高桂天，孙广平. 机械工程概论［M］. 北京：国防工业出版社，2006.

[10] 杨宗德. 机械制造技术基础［M］. 北京：国防工业出版社，2006.

[11] 蒋增福. 车工工艺与技能训练［M］. 2 版. 北京：高等教育出版社，2005.

[12] 双元制培训机械专业实习教材编写委员会. 机械切削工技能［M］. 北京：机械工业出版社，2000.

[13] 黄锦涛. 机加工实习［M］. 北京：机械工业出版社，2005.

[14] 双元制培训机械专业实习教材编写委员会. 机械工人专业工艺：机械切削分册［M］. 北京：机械工业出版社，2004.

[15] 吴国梁. 铣工实用技术手册［M］. 南京：江苏科学技术出版社，2003.

[16] 杜君文. 机械制造技术装备及设计［M］. 天津：天津大学出版社，2002.

[17] 双元制培训机械专业实习教材编写委员会. 机械工人专业工艺：基础分册［M］. 北京：机械工业出版社，2004.

[18] 薛源顺. 机床夹具设计［M］. 北京：机械工业出版社，2000.

[19] 朱鹏超. 数控加工技术［M］. 北京：高等教育出版社，2005.

[20] 中国机械工业教育协会. 金工实习［M］. 北京：机械工业出版社，2004.

[21] 郭溪铭，宁晓波. 机械加工技术［M］. 北京：高等教育出版社，2004.

[22] 马幼祥. 机械加工基础［M］. 北京：机械工业出版社，1997.

[23] 张福润，徐鸿本，刘延林. 机械制造技术基础［M］. 武汉：华中科技大学出版社，2002.

[24] 陈家方. 机械工人基础技术［M］. 上海：上海科技出版社，2005.

[25] 劳动和社会保障部教材办公室组织编写. 车工工艺与技能训练［M］. 北京：中国劳动社会保障出版社，2005.

[26] 叶云良，丁文占，孙强. 车工（高级）国家职业资格证书取证问答［M］. 北京：机械工业出版社，2006.

[27] 王明耀，张兆龙. 机械制造技术［M］. 北京：高等教育出版社，2005.

[28] 吴国华. 金属切削机床［M］. 北京：机械工业出版社，2000.

[29] 袁广. 金属切削原理与刀具［M］. 北京：化学工业出版社，2006.

[30] 双元制培训机械专业实习教材编写委员会. 机械工人专业工艺——工模具制造分册［M］. 北京：机械工业出版社，2004.

[31] 刘战强，黄传真，郭培全. 先进切削加工技术及应用［M］. 北京：机械工业出版社，2005.

[32] 何建民. 钳工操作技术与窍门［M］. 北京：机械工业出版社，2006.

[33] 邱言龙，陈玉华. 钳工入门［M］. 北京：机械工业出版社，2004.

［34］门佃明. 钳工操作技术 ［M］. 北京：化学工业出版社，2006.

［35］王志鑫. 钳工操作技术要领图解 ［M］. 济南：山东科学技术出版社，2004.

［36］徐冬元. 钳工工艺与技能训练 ［M］. 北京：高等教育出版社，2005.

［37］刘森. 钳工 ［M］. 北京：金盾出版社，2003.

［38］闻健萍. 钳工技能训练 ［M］. 北京：高等教育出版社，2005.